Omnes collegiati, <concurrite>!

AF096508

GRAZER ALTERTUMSKUNDLICHE STUDIEN

Herausgegeben von Heribert Aigner

Band 7

PETER LANG

Frankfurt am Main · Berlin · Bern · Bruxelles · New York · Oxford · Wien

Renate Lafer

Omnes collegiati, ‹concurrite›!

Brandbekämpfung im Imperium Romanum

PETER LANG
Europäischer Verlag der Wissenschaften

Die Deutsche Bibliothek - CIP-Einheitsaufnahme

Lafer, Renate:
Omnes collegiati, <concurrite>! : Brandbekämpfung im Imperium Romanum / Renate Lafer. - Frankfurt am Main ; Berlin ; Bern ; Bruxelles ; New York ; Oxford ; Wien : Lang, 2001
 (Grazer altertumskundliche Studien ; Bd. 7)
 Zugl.: Graz, Univ., Diss., 2000
 ISBN 3-631-35716-8

Gedruckt mit Unterstützung
des Bundesministeriums
für Bildung, Wissenschaft und Kultur.

Umschlagbild nach der Vorlage von
G. Arcimboldo (1527-1593),
Allegorie des Feuers
Aus: H. Valentinitsch – J.M. Perschy (Hg.), Feuerwehr gestern und heute. Burgenländische Sonderausstellung 29. April – 30. Oktober 1998, Eisensadt 1998, 180, II/1
Umzeichnung: Verfasserin
Titelzitat aus:
Lyd. περί ἀρχῶν 1,50

Gedruckt auf alterungsbeständigem,
säurefreiem Papier.

ISSN 0947-3157
ISBN 3-631-35716-8
© Peter Lang GmbH
Europäischer Verlag der Wissenschaften
Frankfurt am Main 2001
Alle Rechte vorbehalten.

Das Werk einschließlich aller seiner Teile ist urheberrechtlich geschützt. Jede Verwertung außerhalb der engen Grenzen des Urheberrechtsgesetzes ist ohne Zustimmung des Verlages unzulässig und strafbar. Das gilt insbesondere für Vervielfältigungen, Übersetzungen, Mikroverfilmungen und die Einspeicherung und Verarbeitung in elektronischen Systemen.

Printed in Germany 1 2 4 5 6 7

www.peterlang.de

Vorwort des Herausgebers

Die Zielvorstellungen der Publikationsreihe sind in gewisser Hinsicht durch die Nomenklatur des an der Grazer Karl-Franzens-Universität eingerichteten Instituts für Alte Geschichte und Altertumskunde vorgegeben. Die Alte Geschichte versucht, die großen Leitlinien jenes räumlich und zeitlich nicht verbindlich umrissenen Komplexes aufzuzeigen, den man gemeinhin mit dem Etikett "Antike" versieht. Dieses Gebilde umfasst nach hiesiger Lehr- und Forschungskonzeption die frühen Hochkulturen und das griechisch-römische Altertum (einschließlich Randvölker) bis in das 6. Jahrhundert n. Chr., wobei räumlich die ganze Oikumene vom alten China bis nach Mittel- und Südamerika in die (vergleichende) Betrachtung einbezogen ist; als selbstverständliche Notwendigkeit gelten dabei Ausblicke in die Arbeitsfelder des Prähistorikers und, im Hinblick auf das Nachleben der Antike, des Mittelalter- und Neuzeithistorikers.

Vorwiegend der materiellen Hinterlassenschaft der eben angesprochenen "Antike" widmet sich die Altertumskunde, mit dem primären Anliegen, die Realien der menschlichen Lebenswelt und die Grundbedürfnisse des Daseins - von den Jenseitsvorstellungen bis zu den Essgewohnheiten - zu erfassen und so aufzubereiten, dass von diesen allgemeinen Voraussetzungen menschlichen Handelns - eben von den "Altertümern" der Forschungstradition des 19. Jahrhunderts - ausgehend der Altertumswissenschaftler die Antriebskräfte für die historischen Abläufe durchschaubar(er) machen kann. Alte Geschichte und Altertumskunde bedingen und ergänzen einander solcherart als Betrachtungsweisen auf dem unüberschaubaren Feld menschlicher Erinnerungen und Hinterlassenschaften, vergleichbar etwa dem Gärtner und dem Koch, aus deren Zusammenwirken im Normalfall erst etwas Genießbares entsteht, ohne dass aber dabei dem Koch das Gärtnern und dem Gärtner das Kochen untersagt sein darf.

Die Fülle von Fragestellungen und Materialien wird durch zum Teil selbständige, vielfach der Altertumskunde zugeordnete Grund- oder Hilfswissenschaften aufgearbeitet, von denen hier nur Chronologie, Epigraphik, Numismatik und Papyrologie exemplarisch genannt seien. Darüber hinaus ist neben den großen altertumswissenschaftlichen Nachbardisziplinen der Klassischen Archäologie und der Klassischen Philologie praktisch jeder Wissenschaftsbereich, von der Ethnologie bis zur Tiefenpsychologie und von der Anthropologie bis zur Astronomie, zur "Hilfeleistung" für historische Erkenntnisse einsetzbar.

Neben der Ausnützung dieses durch Vielfalt gekennzeichneten Konzepts wollen die "Grazer altertumskundlichen Studien" (GAST) vor allem eine universale Betrachtungsweise im Auge behalten, die sich um eine weltweit vergleichende Sicht antiker Phänomene bemüht. Besonderes Augenmerk soll dabei dem Weiterleben antiker Realien und Erscheinungen, der sogenannten "Wirkungsgeschichte", gewidmet werden, weil gerade diese Komponente geeignet erscheint, das "eigentlich den Menschen Berührende" im Sinne von K. v. FRITZ (Gnomon 41, 1969, 587) im Spannungsfeld von Alterität und Vertrautheit herauszuarbeiten.

Dieser durchaus ambitionierte Ansatz wird durch die kaum zu leugnende Aktualisierungsmöglichkeit des von Frau Dr. Lafer gewählten Themenschwerpunkts ihrer 1998 fertiggestellten und seither nochmals überarbeiteten Dissertation besonders herausgestrichen: Zentrales Anliegen ist die Darstellung antiker Feuerwehrvereine. Die Verf. hat sich mit der Problematik bereits in ihrer 1993 approbierten Diplomarbeit „Lateinische Vereinsinschriften Noricums und der Gallia Cisalpina" – die Untersuchung ist für eine auszugsweise Publikation in der Zeitschrift TYCHE vorgesehen – auseinandergesetzt und ist danach als Dissertationsstipendiatin den Fragen republikanischer und kaiserzeitlicher Brandbekämpfung während eines einjährigen Romaufenthaltes in den Bibliotheken des DAI und der École Française nachgegangen. Dass ihr bevorzugtes Arbeitsfeld neben der allgemeinen Beschäftigung mit provinzialgeschichtlichen Fragen die lateinische Epigraphik ist, zeigt sich nicht nur in der bevorzugten Quellenkategorie für die beiden genannten Monographien, sondern auch in ihrer universitären Lehre. Vor ihrer Ernennung zur Universitätsassistentin an der Abteilung für Alte Geschichte und Altertumskunde im Institut für Geschichte der Universität Klagenfurt war sie mehrere Jahre am

Grazer althistorischen Institut als Tutorin für Bearbeiten und Edieren der ho. Abklatschsammlung tätig und hat maßgeblichen Anteil an der Aufarbeitung und Nutzbarmachung der genannten Sammlung. Derzeit wirkt sie neben ihrer Lehrverpflichtung in Klagenfurt als Lektorin für Lateinische Epigraphik an der Karl-Franzens-Universität Graz.

Graz, Februar 2001   Heribert Aigner

Vorwort der Verfasserin

Die aus unserem heutigen Leben nicht mehr wegzudenkende Erfindung des Feuers kann dem Menschen sowohl zum Nutzen als auch zum Schaden gereichen. So ist es einerseits als wärmespendende Energiequelle zu gebrauchen, unachtsam verwendet hingegen, wenn seine Handhabung außer Kontrolle gerät, kann es auch dazu beitragen, das von Menschenhand Geschaffene durch den Ausbruch eines Brandes zu zerstören. In der Antike, für die keine andere Energiequelle wie zum Beispiel Strom zur Verfügung stand, war es daher umso wichtiger, die positiven Eigenschaften des Feuers etwa zum Kochen, Heizen oder möglicherweise sogar als Lichtquelle zu nutzen; als „Feuerbringer" ließ man Prometheus jenes mittels eines markgefüllten Blütenstengels den Göttern rauben. Demnach war das Feuer, welches der sterblichen Welt erst unter Anwendung von List und Trug gegönnt sein sollte, göttlichen Ursprungs. Neben dieser Überlegung dachte man sich jedoch auch, es sei in jedem Holz enthalten und führe dann bei Reibung zweier Holzstücke zur Entstehung von Flammen. Ein solcher Gedanke wird uns zum Beispiel bei Vitruv (2,1) geschildert: Dicht beieinander stehende Bäume sollten sich in früher Urzeit durch Wind und Unwetter bewegt aneinander gerieben und dadurch die Entstehung eines Brandes bewirkt haben. Die darauf hinzueilende Menschenmenge erkannte die Bedeutung dieser für sie angenehmen Entdeckung der Wärme, und indem sie den Flammen als Nahrung noch Holzscheite beigaben, konnten sie jene sogar für längere Zeit aufrechterhalten. Daraus lernten sie dann für die Zukunft.

Die vorliegende Studie entstand aus meinem Interesse für römische Vereinigungen, die zudem durch ihre Organisation als kleiner Staat im Staat nicht losgelöst betrachtet werden können. Strukturen, wie sie aus der Reichs- und Munizipalverwaltung bekannt sind, oder, was insbesondere für die „Feuerwehren" gilt, eine starke Anlehnung an militärische Organisationsformen lassen somit zusätzlich vielerlei altertumskundliche Aspekte einfließen. Bedenkt man weiters, dass die bereits in der Antike verwendeten Feuerlöschutensilien zum Teil bis heute im Gebrauch stehen, dann kann durch vergleichende Betrachtungen das Funktionieren der antiken Löschgeräte gut nachvollzogen werden. Für Fragen des

Alltagslebens in der Antike bilden brandbekämpfungstechnische Überlegungen einen wesentlichen Bestandteil.

Für die Entstehung dieses Manuskriptes als entscheidende Voraussetzung können meine Romaufenthalte in den Jahren 1994/95 und 1996 genannt werden, wofür ich von der Österreichischen Akademie der Wissenschaften ein beinahe einjähriges Stipendium für Forschungen im Zuge meiner Dissertation erhielt. Dort konnte ich nicht nur die Überreste von Feuerwehrkasernen und wichtige Museen besuchen, sondern insbesondere in den Bibliotheken des DAI, der École Française und der British School at Rome wichtige Literatur einsehen. Der Österreichischen Akademie der Wissenschaften möchte ich an dieser Stelle für die Finanzierung und für die Ermöglichung dieser für mich wertvollen Romaufenthalte danken.

Studien in der Kommission für Alte Geschichte und Epigraphik des DAI in München sowie im Dipartimento di Scienze dell'Antichità der Universität Triest und in Wien waren mir bei meinen Forschungen ebenfalls eine große Hilfe. Für die freundliche Unterstützung all jener, die mir dabei geholfen haben, namentlich vor allem Herrn Claudio Zaccaria, bedanke ich mich herzlich.

Für die Betreuung der Arbeit, wie sie zunächst als Dissertation erschien, möchte ich nochmals Herrn Ingomar Weiler danken, der mir in dieser Phase immer wieder mit wertvollen Ratschlägen und vor allem einer permanenten Unterstützung zur Seite stand. Auch beim Herausgeber dieser Reihe, Herrn Heribert Aigner, bedanke ich mich für die Durchsicht des Manuskriptes und für dessen Aufnahme in die „Grazer altertumskundlichen Studien". Wertvolle Ratschläge und Korrekturen für die endgültige Fertigstellung des Buches verdanke ich vor allem Herrn Karl Strobel, der mir stets mit kritischer Betrachtungsweise viele Anregungen und Hinweise gab.

Schließlich danke ich noch dem Bundesministerium für Bildung, Wissenschaft und Kultur für die finanzielle Unterstützung der Drucklegung des Manuskriptes.

Klagenfurt, Februar 2001 　　　　　　　　　　　　　　　　　　　　Renate Lafer

INHALTSVERZEICHNIS

Vorwort des Herausgebers 5
Vorwort der Verfasserin 9

EINLEITUNG 15
1. Quellen, Methodik und Zielsetzung 15
2. Forschungsstand 18

I. DIE IN ANTIKEN LITERARISCHEN NOTIZEN TRADIERTEN BRÄNDE 23
1. Brände in Rom 23
2. Brände in den Provinzen 41

II. INSTITUTIONEN ZUR BRANDBEKÄMPFUNG 45
1. „Freiwillige Feuerwehrvereine" 45
   1.1 Geschichte und Funktion der einzelnen Vereine 47
      1.1.1 *Fabri, fabri tign(u)arii, fabri subaediani* ... 47
      1.1.2 *Centonarii* 54
      1.1.3 *Dendrophori* 56
      1.1.4 *Utric(u)larii* 58
      1.1.5 *Dolabrarii* und *scalarii* 60
      1.1.6 *Scabillarii* 61
      1.1.7 *Subrutores cultores Silvani* 62
   1.2 Regionale Verbreitung 63
   1.3 Zeitstellung 75
   1.4 Organisation und Aufgabenbereich 84
      1.4.1 *Magistri, quinquennales* und *praefecti* . 85
      1.4.2 Weitere Funktionsträger des Vereinsvorstandes .. 90
      1.4.3 Sonstige Funktionsbezeichnungen 91

1.4.4 *Patroni* 96
1.4.5 Aufgabenbereich 99
1.5 Mitgliederstruktur 103
   1.5.1 Die Herkunft der Mitglieder 103
   1.5.2 Der soziale Status der Mitglieder 111
2. *Vigiles* eine „Berufsfeuerwehr" 119
   2.1 Geschichte und Funktion 119
   2.2 Regionale Verbreitung 125
      2.2.1 *Vigiles* in Rom 125
      2.2.2 *Vigiles* in Ostia und in Portus 139
      2.2.3 Sonstige Erwähnungen 146
   2.3 Zeitstellung 149
   2.4 Organisation und Rangordnung 151
      2.4.1 Der *praefectus vigilum* und höhere „Offiziere" ... 153
      2.4.2 *Principales* 155
      2.4.3 *Immunes* 159
      2.4.4 *Milites gregarii* 162

III. AUSRÜSTUNG, GERÄTE UND MITTEL ZUR BRANDBEKÄMPFUNG 165
1. Ausrüstung der „Feuerwehrmänner" 165
2. Geräte und Mittel zur Brandbekämpfung 170

IV. URSACHEN VON BRANDAUSBRÜCHEN 195
1. Hausbau und Wohnverhältnisse 195
2. Die Wasserversorgung 211
   2.1 Quellenfrage und wassertechnische Überlegungen 212
   2.2 Wasser für Rom 217

Inhaltsverzeichnis

V. ZUSAMMENFASSUNG 235

ANHANG 1 Regionale und zeitliche Verbreitung der „Feuerwehrvereine" . 241
ANHANG 2 Verteilung der „Feuerwehrvereine" auf die Provinzen 267
ANHANG 3 Regionale und zeitliche Verbreitung der *vigiles* 293

LITERATURVERZEICHNIS 305
ABKÜRZUNGSVERZEICHNIS 319
ABBILDUNGSVERZEICHNIS 322
TABELLENVERZEICHNIS 324

Quellen, Methodik, Zielsetzung

EINLEITUNG

1. Quellen, Methodik und Zielsetzung

„Kein Mensch fürchtet jemals Hauseinsturz im kühlen Praeneste oder in Volsinii auf seinen Waldeshängen noch im bescheidenen Gabii oder in Tibur, hoch über dem Abhang. Wir aber wohnen in einer Stadt, die zum großen Teil auf schwachen Stützbalken ruht, denn so hemmt der Hausverwalter den Zusammenbruch, und wenn er alte klaffende Risse ausgebessert hat, heißt er uns schlafen, während beständig Einsturz droht. Dort sollte man wohnen, wo es keine Brände gibt, wo man sich nachts nicht fürchten muß"[1].

Diese Aussage, die Iuvenal in etwas überzeichneter Form zu den ungleichen Wohnverhältnissen der armen und reichen Bewohner Roms äußerte, ist nur eines der antiken Zeugnisse dafür, dass Brände und Hauseinsturz aufgrund der übereilten und oftmals billigen Bauweise zur Allgegenwart im antiken Rom gehörten. Selbst wenn man bedenkt, dass dieses Iuvenal-Zitat zunächst mit überspitztem und unzufriedenem Ton geäußert wurde, lässt sich das Faktum der zahlreichen Brände durchaus als realistisch einstufen; denn auch heute, bei erheblich verbesserten Löschmöglichkeiten und Vorbeugungsmaßnahmen, ist die Brandgefahr nicht gänzlich gebannt.

Das Ziel der vorliegenden Arbeit soll daher sein, die Brandgefahr im Westteil des *Imperium Romanum* anhand literarischer, epigraphischer, archäologischer und juristischer Quellen zu untersuchen. Eingeschränkt wurde der Forschungsbereich auf die westliche Imperiumshälfte deshalb, weil eine Einbeziehung der griechischen Inschriften den Rahmen der Studie sprengen würde. Selbst mit der eben genannten Abgrenzung ergibt sich noch immer die Schwierigkeit, dass nicht das gesamte westliche Imperium berücksichtigt werden kann; dazu kommt, dass es die Quellensituation häufig nicht erlaubt. Dies gilt insbesondere für die literarischen und historiographischen Quellen zur Beschreibung von Brandkatastrophen; denn

---

[1] Iuv. 3,194-202.

schriftliche Quellen, die das Alltagsleben in einer Provinz behandeln, liegen nur selten vor, da vorwiegend Rom im Mittelpunkt des Interesses einzelner Historiographen stand. Für eine stärkere Einbeziehung der Provinzen gestattet es die Quellenlage jedoch glücklicherweise, auf die Epigraphik und die Archäologie zurückzugreifen. Sie informieren uns sowohl über die Organisation und die Verbreitung von „Feuerwehren" wie auch über die zum Löschen verwendeten Geräte und stellen somit indirekt ein Zeugnis für das Bewusstsein der immerwährenden Brandgefahr dar. Darstellungen in Reliefform auf Steinen oder Überreste von Geräten selbst zeugen daher - wenn auch in bescheidenem Ausmaße - bereits vom Einsatz „einfachsten" Arbeitsgerätes beim Löschen von Bränden in der Antike. Zudem sind Analogien zur Gegenwart aufgrund der relativen Zeitlosigkeit der gängigsten Löschgeräte recht aufschlussreich: Hacken, Äxte, Kübel und dergleichen wurden immer zum Löschen von Bränden herangezogen, ohne dass sich ihr Aussehen und ihr Verwendungszweck entscheidend geändert hätten.

Als letzte wichtige Quelle muss das juristische Material genannt werden. Besonders aus den Digesten oder dem Codex Theodosianus können für dieses Thema Bestimmungen über die Bauweise von Häusern oder Beschränkungen der Haushöhen herangezogen werden.

Aus der Analyse dieser Quellen soll in dieser Studie sodann die Frage gestellt werden, was bei einem Feuerausbruch passierte, und mit welchen Mitteln Brandherde schließlich gelöscht werden konnten. Für diese Zielsetzung war es auch unerlässlich, moderne Ausdrücke auf die Antike anzuwenden. Es gibt zum Beispiel keinen Sammelbegriff für jene Personen, die mit den Löscharbeiten beauftragt waren, der unserer „Feuerwehr" entspräche. Die Begriffe „Feuerwehrmänner" „Feuerwehrvereine" oder auch „Berufsfeuerwehr" wurden somit aufgrund inhaltlicher Übereinstimmungen auf die Antike übertragen und jeweils mit Anführungszeichen versehen.

Schließlich soll noch auf das Titelzitat hingewiesen werden: Der Titel der vorliegenden Studie wurde einem Werk des im 6. Jahrhundert n. Chr. lebenden byzantinischen Schriftstellers Johannes Laurentius Lydos entnommen, in dessen

Quellen, Methodik, Zielsetzung

Werk über die Magistraturen bei den Römern (Περὶ ἀρχῶν τῆς ῾Ρωμαίων πολιτείας 1, 50) es heißt, dass noch zu seiner Zeit bei Ausbruch eines Brandes die Bewohner in Rom *omnes collegiati* (*concurrite* - wie gedanklich zu ergänzen wäre) ausriefen. Diese Feststellung erfolgt nach einer kurzen Abhandlung über den *praefectus vigilum* und seine Vorgänger, wobei Lydos in seiner Beschreibung nicht exakt ist. So werden etwa die *triumviri nocturni*, welche die Aufgabe der Brandbekämpfung vor der Installierung der *vigiles* versahen, sowohl mit den Aedilen und Tribunen als auch mit einem *collegium* zur Brandbekämpfung in einem Zug genannt, ohne dass Lydos eine genaue Erklärung gibt (vgl. dazu Kap. II.2.1). Dieses Kennzeichen von Irrtümern und Ungenauigkeiten findet sich sodann auch in der restlichen Studie wieder, weil Lydos einerseits viel aus dem Gedächtnis zitiert, und zum anderen seine Quellenbasis nicht zuverlässig ist[2]. Weiters kommt es öfter vor, dass er Erscheinungen seiner Zeit auf die römische Kaiserzeit zurückprojiziert (vgl. Kap. II.1.3).

Zum Aufbau der vorliegenden Arbeit ist zu sagen, dass die Einteilung der Kapitel nach den verschiedenen Quellengattungen mit ihrem jeweils spezifischen Aussagewert erfolgte: Zunächst wird versucht werden, einen allgemeinen Überblick über die literarisch überlieferten Brände zu geben. Ausgehend davon werden dann das epigraphische Material mit den Informationen zu den „Feuerwehren", die archäologisch nachgewiesenen Brandbekämpfungsgeräte und schließlich juristische Bestimmungen zur Hausbauweise untersucht werden. Für das Unterkapitel zur Wasserversorgung sind sodann alle genannten und auch herangezogenen Quellengattungen auskunftsreich.

Erst in der Zusammenfassung soll sodann der Versuch unternommen werden, aus den Informationen der einzelnen Kapitel die Frage nach der Effizienz und ihren möglichen Ursachen zu beantworten.

---

[2] A. KLOTZ, RE XIII,2, 1927, 2210-2217, s.v. Lydos (Nr. 7).

2. Forschungsstand

Im Bereich der Brandbekämpfung der Antike kam den *vigiles* bislang ein Forschungsschwerpunkt zu. Das galt insbesondere für Fragen ihrer Organisation und Tätigkeit. Die Forschungsgeschichte[3] setzte mit einer Arbeit von ORIGO[4] 1823 ein, der - selbst als Kommandant der Feuerbrigade im Rom des 19. Jahrhunderts - sein Fachwissen zur Brandlöschung mit dem Studium der antiken Quellen in Verbindung brachte. Die primäre Aufgabe seiner Abhandlung sollte allerdings in einer Apologie zur Existenz der von ihm geleiteten „Feuerwehr" in Rom liegen, da damals die Diskussion um deren Auflösung geführt wurde. Die Bedeutung seiner Ausführungen liegt vor allem darin, dass zu seiner Zeit die Ausrüstungen und Geräte der „Feuerwehr" durchaus noch mit antiken Gegebenheiten vergleichbar waren, und er somit ein größeres Verständnis für das antike Löschwesen aufbringen konnte.

Wenige Jahre später wurden zwei Statuenbasen gefunden[5], die von KELLERMANN[6] in einer eigenen Publikation bearbeitet wurden, und welche die Kenntnisse zur Organisation der *vigiles* vertieften. Zudem führte um die Mitte des 19. Jahrhunderts die Entdeckung einiger „Feuerwehrkasernen" zu einer intensiven Beschäftigung mit den Niederlassungen der *vigiles*, wofür zum Beispiel die Studie von DE ROSSI[7] zu nennen ist.

Ende des vorigen Jahrhunderts schließlich entstand eine weitere Arbeit zur „Feuerwehr" der *vigiles* von DE MAGISTRIS[8], die allerdings von keinem weitreichenden Einfluss auf die weitere Forschung blieb. Im gleichen Zeitraum setzte die Untersuchung der in literarischen Quellen tradierten Brände ein. Zu

---

[3] Vgl. zur Forschungsgeschichte auch RAINBIRD, Vigiles, 3-9.
[4] ORIGO, Origine.
[5] CIL VI 1057 und 1058.
[6] KELLERMANN, Latercula.
[7] DE ROSSI, Stazioni.
[8] DE MAGISTRIS, Militia.

nennen ist hier die ausführliche Studie von WERNER[9], welche dann erst 1931 durch eine Arbeit von CANTER[10] erweitert und ergänzt wurde. Ähnlich spät wie die Aufnahme von literarischen Quellen erfolgte die Einbeziehung der Inschriften. Erst Ende des 19. Jahrhunderts - im Zusammenhang mit dem beginnenden Interesse an der Epigraphik und der Herausgabe des *Corpus Inscriptionum Latinarum* - wurde den inschriftlich erwähnten *fabri, centonarii* und *dendrophori* in ihrer Funktion als „Feuerwehren" ein dünnes Büchlein gewidmet. MAUÉ sammelte dafür die bis dahin bekannten Inschriften und präsentierte jene auch in einer kurzen Analyse[11]. Damit legte er den Grundstein für eine weitere Beschäftigung mit diesen Vereinen, wozu die entsprechenden Artikeln in der Realenzyklopädie wie auch im Dizionario Epigraphico zu Beginn des 20. Jahrhunderts zu zählen sind[12].

Ein weiterer „Forschungsschub" lässt sich dann Ende der 20er und Anfang der 30er Jahre des 20. Jahrhunderts feststellen, als nicht nur die oben erwähnte überblicksmäßige und kurze Gesamtdarstellung zu den Bränden in Rom von CANTER publiziert wurde, sondern auch das größtenteils bis heute gültige Standardwerk zu den *vigiles* von REYNOLDS[13] entstand. Das große Verdienst dieser zuletzt genannten Arbeit liegt vor allem in der bis dahin relativ vollständigen Sammlung an Quellen, deren Interpretation allerdings nicht in optimalem Maße ausgeschöpft wurde. So ließ der Autor einzelne soziale Aspekte und auch die Technik des Feuerlöschens fast gänzlich außer Acht.

Gerade in dieser Hinsicht verfasste RAINBIRD 1976 eine Dissertation zu den *vigiles*[14], indem er den Akzent seiner Forschung bewusst auf Aspekte der

---

[9] WERNER, De incendiis.
[10] CANTER, Conflagrations.
[11] MAUÉ, Fabri, centonarii, dendrophori.
[12] E. KORNEMANN, RE VI, 1909, 1888-1925, s.v. fabri; W. KUBITSCHEK, RE III, 1899, 1933-1934, s.v. centonarii; Fr. CUMONT, RE V, 1905, 216-219, s.v. dendrophori; E. KORNEMANN, RE IV, 1901, 380-480, s.v. collegium; DE III, 1910, 1671-1704, s.v. dendrophori.
[13] REYNOLDS, Vigiles.
[14] RAINBIRD, Vigiles.

Ausstattung, der Funktionstüchtigkeit und der Effizienz der Geräte legte. Es ist dies eine Periode, welche nach einer längeren durch den zweiten Weltkrieg und die Nachkriegszeit bedingten Pause einsetzte, und in der auch wieder einige Publikationen zu den Bränden in Rom erschienen: Zu nennen sind Arbeiten von BEAUJEU, SCHEDA oder neuerdings BAUDY, welche sich in ihren Aufsätzen mit den Brandkatastrophen in Rom beschäftigten, wobei vorrangig die Schuldfrage Neros beim Brand von 64 n. Chr. behandelt wurde[15].

Eine neuerliche Beschäftigung mit Fragen der Brandbekämpfung ist schließlich seit Anfang der 80er Jahre festzustellen. Einerseits sind zwei Studien von KNEISSEL zu den „Freiwilligen Feuerwehren" zu nennen[16], und andererseits erschienen einige Publikationen mit allgemeinem Überblickscharakter zu den *vigiles*: So ist hier die knappe von der „Comune di Roma" herausgegebene Darstellung von RAMIERI zu erwähnen, und zum anderen die populärwissenschaftliche Studie von den beiden Autorinnen CAPPONI und MENGOZZI, welche hauptsächlich dem praktischen Aspekt des Feuerlöschens gewidmet ist[17].

Erst vor einigen Jahren erschien in diesem Bereich wieder eine nennenswerte Publikation: Die bislang neueste Arbeit, welche sowohl den hierarchischen als auch den sozialgeschichtlichen und praktischen Gesichtspunkt zu den *vigiles* behandelt, wurde 1996 von SABLAYROLLES publiziert[18]. Sie übertrifft die früheren Publikationen nicht nur durch ihren Umfang, sondern auch durch die detaillierte und genaue Darstellungsweise.

Fragt man schließlich nach Veröffentlichungen von Studien zur Wasserversorgung und zum Hausbau im Kontext der Brandgefahren, so ist das Ergebnis enttäuschend. In der Forschung fehlte bislang eine eingehende Analyse

---

[15] BEAUJEU, L'incendie; SCHEDA, Nero; BAUDY, Brände Roms; vgl. auch OOTEGHEM; Les incendies.

[16] KNEISSL, Utriclarii; ders.: Fabri, fabri tignuarii.

[17] RAMIERI, Vigili. CAPPONI/MENGOZZI, Vigiles.

[18] SABLAYROLLES, Libertinus miles.

Forschungsstand

der angesprochenen Bereiche im Zusammenhang mit dem Entstehen von Bränden. Fragen des Hausbaus und der Wohnverhältnisse finden sich fast ausschließlich in überblicksmäßigen Monographien zur Sozial- und Kulturgeschichte Roms bzw. Ostias[19].

Bereits gut aufgearbeitet ist nur die Wasserversorgung einiger antiker Städte. Nach langer Vernachlässigung dieser Thematik begann eine Auseinandersetzung mit wassertechnischen Fragen erst an der Wende vom 19. zum 20. Jahrhundert. Zu nennen sind hier unter anderen Namen wie CURTIUS, FABRICIUS, GRAEBER, G. WEBER[20] sowie in den 30er Jahren ASHBY[21], deren Engagement in jüngster Zeit erneut mit viel Einsatz von GARBRECHT, BRUUN oder HAINZMANN[22] - um nur einige zu nennen - ergänzt wurde. Zu erwähnen sind weiters die Lexikonartikeln im Dizionario Epigraphico von 1895 und in der Realenzyklopädie aus dem Jahre 1955[23]. In den letzten Jahrzehnten beschäftigte sich vor allem die sogenannte Frontinus-Gesellschaft mit Fragen der Wasserversorgung. Ihr Interesse gilt einer Untersuchung der Wasserversorgung verschiedener antiker Städte vom technischen sowie vom historischen Gesichtspunkt aus[24].

Trotz dieser zahlreichen Publikationen muss man sich jedoch eingestehen, dass die Wasserversorgung bei weitem noch nicht zur Gänze erforscht ist. Aufgrund der modernen urbanistischen Gegebenheiten konnten meist nur der Verlauf der Wasserleitungen und die technischen Fragen durchdacht werden. Da nur Pompeji wertvolle archäologische Hinweise besitzt, dient dieses allein als Modell für das Funktionieren der Wasserverteilung.

---

[19] Vgl. CARCOPINO, Rom; KOLB, Rom; HERMANSEN, Ostia.

[20] Vgl. zum Forschungsstand TÖLLE-KASTENBEIN, Wasserkultur 9.

[21] ASHBY, Aqueducts.

[22] GARBRECHT, Wasserversorgungstechnik; BRUUN, Water Supply; HAINZMANN, Frontinus; ders.: Stadtrömische Wasserleitungen.

[23] DE I, 1895, 537-539, s.v. aquae ductus; A. W. van BUREN, RE VII,A,1, 1955, 433-485, s.v. Wasserleitungen.

[24] FRONTINUS-GESELLSCHAFT (Hg.), Frontinus; FRONTINUS-GESELLSCHAFT (Hg.), Pergamon; FRONTINUS-GESELLSCHAFT (Hg.) Mitteleuropa.

Zur Forschungslage ist somit zusammenfassend zu sagen, dass zwar schon einige der angesprochenen Teilbereiche teilweise gut aufgearbeitet sind, eine Abhandlung, welche alle Aspekte umfasste, bislang allerdings fehlte. Zudem wurden die neueren Inschriften noch nicht in die Forschung miteinbezogen, sodass auch hier eine systematische Untersuchung und Analyse notwendig wurde. Einige neue „Feuerwehrvereine" können ebenfalls inschriftlich erfasst und in die Gesamtanalyse einbezogen werden.

I. DIE IN ANTIKEN LITERARISCHEN NOTIZEN TRADIERTEN BRÄNDE

1. Brände in Rom

Die literarische Überlieferung geht wegen der Konzentration in der Sichtweise vorrangig auf die Hauptstadt ein; Feuerausbrüche in den Provinzen werden dagegen nur peripher erwähnt. Das liegt zum einen daran, dass die römische Geschichte als eine Geschichte Roms gesehen wurde und dadurch das Hauptaugenmerk auf der Stadt selbst lag; zum anderen ist es dadurch bedingt, dass die meisten Autoren in Rom lebten, und deshalb die Brände in den Provinzen von ihnen kaum registriert wurden[25].

Für die Stadt Rom gibt es bereits für die Zeit der Republik zahlreiche Notizen für Feuersbrünste[26]. Diese betreffen vorwiegend zwei Gebiete: Das für Handelszwecke dicht bebaute Gebiet entlang des Tiber und das Areal um das Forum. Es sind dies diejenigen Bereiche, die auch später bei Bränden immer wieder in Mitleidenschaft gezogen wurden. Die Gefahr für den Ausbruch von Bränden wurde allerdings aufgrund der Bevölkerungszunahme in den ersten Jahrhunderten der Kaiserzeit immer virulenter.

Kann für die Zeit der Republik vor allem die sogenannte Gallierkatastrophe von 387/86 v. Chr.[27] mit Feuersbrünsten über mehrere Tage hinweg als ein Ereignis, das den Römern für Jahrhunderte in Erinnerung blieb, bezeichnet werden, so ist es in der Kaiserzeit der Brand unter Nero 64 n. Chr., der in seinen Ausmaßen auch immer wieder mit dem vorher genannten Brand verglichen wurde[28]. Es hat

---

[25] Z. B. Tacitus, Sueton, Iuvenal, Martial, Petronius.
[26] Vgl. zu den Bränden in der Republikszeit: CANTER, Conflagrations, 270-273.
[27] Liv. 5,39-43; Diod. 14,116. Vgl. Auch Liv. 5,55,4 zu den Aufbauarbeiten nach dem Gallierbrand: *Festinatio curam exemit vicos dirigendi, dum omisso sui alienique discrimine in vacuo aedificant.*
[28] Tac. ann. 15, 41,2; Cass. Dio 62, 17.

allerdings den Anschein, dass diese beiden Brände in der Antike bewusst aufeinander bezogen wurden; darüber hinaus handelt es sich bei der Beschreibung des Livius wohl teilweise um ein Konstrukt: Der Gallierbrand wird bei ihm mit den typischen, in dramatischer Weise ausgebauten Merkmalen einer Schlachtbeschreibung geschildert[29]. Archäologisch konnte zudem nachgewiesen werden, dass die angeblich unkoordinierte Straßenbauweise nicht auf diesen Brand, sondern vielmehr auf eine über Jahrhunderte gewachsene städtische Struktur zurückzuführen war. Von diesem Brand rührten nur einige kleinere, nicht weiter bemerkenswerte Zerstörungen her[30]. Von einer großflächigen, totalen Brandkatastrophe lässt sich daher nicht sprechen.

Ansonsten gibt es für die Zeit der Republik nur wenige Hinweise auf Brände, was sicherlich auch auf die nur spärlich erhaltene Quellenlage zurückzuführen ist[31]. Für die Anfangsjahre der Kaiserzeit änderte sich diese Situation dann schlagartig: Für die Zeit des Augustus sind immer wieder Feuerausbrüche[32] überliefert, für deren Bekämpfung Augustus eine organisatorische Neuerung ins Leben rief. Im Jahre 6 n. Chr. schuf er nach einem Brand, der mehrere Teile der Stadt in Schutt und Asche gelegt hatte, eine „in sieben Abteilungen gegliederte Organisation von Freigelassenen"[33], die neben ihren polizeilichen Aufgaben

---

[29] OGILVIE, Livy, 720; WALSH, Livius, 352-353.

[30] OGILVIE, Livy, 750-751: Als Zerstörungsnachweis für das beginnende 4. Jahrhundert v. Chr. können vor allem zerbrochene Dachziegel in Verbindung mit verbranntem Holz und Ton im Bereich der alten *curia Hostilia* genannt werden. Zu den Reparaturmaßnahmen zählt insbesondere eine Neupflasterung des Forums.

[31] Für 53 v.Chr. ist zum Beispiel ein Brand verzeichnet, durch den 14 *vici* zerstört worden sein sollen: Oros. 7,2,11: ... *quattuordecim vicos eius incertum unde consurgens flamma consumpsit, nec umquam, ut ait Livius, maiore incendio vastata est.*

[32] In seiner Regierungszeit brannte es insgesamt acht Mal in größerem Umfang: 31 v. Chr., 23 v. Chr., 16 v. Chr., 14 v. Chr., 12 v. Chr., 7 v. Chr., 3 n. Chr., 6 n. Chr.Vgl. WERNER, De incendiis, 9-15; 31 v. Chr.: Cass. Dio 50, 8,3; 50,10,3-6; 23 v. Chr.: Cass. Dio 53, 33,5; 16 v. Chr.: Cass. Dio 54, 19,7; 14 v. Chr.: Cass. Dio 54, 24,2; 12 v. Chr.: Cass. Dio 54, 29,8; 7 v. Chr.: Cass. Dio 55, 8,6; 3 n. Chr.: Cass. Dio 55,12,4; Val. Max. 1,8,11; 6 n. Chr.: Cass. Dio 55, 26,4; Strab. 5,3,7; Suet. Aug. 30.

[33] Cass. Dio 55,26,4: ἄνδρας τε ἐξελευθέρους ἑπταχῇ πρὸς τὰς ἐπικουρίας αὐτῆς κατελέξατο, καὶ ἄρχοντα ἱππέα αὐτοῖς προσέταξεν, ὡς καὶ δι᾽ ὀλίγου σφᾶς

Löschdienste versehen sollten (vgl. dazu Kap. II.2). Die Neuerung bestand vor allem darin, dass nunmehr eine quasimilitärisch gegliederte „Berufsfeuerwehr" (mit der Bezeichnung als *vigiles*) die Aufgaben der Brandbekämpfung besser wahrnehmen konnte. Wie noch zu zeigen sein wird, wurde diese neue Einrichtung, weil sie sich als sehr nützlich und effektiv erwiesen hatte, sodann auch für die nächsten Jahrhunderte beibehalten[34]. Von den in seiner Regierungszeit ausgebrochenen Feuersbrünsten betroffen waren der Circus Maximus sowie das Theater des Pompeius, das Gebiet um den Vestatempel auf dem Forum, der Tempel der Iuventus, das sogenannte Haus des Romulus und teilweise der Palatin[35]. Diese Bereiche zählten unter anderem auch in weiterer Folge immer wieder zu den von Feuergefahren bedrohten Gebieten. Eine große Ansammlung von Menschen wie auf dem Forum Romanum, dem Campus Martius und der Via Sacra und zudem noch zahlreiche aus Holz gefertigte Bauteile der Kaufläden im Circus Maximus ließen hier immer wieder Brände entstehen (vgl. Abb. 3)[36].

Brandstiftung, nicht selten mit Wohnungsspekulation[37] verbunden, Bürgerkriegswirren, in den meisten Fällen aber Fahrlässigkeit waren des weiteren häufig Anlass für den Ausbruch von Feuersbrünsten. Selbst wenn keine unmittelbare Brandursache ausfindig gemacht werden konnte, wurde manches Mal nach einem Sündenbock für das entstandene Unheil gesucht und verdächtigen oder unliebsamen Personen die Schuld dafür gegeben. Sowohl beim Brand von 27

διαλύσων. Vgl. auch Suet. Aug. 25 u. 30; Strab. 5,3,7.

[34] Cass. Dio 55,26,5.

[35] Vgl. Anm. 32.

[36] WERNER, De incendiis, 9. Canter, Conflagrations, 273.

[37] Plut. Crass. 2 berichtet, dass Crassus abgebrannte sowie angrenzende Häuser günstig aufgekauft habe, sie sodann mit handwerklich ausgebildeten Sklaven restaurieren ließ und somit den größten Teil Roms in seine Hände bekam.

n. Chr.[38] als auch bei jenem unter Nero 64 n. Chr. lässt sich diese Tendenz feststellen.

Während sowohl für die Brände von 31 v. Chr. wie auch 7 v. Chr. Brandstiftung angenommen wurde[39] schreibt Tacitus[40] den Ausbruch eines Feuers im Theater des Pompeius in den Anfangsjahren der Regierungszeit des Tiberius dem Zufall zu. Für die auch in den dreizehn Jahren seiner Regierungszeit häufig ausgebrochenen Brände sollen sowohl Tiberius als auch seine Mutter Livia den Brandgeschädigten zahlreiche Hilfe zukommen haben lassen[41]. Tiberius rügte Livia sogar, dass sie sich in Dinge einmische, die einer Frau nicht zukämen, als sie bei einer Feuersbrunst in der Nähe des Vestatempels persönlich zugegen war und den mit Löschen beschäftigten Personen moralische Unterstützung zukommen ließ[42]. Neben dem Brand im Theater des Pompeius[43] hat vor allem jener auf dem Caelius 27 n. Chr. mit seiner starken Bebauung an Palästen, Privathäusern und Mietshäusern[44] großen Schaden angerichtet. Auch bei diesem Feuerausbruch soll Tiberius sich den Brandgeschädigten gegenüber finanziell äußerst großzügig gezeigt haben[45]. Als 36 n. Chr. im Circus und auf dem Aventin eine große

---

[38] Tac. ann. 4, 64,1: „Und das Volk hätte, seiner Gepflogenheit entsprechend, Zufälliges als Schuld gedeutet, wenn nicht der Caesar dem entgegengetreten wäre, indem er nach Maßgabe des Schadens Gelder zuwies."

[39] Cass. Dio 50,10,4; 55,8,6; 31 v. Chr. wurden reiche Freigelassene verdächtigt, als eine Form von Rebellion gegen die neu eingeführte Abgabe eines Achtels ihres Vermögens Brände gelegt zu haben; 7 v. Chr. waren nach Cassius Dio Schuldner maßgeblich für den Brand verantwortlich, damit sie als schwer Geschädigte einen Teil ihrer Schulden erlassen bekämen.

[40] Tac. ann. 3,72,2: *At Pompei theatrum igne fortuito haustum Caesar exstructurum pollicitus est, eo quod nemo e familia restaurando sufficeret, manente tamen nomine Pompei.*

[41] Cass. Dio 57,16,2.

[42] Suet. Tib. 50.

[43] Tac. ann. 2,72,2; Cass. Dio 60, 6,8.

[44] CANTER, Conflagrations, 275.

[45] Tac. ann. 4,64; Suet. Tib. 48; Vell. 2,130,2.

Feuersbrunst wütete, stiftete Tiberius sogar hundert Millionen Sesterzen für Wiederaufbauarbeiten[46].

Als Brandursache spielte in seiner Regierungszeit ebenfalls Brandstiftung eine Rolle. Cassius Dio etwa berichtet, dass im Jahre 31 n. Chr. Soldaten Feuer legten und Raubüberfälle unternahmen, weil sie auf die bevorzugte Stellung der *vigiles* eifersüchtig waren; die Soldaten selbst waren allzu großer Sympathie für Seian beschuldigt und somit ihrer Meinung nach den *vigiles* gegenüber benachteiligt worden[47]. Von welchen Soldaten hier die Rede ist, wird bei Cassius Dio leider nicht gesagt. Es ist zu vermuten, dass es sich dabei um die Prätorianer gehandelt haben dürfte.

Wenn auch Catull mit seinem Werk bereits für die letzte Zeit der Republik spöttisch preist, der Vorzug der Bettelarmut sei derjenige, dass Bettler nicht um ihr Eigentum durch Einsturz oder Brand von Häusern[48] fürchten müssten, so zeigen doch Äußerungen unter anderen bei Seneca oder Iuvenal, dass dergleichen Ängste die Menschen immer wieder berührten[49]. Oftmals mussten dann sogar das Militär und Teile der Bevölkerung zum Löschen herangezogen werden[50].

Das Ereignis, das über Jahrhunderte hinweg zu zahlreichen Diskussionen führte, war allerdings der Brand von 64 n. Chr[51]. Äußert sich Tacitus neutral, es

---

[46] Cass. Dio 58,26,5; Tac. ann. 6,45.

[47] Cass. Dio 58,12,2.

[48] FRIEDLÄNDER, Sittengeschichte I, 23; Catull 23,7-11.

[49] Sen. benef. 4,6,2; 5,18,2; 7,31,5; Iuv. 3,190-231; 3,57; 14,303-310; 3, 212-222.

[50] Cass. Dio 59,9,4 zum Brand von 38 n. Chr. oder Suet. Claud. 18 zum Brand von 54 n. Chr: „Um die Stadt Rom und ihre Lebensmittelversorgung hat er <Claudius> sich immer sehr sorgfältig gekümmert. Als es in der Aemilius-Vorstadt ständig brannte, blieb er Nächte lang im Zählungsgebäude und rief, als die Scharen der Soldaten und die seiner Hofleute nicht ausreichten, das Volk durch Beamte aus allen Stadtbezirken zur Hilfeleistung zusammen, stellte Geldtruhen aus seinem Privatvermögen vor sich hin und ermahnte die Leute zum Helfen, indem er jedem einen seiner Leistung angemessenen Betrag bar auszahlte." Auch hier wird nicht genauer ausgeführt, um welche Soldaten es sich handelt.

[51] Vgl. dazu: PROFUMO, Incendio Neroniano.

sei nicht gewiss, ob der Brand auf tückische Anstiftung Neros oder durch Zufall[52] entstanden sei, so meinen Sueton und Cassius Dio ganz offen, der Kaiser allein trage die Verantwortung für diese Katastrophe[53]. Ganz in der Tradition dieser beiden Schriftsteller schreiben dann christliche Autoren, welche Nero aufgrund seiner Christenverfolgung verurteilten, der Kaiser habe das Feuer legen lassen[54]. Suetons Ansicht folgen auch spätantike „heidnische" Autoren immer wieder, Nero habe, um den Untergang Trojas nachvollziehen zu können, dem Brand leierspielend zugesehen[55]. Diese Szene scheint die Überlieferung zudem auch im literarisch-dichterischen Bereich stark inspiriert zu haben[56].

Einig ist man sich über die Tragweite dieser Feuersbrunst, welche mehrere Tage und Nächte hindurch wütete[57] und von den vierzehn Regionen nur vier aussparte sowie drei vollständig zerstörte[58]. Nach der Inschrift CIL VI 826 (vgl. Abb. 1)[59] breitete sich das Feuer in solchen Dimensionen aus, dass Rom neun

---

[52] Tac. ann. 15,38,1. Die von ALLEN, Eccentricities, Anfang der 60er Jahre in seiner Untersuchung zu den Geschehnissen vor dem Brand geäußerte Ansicht, die ausführliche Schilderung bei Tacitus sei möglicherweise auf Neros religiöser Einstellung und seinem ausschweifenden Lebensstil zurückzuführen, lässt sich anhand der Quellen nicht nachvollziehen. Vgl. zur Schilderung bei Tacitus: MORFORD, Neronian Books, 1614-1615.

[53] Suet. Nero 38; Cass. Dio 62,16-17.

[54] Oros. hist. 7,7,4-10.

[55] Eutr. 7,14; Aur. Vict. Caes. 5,14. Sueton scheint die Hauptquelle sowohl für Orosius wie auch für Eutropius und Aurelius Victor dargestellt zu haben: SCHUBERT, Nerobild, 367; Scheinbar wurden vorwiegend negative, anekdotenhafte Elemente von den spätantiken Historiographen übernommen, womit das Bild des dämonischen und pervers veranlagten Herrschers vollest unterstützt wurde.

[56] Stat. silv. 2,7,60.

[57] Cass. Dio 62,17.

[58] CANTER, Conflagrations, 276; Tac. ann. 15,40,2.

[59] Drei von insgesamt vierzehn Altären, welche Domitian in jeder Region zur Erinnerung an den großen Brand aufstellen hatte lassen, wurden gefunden: Sie wurden publiziert in: CIL VI 30837 a,b,c (vgl. auch zur Version b: CIL VI 826); die drei *cippi* weichen orthographisch und inhaltlich nur leicht voneinander ab. Der eine Altar wurde bei St. Peter gefunden, der zweite auf dem Quirinal und der dritte in der Nähe des Circus Maximus; enthalten ist unter anderem die Bestimmung, dass am 23. August (Fest der Vulkanalien) jeweils ein männliches Kalb geopfert werden sollte. Zum Altar auf dem Quirinal, der heute dort noch zu sehen ist, vgl.

Tage hindurch brannte. Diese Information könnte mit der von Tacitus überlieferten Notiz übereinstimmen, wonach sich der Brand nach sechs Tagen einmal kurz beruhigte, um dann von neuem aufzuflammen[60]. Entsprungen dürfte dieser Brand in der Gegend des Circus Maximus sein, von wo er sich dann auf das Forum Boarium, das Velabrum, den Caelius, den Aventin, das Kapitol und den Palatin ausbreitete und auch auf den Esquilin übergriff[61].

Auch bei dieser Brandbeschreibung greifen die antiken Autoren durchwegs zu dramatischen Stilmitteln. Tacitus[62] etwa berichtet vom „Jammergeschrei der verängstigten Frauen" sowie von der Behinderung der Löschmaßnahmen durch altersschwache Leute, durch hilflose Kinder, und durch „Menschen, die sich selbst und solche, die anderen helfen wollten, indem sie Kranke wegschleppten oder auf sie warteten", dadurch jedoch im Wege standen. Eine ähnlich ausführliche und dramatische Schilderung der chaotischen Zustände ist bei Cassius Dio zu finden[63]. Wenn sich der Ablauf der Löschmaßnahmen naturgemäß

NASH, Bildlexikon I, 60-62, Abb. 58 u. 59 und unten Abb.1.

[60] Tac. ann. 15,40.

[61] CANTER, Conflagrations, 276.

[62] Tac. ann. 15,38.

[63] Cass. Dio 62,16,3-7: „Denn nichts war zu beobachten außer zahlreichen Feuern wie in einem Heerlager und nichts zu hören außer Rufen wie die folgenden: 'Dies und das brennt!' - 'Wo?' - 'Wie geschah es?' - 'Wer war der Brandstifter?' - 'Hilfe!' Eine heftige Erregung hielt die gesamte Bürgerschaft aller Stadtteile in Bann, und fassungslos liefen die einen in dieser, die anderen in jener Richtung auseinander. Während die Leute ihren Nachbarn helfen wollten, mussten sie erfahren, dass ihre eigenen Häuser in Flammen standen; anderen wieder passierte es, dass sie, noch ehe sie etwas vom Ausbruch eines Brandes in ihrem Besitztum vernommen hatten, schon von dessen Vernichtung unterrichtet wurden. Jene, die sich innerhalb ihrer Häuser aufhielten, rannten in die engen Gassen hinaus, um ihren Besitz von außen her zu retten, während andere von den Straßen weg in ihre Behausungen hineinstürmten, in der Hoffnung, sie könnten drinnen noch etwas ausrichten. Dazu ertönten endlose Schreie und Jammerrufe zusammen von Kindern, Frauen, Männern und Greisen, sodass man infolge des Rauches wie des Lärms nichts sehen und auch kein Wort verstehen konnte; deshalb sah man auch einige sprachlos dastehen, als wären sie stumm. Inzwischen schleppten viele ihr Hab und Gut heraus, während viele fremdes Eigentum raubten, und sie alle rannten gegeneinander und stürzten über ihren Lasten zu Boden. Unmöglich konnte man vorwärts kommen oder stehen bleiben, die Leute stießen vielmehr und wurden selbst wieder gestoßen, drängten zurück, um ihrerseits zurückgedrängt zu werden. So wurde eine Menge erdrückt oder niedergetreten (...)"

in den hier beschriebenen Linien vollzogen haben wird, so ist dazu dennoch zu bemerken, dass durch den pathetischen Stil und durch den mit vielen *topoi* angereicherten Bericht in der Interpretation Vorsicht geboten ist[64]. Wie es in der Historiographie öfter der Fall ist, will man durch die detaillierte Schilderung von Kampfabläufen und παθήματα Spannungselemente und dadurch Erzählenswertes erzeugen, denn - wie Tacitus selbst sagt - nur Zeiten mit häufigen Kriegen und inneren Wirren sind es im Grunde genommen wert, dargestellt zu werden; deswegen sei er sich seiner „beschränkten und unrühmlichen" Aufgabe, seine Zeit des Friedens darzustellen, wohl bewusst[65].

Welche von den drei Hauptquellen, Sueton, Tacitus oder Cassius Dio, die Wahrscheinlichste ist sowie die Schuld bzw. Unschuld des Nero lassen sich nicht entscheiden, wenngleich SCHUBERT bei seiner Studie zum Nerobild[66], zum Ergebnis kommt, dass die Schilderung bei Tacitus aus psychologisch und historischer Sicht wohl die Wahrscheinlichste ist, da hier immerhin eine Entwicklung in der Darstellung der Person Neros zu erkennen ist. Wird er bei Tacitus zumindest in der Frühzeit noch positiv beurteilt, so erfolgt bei Sueton wahrscheinlich hauptsächlich aufgrund seiner Vorliebe für kleine Details und der Herausarbeitung von *colores* jene negative Einfärbung. Bei Cassius Dio schließlich zieht sich die negative Beurteilung Neros durch das ganze Werk; als Grund dafür müsse nach SCHUBERT nicht unbedingt eine negative politische

---

[64] Vor allem bei Tacitus ist jenes dramatische Element besonders ausgeprägt: Vgl. BILLERBECK, Tacitus, und die dort S. 2753 zitierte Literatur zum Forschungsstand. Er will vor allem anhand der Erzeugung von Spannungsmomenten sowie durch dramatische und melodramatische Einschübe den Leser fesseln.

[65] Tac. ann. 4,32. Vgl. STRASBURGER, Studien, 983-990.

[66] SCHUBERT, Nerobild, 361-366. Großteils stützt er sich auf die bereits 1948 erschienene Dissertation von HEINZ, Bild Kaiser Neros. Einen kurzen Überblick zu Beziehungen und zu möglichen Abhängigkeiten der drei Autoren Tacitus, Sueton und Cassius Dio gibt SAGE, Tacitus, v.a. 998-1004 und 1015-1016. Es hat den Anschein, dass Tacitus von Cassius Dio nicht verwendet wurde; auch Sueton kann als unabhängige Quelle angesehen werden, da sein Stil ein völlig anderer ist. Vielmehr kann mit großer Wahrscheinlichkeit eine gemeinsame Quelle für Tacitus und Cassius Dios angenommen werden.

Einstellung, sondern es könne ebenso eine bloße Vorliebe für grausige Details zur Fesselung der Leser angenommen werden.

Bezeichnend für einen Großbrand dieses Ausmaßes dürfte die sowohl bei Tacitus als auch bei Cassius Dio überlieferte Nachricht sein, wonach es im Zuge der allgemeinen Verwirrung und der Ratlosigkeit immer wieder zu Plünderungsaktionen gekommen sei.

Abb. 1 Nordwestseite des Altars gegen die Via del Quirinale

Es ist sogar bei beiden die Rede davon, dass einige Personen den Löschmaßnahmen bewusst im Wege standen und den Brand noch ausgedehnt hätten. Cassius Dio meint sogar: „Viele Häuser wurden zerstört, da niemand half, sie zu retten, ja viele andere gerade von den Helfern noch in Brand gesteckt; denn die Soldaten einschließlich der νυκτοφύλακες <die griechische Bezeichnung für *vigiles*> richteten ihr Augenmerk auf Plünderungen und zündeten, anstatt zu löschen, noch weitere Gebäude an"[67]. Seiner Ansicht nach waren demnach sogar die „Feuerwehrmänner" in die Plünderungs- und Brandstiftungsaktionen involviert.

Besteht - wie aus den bisherigen Ausführungen zu ersehen ist - in der Antike die Tendenz, Nero für den Brand verantwortlich zu machen, so steht man in der heutigen Forschung dem eher skeptisch gegenüber. Trotz der vielen nerofeindlichen Quellen ist man zumeist bemüht, als auslösenden Faktor Zufall anzunehmen[68]. Zum einen ist es eher unwahrscheinlich, dass Nero die Richtung, in die sich der Brand ausbreiten sollte, genau vorher planen und mit einem starken Südwind rechnen hätte können[69]; zum anderen wäre - nach HÜLSEN[70] - eine Brandstiftung zu diesem Zeitpunkt unmöglich gewesen, da der Vollmond des 18./19. Juli die Brandstifter von ihrem Vorhaben abhalten hätte müssen. Wenn dieses zuletzt genannte Argument auch wenig überzeugend klingt, am wahrscheinlichsten ist, dass sich durch unbedachtes Hantieren mit dem „Feuer in den mit leicht entzündlichen Waren angefüllten Verkaufsbuden"[71] ein Brand entwickelte, der sich dann, vom Südwind angefacht und angesichts der geringen Löscheffektivität mit ungeheurer Geschwindigkeit ausbreitete.

---

[67] Vgl. auch Cass. Dio 62,17,1; Tac. ann. 15,38.

[68] In der neueren Literatur steht man Nero neutraler gegenüber. Hier herrscht die Meinung vor, dass der Brand nur zufällig ausgebrochen sei, wenn auch bedacht werden muss, dass Nero durch den Wiederaufbau eines neuen Rom einen Vorteil daraus ziehen wollte. Dieses Vorhaben trug mit Sicherheit dazu bei, dass ihm eine vorsätzliche Brandstiftung als Schuld angelastet wurde. Leider lässt sich sein Bauvorhaben archäologisch nicht nachvollziehen, da er keine Gelegenheit hatte, es während seiner Regierungszeit zu vollenden; selbst was von ihm in Gang gesetzt wurde, ließ Vespasian sofort rückgängig machen, wie er auch jede weitere Veränderung stoppen ließ. Vgl. auch die Meinung von GRIFFIN, Nero, 132-133: Der Brand brach nicht in jenem Gebiet aus, das Nero für den Aufbau der Domus Aurea vorgesehen hatte, vielmehr vernichtete das Feuer seine eigenen neu errichteten Bauten auf dem Palatin und dem Oppius - was höchstwahrscheinlich nicht in seiner Intention lag. Vgl. zur Entlastung von Nero auch WARMINGTON, Nero, 123-134. Hingegen bezieht MALITZ, Nero nicht Stellung. Er lässt die Frage, weshalb der Brand ausbrach, völlig offen.

[69] KOESTERMANN, Tacitus, 235.

[70] HÜLSEN, Burning of Rome, 46.

[71] KOESTERMANN, Tacitus, 235.

Vom Argument des zufällig ausgebrochenen Brandes nicht überzeugt ist BAUDY[72], der in der bislang neuesten Studie zu diesem Brand zum Ergebnis kommt, dass orientalische, in Rom lebende Christen den Brand gelegt hätten. Er geht davon aus, dass sowohl der Brand unter Nero als auch die „Gallierkatastrophe" an einem 19. Juli stattfanden; die Brandstifter hätten offenkundig dieses Datum bewusst für ihre Aktivitäten ausgewählt. Trotz der bei BAUDY genannten möglichen Motive und seiner Überlegungen lässt sich diese Theorie jedoch nicht halten, da die Argumentation allzu vage und unsicher scheint[73].

Zur Entstehung des Gerüchts, Nero habe Rom vorsätzlich in Schutt und Asche legen wollen, um ein „Neues Rom" daraus aufzubauen, trug wahrscheinlich entscheidend bei, dass der Kaiser aus dieser Katastrophe einen Nutzen zog, indem er sich inmitten der Trümmer einen riesigen Palast errichten ließ[74]. Zudem war seine Liebe zum Trojanischen Sagenkreis bekannt, hat er doch selbst ein Ilion-Epos dazu verfasst[75]. Dabei ist jedoch auf Neros Vorliebe für jegliche Dichtkunst

---

[72] Vgl. BAUDY, Brände Roms.

[73] Vgl. dazu auch RÜPKE (Rez.), Brände.

[74] BRADLEY, Nero, 229-230. Archäologisch konnte eine beträchtliche Erhöhung des Grundniveaus nachgewiesen werden, weil die neue Stadt größtenteils auf den abgebrannten Überresten aufgebaut wurde. Auch muss betont werden, dass noch zur Zeit Vespasians der Wiederaufbau der Stadt im Gang war. Vgl. dazu PHILLIPS, New City, 303. Die Aussage bei Tac. ann. 15,43,3, dass der Schutt zum Aufbau des Marschlandes in Ostia gedient hätte, stimmt daher nicht ganz; nach Sueton lag es gar in der Intention Neros, die Stadtmauern von Rom bis nach Ostia auszudehnen: Suet. Nero 16. Ein solches Vorhaben wurde jedoch mit seinem Tode wieder aufgegeben: Vgl. WARMINGTON, Nero, 132-133.

[75] Tac. ann. 15,39,3 gibt die Aufführung der Ilias durch Nero zwar mehr oder weniger als Gerücht wieder und lokalisiert diese im privaten Bereich, während Sueton, Nero 38 und Cass. Dio 62,16 die Szene als Faktum in der Öffentlichkeit spielen lassen. Vgl. auch Iuv. 8,221; Cass. Dio 62,29,1; KOESTERMANN, Tacitus, 240-241; KIERDORF, Sueton, 217; SCHEDA, Nero 111-115; ebd., 114: SCHEDA meint, das Gerücht von der Brandstiftung Neros sei dadurch entstanden, „dass der Kaiser vor der Feuersbrunst tatsächlich in seinem Palast die *Halosis Ilii* vorgetragen habe, und dass die Öffentlichkeit durch Hofdichter wie den Anonymus Einsiedlensis darüber informiert worden sei. Dazu sagt er: „(...) Von dem Wissen, daß Nero den Brand Trojas auf seiner Hausbühne besungen hatte, bis zu der Annahme, daß er dies auch während des Brandes Roms getan und die Katastrophe mit dem Untergang Trojas verglichen habe, ist kein weiter Schritt. Hier haben wir die Keimzelle des Gerüchts, während bei Sueton

hinzuweisen: Bekannt sind Studien im Bereich der erotischen, hymnischen, historischen, dramatischen sowie satirischen Dichtung[76]. Sein Lieblingsthema dürfte dabei doch der Trojanische Sagenkreis gewesen sein. Nicht zuletzt diente das Troia-Thema als ideologische Untermauerung der eigenen Herrschaft seit Augustus, selbst die Geschichte Roms war ja bekannterweise durch Aeneas mit dem Troia-Thema verbunden. Der Untersuchung von SCHUBERT zufolge war Neros Troia-Epos bereits vor dem Brand 64 n. Chr. zumindest teilweise fertiggestellt; zu einer öffentlichen Rezitation scheint es hingegen nicht vor 65 n. Chr. gekommen zu sein. Die in der kontemporären Literatur vorgefasste Meinung, Nero habe angesichts der Freude über den Großbrand öffentlich seine Verse zum Besten gegeben, entspricht aller Wahrscheinlichkeit nach demzufolge nicht der Realität[77].

Während laut Cassius Dio[78] zwei Drittel der Stadt eingeäschert worden sein sollen, ist mit Sicherheit bekannt, dass, wie oben erwähnt, die *regiones* XIV (Trans Tiberim), I (Porta Capena), VI (Alta Semita am Viminal und Quirinal) und VII (Via Lata) vom Brand verschont blieben, sowie, dass nur die *regiones* XI

---

und Cass. Dio offensichtlich eine Umformng und Weiterentwicklung vorliegt: Nero sucht sich für seinen Vortrag einen passenden Bühnenhintergrund - das brennende Rom. Dabei scheint Dio eine naive Version der Gerüchts zu bieten, denn die von Tacitus abweichende Ortsangabe (Dach des Palastes) ist ja nur eine geringförmige Änderung. Einen gehässigen und zugleich wohlüberlegten Verleumdungsversuch stellt die suetonische Version dar: es wird ausdrücklich gesagt, daß der Kaiser sich über das Flammenmeer freut. Als Ort des Vortrags wurde der Turm des Mäcenas (auf dem Esquilin) wahrscheinlich deshalb gewählt, weil man davon ausging, daß die Gebäude auf dem Palatin und die sogenannte *domus transitoria* (zwischen Palatin und Esquilin) ein Raub der Flammen wurden und damit kaum der geeignete Ort für einen Gesangsvortrag waren." Auch NÈRAUDAU, Néron, v.a. 2032-3033 meint, die Vorliebe Neros für den Trojanischen Sagenkreis müsse differenzierter gesehen werden. Dieses Thema gehörte zu den beliebtesten literarischen Motiven seiner Zeit und wurde von Nero wohl vor allem deswegen rezipiert, weil er damit auch seinen Legitimationsanspruch bekunden wollte: Da er ja von Claudius adoptiert worden war, sollte seine Abstammung mütterlicherseits von Augustus betont werden im Unterschied zu dem von Octavia abstammenden Britannicus.

[76] Als übersichtliche Zusammenfassung zur literarischen Aktivität Neros sowie zu seiner Darstellung in der lateinischen Literatur vgl. SCHUBERT, Nerobild, besonders 95-100.

[77] Ebd., 97-98.

[78] Cass. Dio, 62,18,2.

(Circus Maximus), X (Palatin) und IV (Templum Pacis; Subura) ein Opfer des Brandes wurden (vgl. Abb. 2).

Zieht man nun einen Vergleich zum archäologischen Befund, so sah die Lage entgegen den literarischen Äußerungen bei weitem nicht so trist aus[79]. Sogar der Zirkus, der den Berichten zufolge ziemlich zerstört worden sein soll, konnte bereits im darauffolgenden Jahr wieder benutzt werden[80]. Der neronische Palast, das Kapitol und das Marsfeld blieben auch größtenteils vom Feuer verschont.

Der Brand war jedoch ein willkommener Anlass, die Stadt schöner und vor allem für Löschmaßnahmen zugänglicher zu gestalten[81]. Nero setzte zum Beispiel eine Maximalhöhe für Häuser fest[82], und ließ „sorgsam ausgemessene Häuserzeilen und breite Straßen" dazwischen anlegen, wobei auch die Innenhöfe freigelassen und Säulengänge geschaffen werden sollten;[83] wie bereits frühere Maßnahmen fruchteten diese aber offenkundig ebenso wenig, weil es auch weiterhin zahlreiche Brände gab.

Ein anderes auslösendes Element für die Brände der Kaiserzeit zeigt sich im bürgerkriegsähnlichen Zustand in Rom in der Endphase der Auseinandersetzungen zwischen Vitellius und Vespasian[84]. Durch die bei Cassius Dio[85] ausführlich beschriebene Belagerung der Anhänger Vespasians durch die Vitellianer wurden das Kapitol sowie der Juppitertempel in Brand gesteckt, deren

---

[79] Vgl. dazu: KOESTERMANN, Tacitus, 242-243. Newbold, Fire, 858. Sowohl Tacitus als auch Cassius Dio scheinen zu übertreiben.
[80] Tac. ann. 15,53,1; Suet. Nero 25,2.
[81] Vgl. LANCIANI, Destruction, 16-17.
[82] Auch Augustus hatte bereits eine solche Initiative gesetzt.
[83] Tac. ann. 15,43,1-2. Vgl. Zu den immer wieder erlassenen gesetzlichen Bestimmungen zum Hausbau: Kap. IV.1.
[84] Tac. hist. 1,2; Suet. Vesp. 8; Aur. Vict. Caes. 9,7, Plin. nat.33,154; Suet. Vit. 15; Suet. Dom. 1; Tac. hist. 3,75; 4,54; Plut. Publ. 15; Aur. Vict. Caes. 8,5; Cass. Dio 65,17-18; Oros. hist. 7,8,7; Stat. silv. 5,3,195-204; Philostr. Apoll. 5, 30.
[85] Cass. Dio 65,17-18.

Wiederherstellung[86] dann bald darauf durch Vespasian erfolgte. Es dürfte jedoch bald wieder gebrannt haben, sodass Vespasian nach seiner Rückkehr nach Rom im Jahre 70 n. Chr. die Stadt von früheren Brandkatastrophen beschädigt vorfand[87].

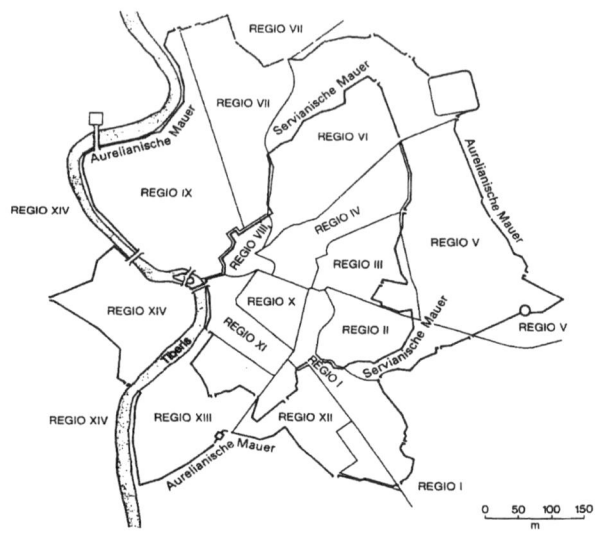

Rom. Die XIV Regionen.

I Porta Capena	VI Alta Semita	XI Circus Maximus
II Caelimontium	VII Via Lata	XII Piscina Publica
III Isis et Serapis	VIII Forum Romanum	XIII Aventinus
IV Templum Pacis	IX Circus Flaminius	XIV Transtiberim
V Esquiliae	X Palatium	

Abb. 2   Plan von Rom in augusteischer Zeit

---

[86] Suet. Vesp. 8; Plut. Publ. 15.

[87] Suet. Vesp. 8,5.

Wie vordem bereits Nero und in kleineren Ausmaßen Tiberius und Caius mit dem Neubau von Portiken[88] bemühte sich auch Vespasian, einen Wiederaufbau der zerstörten Stadteile zu forcieren. Zehn Jahre später wurde das Kapitol abermals durch eine drei Tage und Nächte wütende Feuersbrunst in Mitleidenschaft gezogen[89]. Dabei fielen auch zahlreiche profane und religiöse Bauten in Rom dem Brand zum Opfer, so zum Beispiel das Pantheon[90].

Neben den bereits beschriebenen Brandursachen waren einige Brände auf Blitzschläge zurückzuführen. So wurde in der Zeit Trajans abermals das Pantheon beschädigt[91], und unter Commodus setzte ein Blitzschlag das Kapitol mitsamt der Bibliothek sowie einige weitere Gebäude in Brand[92]. Während über das Ausmaß des dabei entstandenen Schadens nichts zu erfahren ist, wird für die Zeit des Commodus eine weitere Feuersbrunst registriert, die nachts in einem Hause ausbrach und dann auf das Templum Pacis sowie auf Lagerhäuser mit ägyptischer und arabischer Ware übergriff[93]. Feuerbegünstigend dürften vor allem die leicht entflammbaren Waren gewesen sein, sodass nach Cassius Dio[94] die Löschmaßnahmen nicht mehr wirksam wurden, obwohl bereits zahlreich Soldaten und Bürger daran beteiligt waren; erst als das Feuer auf unbebautes Gebiet stieß und somit keine Nahrung mehr hatte, konnte dem Brand Einhalt geboten werden. Der bei Herodian[95] überlieferte Brand bezieht sich höchstwahrscheinlich auf dasselbe Ereignis, wenn jener auch meint, das Feuer sei entweder durch einen

---

[88] Vgl. dazu: Cass. Dio 57,16,2; Tac. ann. 4,64; Suet. Tib. 48,1; Tac. ann. 6,45; Cass. Dio 58,26,5; Suet. Cal. 16,3.
[89] Suet. Tit. 8; Suet. Dom 5 u. 20; Cass. Dio 66,24,1; Oros. hist. 7,9,14.
[90] Cass. Dio 66,24,1; Suet. Dom. 20.
[91] Oros. hist. 7,12,4-5; Hist. Aug. Hadr. 19.
[92] Oros. hist. 7,16,3.
[93] Cass. Dio 73, 24,1-3.
[94] Ebd.
[95] Herodian. 1,14,2-6.

Blitz oder durch Fahrlässigkeit in einem Haus ausgebrochen und hätte erst nach Tagen - nach Einsetzen von Regenfällen - bewältigt werden können.

Auf Blitzschlag war auch der für die Zeit des Macrinus überlieferte Brand im Amphitheatrum Flavium zurückzuführen[96]. Den Berichten zufolge soll er gerade am Tage der Volcanalia, dem Festtag des Feuergottes Volcanus, am 23. August, welcher wohl zur Feier eines Abwehrritus gegen Gefahren von Feuerausbrüchen gedacht war[97], ausgebrochen sein; er soll das Amphitheater dermaßen beschädigt haben, dass es längere Zeit unbenutzt bleiben musste. Auch hier dürften die hölzernen Einrichtungsteile für die Ausbreitung des Feuers mitentscheidend gewesen sein.

Als Rom 237 n. Chr. erneut Schauplatz eines Bürgerkriegs wurde, blieb es abermals nicht aus, dass es im Zuge der Auseinandersetzungen zwischen Maximinus Thrax und der Senatspartei zum Ausbruch eines Brandes kam[98]. Die Soldaten sollen dabei vornehmlich solche Häuser in Brand gesteckt haben, welche über hölzerne Balkone verfügten, wodurch sich alsbald ein Großbrand entwickelte. Zunutze machten sich diese Situation wiederum kriminelle Elemente der Bevölkerung und die Soldaten selbst, bot sie doch ausreichend Gelegenheit zu Plünderungsaktionen[99].

Trotz dürftiger Quellenlage in der Spätantike kann es als gewiss gelten, dass die *urbs* auch in dieser Zeit immer wieder von Feuersbrünsten heimgesucht wurde[100]. Für den Zeitraum von 31 v. Chr. bis 425 n. Chr. sind insgesamt 44 Brände zu verzeichnen[101]. Bedenkt man, dass bei weitem nicht alle *incendia* literarischen Niederschlag fanden, und dass das Feuerrisiko in der Subura aufgrund der

---

[96] Hist. Aug. Hel. 17,8; Cass. Dio 79,25,2.
[97] W. Eisenhut, RE Suppl. 14, 1974, 948-962, s.v. Volcanus.
[98] Herodian. 7, 12,5-7; Hist. Aug., Max. et Balb. 9; Hist. Aug. Maximin. duorum 20.
[99] Herodian. 7,12,5-7.
[100] 283 n. Chr. gab es in Rom zwei Brände; vgl. dazu: WERNER, De incendiis, 44; CANTER, Conflagrations, 277; für den Brand von 363 n. Chr. vgl. Amm. 23,3,3.
[101] CANTER, Conflagrations, 278. Nach SABLAYROLLES, Libertinus miles, 409 sind in Rom seit der Stadtgründung immerhin 88 Brände zu verzeichnen.

Bevölkerungsdichte und des feueranfälligen Baumaterials der Häuser ungleich größer gewesen sein muss als in den übrigen Bezirken Roms, dann dürfte diese Zahl doch keineswegs der Realität entsprechen und höher anzusetzen zu sein.

Geht man von der Überlieferung aus, dann wurden an der Peripherie gelegene Regionen wie die *regio I* (Porta Capena) und die *regio XIV* (Trans Tiberim) nur selten von Bränden bedroht, wogegen die Zahl der Brände, je näher man dem Zentrum kommt, zunahm: So soll es etwa in der *regio IX* (Circus Flaminius und Campus Martius) neun Mal sowie in der *regio VIII* (Forum Romanum, Kaiserforen, Kapitol) sogar vierzehn Mal zu Feuerausbrüchen gekommen sein (vgl. Abb. 3)[102].

Abb. 3 Häufigkeit der Brände in Rom

---

[102] CANTER, Conflagrations, 278.

Wenn man Iuvenals Klage[103] hört, er möchte lieber nicht in Rom leben, sondern dort, wo weder derart zahlreiche Brände noch Hauseinsturz zu befürchten seien, und er weiters meint, es sei nachts all der Widerwärtigkeiten halber, die einem unterwegs begegnen könnten, nicht ratsam, aus dem Hause zu gehen, ohne vorher sein Testament gemacht zu haben, dann ist das zwar etwas übertrieben, lässt aber doch die Angst vor Feuerausbrüchen erkennen.

Auch nach dem neronischen Brand hat sich das Feuerrisiko kaum reduziert. All die Bestimmungen, die Nero bezüglich des Neuaufbaus von Rom erließ[104], blieben unbeachtet, die Häuser wurden weiterhin aus billigem, nicht feuerfestem Material erbaut und besaßen auch jetzt mehrere Stockwerke, um möglichst viele Menschen aufnehmen zu können[105]. So mussten immer wieder von neuem Bestimmungen zur Reduzierung der Haushöhen erlassen werden. Nachdem unter Augustus die Maximalhöhe auf 70 römische Fuß beschränkt worden war, und Nero ebenso (nicht genau bekannte) Maßnahmen ergriffen hatte, wurde unter Trajan nochmals festgelegt, dass die Häuser nicht höher als 60 Fuß sein sollten[106]. Sowohl Iuvenal[107] als auch Martial[108] beklagen sich jedoch auch weiterhin über die mehrstöckigen Häuser Roms.

Ebenso der raschen Ausbreitung eines Brandes förderlich waren die engen, gewundenen Gassen, deren Zustand allgemein auf den hastigen Neubau nach der Gallierkatastrophe zurückgeführt wurde[109]. So beklagt sich etwa der ältere Seneca in tiberischer Zeit, dass die Häuser zu hoch und die Straßen zu eng seien, und es

---

[103] Iuv. 3,194-202; 3, 272-314.

[104] Suet. Nero 16; Tac. ann. 15, 43,1-2.

[105] FRIEDLÄNDER, Sittengeschichte I, 5; CARCOPINO, Rom, 57.

[106] Strab. 5,3,7; Aur. Vict. epit. 13,13; FRIEDLÄNDER, Sittengeschichte I, 6; 70 römische Fuß entspricht 20,72m (ca. 5-7 Stockwerke); 60 römische Fuß wären 17,76m.

[107] Iuv. 3 268-272; 6, 30-31.

[108] Mart. 7,20.

[109] Liv. 5,55,2-5; Tac. ann. 15,43. Vgl. dazu oben S. 23-24.

somit weder einen Schutz gegen Brände noch gegen Hauseinsturz gebe[110]. Bis in die Spätantike größtenteils aus Holz gebaute Häuser[111] und nur unzureichende Löschvorkehrungen waren der Grund dafür, dass immer wieder große Teile der Stadt in Schutt und Asche gelegt wurden.

2. Brände in den Provinzen

Über Brände in den Städten der Provinzen finden sich in den literarischen Quellen nur wenige Informationen. Wäre nicht das Vorhandensein von „Feuerwehrvereinigungen" in den meisten Städten der westlichen Reichshälfte ein Indiz dafür, dass es öfter gebrannt haben muss, so würde man aus der schriftlichen Überlieferung ein anderes Bild gewinnen.

Die literarisch überlieferten Brände lassen sich fast ausschließlich in die Regierungszeit Neros datieren. So soll nach Tacitus[112] Nero für die 65 n. Chr. von einer Feuersbrunst schwer in Mitleidenschaft gezogene Stadt Lyon vier Millionen Sesterzen an Hilfsmitteln zum Wiederaufbau gestiftet haben; eine Summe, welche die Bewohner dieser Stadt nach Tacitus vorher möglicherweise Rom für die Wiederaufbauarbeiten nach dem großen Brand zur Verfügung gestellt hatten[113]. Nicht minder großzügig hatte sich Nero bereits 53 n. Chr. gezeigt, als er der durch ein Feuer stark zerstörten Stadt Bologna zehn Millionen Sesterzen zukommen hatte lassen[114].

Für das Jahr 58 n. Chr. verzeichnet derselbe Autor einen Brand in Köln, und zwar durch „Flammen, die aus der Erde hervorbrachen"[115] und dann auf Felder und auf die Stadt selbst übergriffen. Es war dies wahrscheinlich ein Moorbrand,

---

[110] Sen. contr. 2,1,11.
[111] Vgl. auch FRIEDLÄNDER, Sittengeschichte I, 7.
[112] Tac. ann. 11,13,13.
[113] Tac. ann. 15, 45,1.
[114] Tac. ann. 12, 58.
[115] Tac. ann. 13,57,3.

der sich dann auf die Äcker ausdehnte. Gelöscht konnte dieser Brand letztendlich erst werden, als die Menschen mit Steinen, Knüppeln und sonstigen Schlagwerkzeugen sowie Kleidern gegen die Brandherde vorgingen: *(...) donec inopia remedii et ira cladis agrestes quidam eminus saxa iacere, dein resistentibus flammis propius suggressi ictu fustium aliisque verberibus ut feras absterrebant. postremo tegmina corpori derepta iniciunt, quanto [magis] profana et usu polluta, tanto magis oppressura ignes*[116].

Obgleich nicht dem Westteil des Reiches zuzurechnen, soll hier der besonderen Anschaulichkeit halber noch auf Nikomedien mit seinem in der Regierungszeit Trajans ausgebrochenen Brand und dem darauffolgenden einschlägigen Briefwechsel zwischen Plinius und Trajan[117] hingewiesen werden. Als Statthalter von Bithynien sah sich Plinius nach dem erwähnten Brand, der sich wegen des starken Windes, der Trägheit der Bevölkerung und des Mangels an Löschgeräten rasch ausgebreitet hatte, veranlasst, dem Kaiser den Vorschlag zu unterbreiten, ein *collegium fabrum* (siehe Kap. II.1.1.1) mit wenigstens 150 Mann ins Leben zu rufen. Trajan, darauf hinweisend, dass aus einer solchen Vereinigung leicht eine politisch motivierte Assoziation entstehen könnte, meinte hierauf jedoch, man solle ein solches Vorhaben unterlassen, die entsprechenden Löschutensilien bereithalten und lediglich die Grundeigentümer dazu ermahnen, das Löschen selbst zu besorgen, sowie allenfalls das herbeieilende Volk in die Löschaktionen miteinzubeziehen.

Im Gegensatz zum Westen mit seinen organisierten „Feuerwehrvereinigungen" basierte die Brandbekämpfung im Ostteil des Imperiums wohl hauptsächlich auf Eigeninitiative[118]. Plinius, aus Como in Oberitalien gebürtig, hatte wahrscheinlich die in seinem Heimatgebiet inschriftlich gut dokumentierten *fabri* vor Augen, als er deren Einsatz in Nikomedien vorschlug. Da Bithynien unter Rivalitäten der einzelnen Städte sowie unter politischen Aktivitäten verschiedenster

---

[116] Auch dieses Zitat ist vielfach als topisch einzustufen.

[117] Plin. epist. 10,33; 10,34.

[118] SHERWIN-WHITE, Letters of Pliny, 607.

Gruppierungen bereits öfter zu leiden hatte,[119] lehnte Trajan die Einrichtung eines Vereins von Handwerkern zur Brandbekämpfung allerdings ab.

Zusammenfassend kann gesagt werden, dass Rom häufig von Bränden heimgesucht wurde. Die Zahl der tatsächlichen Brände dürfte die literarisch überlieferte Anzahl von Brandausbrüchen allerdings bei weitem überstiegen haben; denn nicht jede Feuersbrunst fand auch ihren literarischen Niederschlag. Kleine oder auch nur hinsichtlich der betroffenen Gebäude unbedeutende Brandherde wurden kaum verzeichnet. Ähnliches gilt für die Provinzen: Für die in Rom lebenden und über das Leben in der *urbs* schreibenden Literaten war es nur von geringer Relevanz, was an der Peripherie des Reiches passierte. Glücklicherweise können hierfür die zahlreichen Inschriften mit der Nennung von „Feuerwehren" als ein Indiz für derlei Schwierigkeiten herangezogen werden.

---

[119] Ebd., 609-610; zu den Prozesssen gegen Bassus und Varenus vgl. Plin. epist. 4,9,1-23; 7,6,1-7.

II. INSTITUTIONEN ZUR BRANDBEKÄMPFUNG

Die Aufgabe, jene zahlreichen Brände in Rom wie auch in den Provinzen zu löschen, übernahmen eigene, in Institutionen zusammengefasste „Feuerwehren". Diese teilweise vereins- und ansonsten berufsmäßig organisierten Institutionen werden vor allem in den Inschriften fassbar und lassen sich nach heute gebräuchlicher Terminologie mit den „Freiwilligen Feuerwehrvereinen" bzw. den „Berufsfeuerwehren" vergleichen.

Man kann dabei grundsätzlich von einer Zweiteilung ausgehen: In Rom, das aufgrund seiner Größe und Bedeutung als Hauptstadt des Reiches eine gesonderte Stellung einnahm, versah eine „Berufsfeuerwehr" diese Aufgabe, während in den Städten der übrigen Provinzen „nur" „Freiwillige Feuerwehrvereine" für diese Zwecke herangezogen wurden. Wie noch zu zeigen sein wird, gibt es von diesem Schema nur kleine Abweichungen: In Rom konnten zusätzlich einige „Freiwillige Feuerwehren" diese Tätigkeiten versehen, wohingegen in einigen Städten der Provinzen ebenso eine „Berufsfeuerwehr" zu existieren scheint (vgl. dazu Kap. II.2.1).

1. „Freiwillige Feuerwehrvereine"

Die „Feuerwehren" der Provinzstädte waren den heutigen „Freiwilligen Feuerwehren" vergleichbare Organisationen. Es waren dies größtenteils Handwerkervereine, deren Mitglieder neben ihrer Haupttätigkeit, der Herstellung verschiedener Produkte, auch zum Löschen herangezogen wurden. Meist verwendeten diese auch Arbeitsgeräte wie zum Beispiel Äxte, welche sich zur Brandbekämpfung vorzüglich eigneten. Entscheidend war vor allem die Tatsache, dass die Mitglieder dieser Vereine Erfahrung im Umgang mit den zur Brandbekämpfung herangezogenen Gerätschaften hatten, welche im Bedarfsfalle aufgrund des alltäglichen Gebrauches somit auch schnell zum Feuerlöschen einsatzfähig waren.

Bevor auf Einzelheiten zu den jeweiligen Vereinen, welche sich mit der Brandbekämpfung beschäftigten, näher eingegangen wird, sollen noch zu einem besseren Verständnis der nachfolgenden Ausführungen Fragen der antiken und - im Vergleich dazu - der modernen Vereinsdefinition angesprochen werden.

In der Antike gab es unterschiedliche Ansichten, welche Elemente das Wesen eines Vereins ausmachten. Die Hauptkriterien dafür, dass man sich den Namen *collegium* geben konnte, beruhten auf organisatorischen Aspekten wie auf dem Vorhandensein einer *arca communis* oder auf dem Aufbau *ad exemplum rei publicae*[120]. Demnach sollten Vereine - egal welcher Zielrichtung - das Abbild einer Bürgergemeinde mit allen Magistraten und dazugehörigen Einrichtungen sein[121]. Zu den Hauptaufgaben zählten neben dem eigentlichen Vereinszweck insbesondere sozial-gesellige und religiöse Funktionen, was gleichfalls für die „Feuerwehrvereine" gilt. Mit gemeinsamen Mahlzeiten und der Sorge für den Totenkult wurde die wichtigste Pflicht der Vereine erfüllt: Den Mitgliedern anhand gemeinsamer Essen und der Verteilung von Geldgeschenken das Gefühl der Zugehörigkeit zu einer Vereinigung zu geben. Wird auch bei unserem heutigen Vereinsverständnis der gesellig Aspekt stark betont, so sollen Vereine laut Definition doch vielmehr einen auf bestimmte Zeit ausgerichteten gemeinsamen Zweck verfolgen und auf Freiwilligkeit basieren[122]. Eine nähere Festlegung fehlt meist, außer dass ein Verein nicht auf Gewinn orientiert sein soll. Der wirtschaftliche Aspekt, der heute auf Vereine ohne weiteres zutreffen kann, fehlte in der Antike völlig.

---

[120] Dig. 3,4,1,1. Vgl. LIEBENAM, Vereinswesen, 178-180.

[121] Vgl. P. HERZ., DNP 3, 1997, 67-69, s.v. collegium; E. KORNEMANN, RE IV,1, 1900, 380-480, s.v. collegium. Vgl. auch J. H. WASZINK, RAC 10, 1978, 99-117, s.v. Genossenschaft (B).

[122] Vgl. Münchener Rechts-Lexikon, H. TILCH (Red.), München 1987, Bd 3, 802, s.v. Verein

1.1 Geschichte und Funktion der einzelnen Vereine

1.1.1 *Fabri, fabri tign(u)arii* und *fabri subaediani*

Unter den „Feuerwehrvereinen" kam den *fabri* die größte Bedeutung zu. Dieser Ausdruck diente allgemein zur Bezeichnung eines jeden Handwerkers, der mit härterem Material arbeitete[123]. Das konnten demnach sowohl Schmiede und Zimmerleute wie auch im Baugewerbe tätige Personen sein[124]. Waren es zunächst in der Zeit der frühen Republik aufgrund der Holzbauweise vor allem mit diesem Material arbeitende Handwerker, so wurden mit dem teilweisen Übergang zum Steinbau auch Maurer in den Kreis der *fabri* aufgenommen, ohne dass damit eine Namensänderung verbunden war. Ein Zeichen dafür ist das Aufkommen eigener spezieller Handwerkerbezeichnungen wie *faber tign(u)arius* oder *faber ferrarius* neben dem allgemeinen Ausdruck *faber*. Ihre Funktion als Schmiede, Maurer und Zimmerleute wurde allerdings weiterhin beibehalten. Eine Verschiebung der Aktivitäten zugunsten der Schmiede ist lediglich in der Spätantike festzustellen[125].

Obwohl aus der Zeit der Republik nur wenige Nachrichten über die Existenz von *collegia fabrum* überliefert sind[126], ist es dennoch wahrscheinlich, dass sie aufgrund ihrer nicht zu unterschätzenden Bedeutung im religiösen ebenso wie im profanen Bereich schon damals eine entscheidende Rolle übernommen hatten. Der Tradition zufolge sind die bei Plutarch mit dem griechischen Ausdruck τέκτονες versehenen Handwerker schon unter Numa als einer von acht Vereinen mit der späteren lateinischen Benennung *collegia fabrum* (oder *fabrorum*) in Vereinen organisiert worden[127]. Da jedoch alle religiösen Einrichtungen bereits in der

---

[123] E. KORNEMANN, RE VI, 1909, 1888, s.v. fabri. C. JULLIAN, DS II, 1896, 947, s.v. fabri.

[124] OLD 664, s.v. faber.

[125] C. JULLIAN, DS II, 1896, 948-949, s.v. fabri; Isid., orig. 19,6.

[126] Vgl. CIL I² 1448 (= CIL XIV 2876; ILS 3683b) aus Praeneste.

[127] Plut. Num. 17.

Antike diesem König zugeschrieben wurden, lässt sich kein zeitlicher Ansatz für die Schaffung der Handwerkervereine festlegen.

Die Informationen über ihre Feuerwehrfunktion stammen erst aus den ersten Jahrhunderten der Kaiserzeit. Zum einen ist dafür die bereits oben (Seite 42) paraphrasierte und aufschlussreiche Epistel des Plinius[128] an den Kaiser Trajan mit der Bitte um die Einrichtung eines *collegium fabrum* von wenigstens 150 Mann nach einem Großbrand in Nikomedien zu nennen.

Neben diesem literarischen Hinweis auf das „Feuerwehrwesen" existiert dann weiters eine Inschrift aus Verona[129], in der zum *collegium fabrum* gehörende *curatores instrumenti* genannt werden. Obwohl uns die Inschrift selbst keine Auskunft gibt, worum es sich bei diesen *instrumenta* speziell handelt, kann man doch als Grundausstattung der Handwerker zunächst alle ihre Geräte des täglichen Gebrauches annehmen. Das waren in erster Linie Äxte, Beile, Zangen und hammerähnliche Werkzeuge, mit denen im Brandfalle auch Häuser niedergerissen werden konnten[130]. Es ist dabei leicht erklärbar, dass zum Löschen zuallererst solche Personen angesprochen wurden, die nicht nur Erfahrung im täglichen

---

[128] Plin. epist. 10,33: *Cum diversam partem provinciae circumirem, Nicomediae vastissimum incendium multas privatorum domos et duo publica opera quamquam via interiacente Gerusiam et Iseon absumpsit. (...) et alioqui nullus usquam in publico sipo, nulla hama, nullum denique instrumentum ad incendia compescenda. (...) tu, domine, dispice an instituendum putes collegium fabrorum dumtaxat hominum CL. (...)* und ebd. 34: Nach der Erklärung, dass aus den diversen Vereinen in den östlichen Provinzen immer wieder leicht Hetärien wurden, meint Trajan: *satius itaque est comparari ea, quae ad coercendos ignes auxilio esse possint, admonerique dominos praediorum, ut et ipsi inhibeant ac, si res poposcerit, adcursu populi ad hoc uti.* Vgl. dazu: SHERWIN-WHITE, Letters of Pliny, 607: Die östlichen griechischsprachigen Provinzen scheinen keinerlei organisierte „Feuerwehren" gehabt zu haben, was durch ein völliges Fehlen der epigraphischen Belege bestätigt wird. Wie es der eben zitierte Pliniusbrief mit seinem Antwortschreiben belegen, waren die Bewohner dieser Provinzen selbst für das Löschen zuständig. Die Passage bei Isid. orig. 20,6,9: *sifon vas (...) quod aquas sufflando fundat. utuntur enim hoc orientales. nam ubi senserint domus ardere currunt cum sifonibus plenis aquis et exstinguunt incendia, sed et camaras ad superiora aquis emundunt* scheint die Eigeninitiative beim Feuerlöschen, die bei den einzelnen Bewohnern lag, auch zu bestätigen.

[129] CIL V 3387 (= ILS 6697).

[130] Vgl. zum Niederreißen von Häusern durch *fabri*: Cic. Phil. 5,19 und 1,12.

Umgang unter anderem mit Hacken, Zangen, Mauerbrechern oder Einreißhaken hatten, sondern diese im Bedarfsfalle vor allem einsatzbereit hielten.

Zu einer gegenteiligen Ansicht kam KNEISSL[131] in seiner Untersuchung zu den „Feuerwehrvereinen" in den Provinzen. Ausgehend von der in den Inschriften immer wieder bezeugten Tatsache, dass in solche „Feuerwehrvereine" auch berufsfremde Personen sowie passive Mitglieder eintraten[132], zog KNEISSL den Schluss, dass die Entwicklung in Richtung bloßer „Feuerwehrvereinigung" ging, wobei „die ursprüngliche Bezeichnung (...) beibehalten (wurde), auch wenn sie der berufsmäßigen Zusammensetzung dieser Korporationen nicht mehr entsprach"[133]. Es seien demnach in den jeweiligen Assoziationen zur Brandbekämpfung nicht mehr Berufsvereinigungen zu sehen, sondern aus verschiedenen Handwerkerkollegien zusammengesetzte „Feuerwehrvereine". Insbesondere für die noch zu besprechenden *fabri tignuarii* und *centonarii* sei diese Regelung anzuwenden.

Meiner Ansicht nach ist es jedoch zweifelhaft, ob man in all den zahlreichen Handwerkervereinigungen nur mehr „Feuerwehrvereine" sehen kann, da man dann in ein und derselben Stadt nicht drei verschieden benannte „Feuerwehrvereine" benötigt hätte, und zudem gerade der schnelle Einsatz vor Ort mit den jeweiligen Arbeitsgeräten für ein effizientes Löschen vorteilhaft war. Dass diese Vereine bzw. Handwerker generell auch in der Kaiserzeit noch ihrer Profession nachgingen, beweisen die literarischen Quellen mit ihrer Nennung[134]. Zum Eintritt „berufsfremder" Personen in solche Kollegien ist zu sagen, dass dies weniger ein Charakteristikum der genannten „Feuerwehrvereine" ist, als vielmehr

---

[131] KNEISSL, Fabri, fabri tignuarii.

[132] Vgl. die *centonarii* von Flavia Solva: AE 1920, 69/70 u. AE 1966, 277 (= ILLPRON 1450-1458): (...) *neque enim collegiorum privilegium pro/[sit aut iis, qui artem non] exercent, aut iis, qui maiores facultates praefi(ni)to modo possident* oder CIL VII 11: *[colle]gium fabror(um) et qui in eo [sunt?]*. Siehe weiter unten S. 55-56.

[133] KNEISSL, Fabri, fabri tignuarii, 135.

[134] *Fabri*: Plin. epist. 3,19,3; Aug. civ. 12, 26; Sen. nat. 6,30,4; *Centonarii*: Über die Herstellung von *centones*: Plin. nat. 9,181 u. Iuv. 6,121; Petron. 45: *Echion centonarius*.

auch für andere *collegia* Gültigkeit besitzt[135]. Bereits Ende des 2. Jahrhunderts n. Chr. und dann vor allem in der Spätantike versuchten wohlhabende Personen durch den Eintritt in einen der *utilitas publica* dienenden Verein, ihren Pflichten gegenüber dem Staat, die insbesondere in dieser Zeit eine große Last geworden waren, zu entgehen.[136] Der gesteigerte staatliche Zwang zur Übernahme von *honores* und *munera* führte daher oft zur Verarmung ganzer Bevölkerungsteile, sodass der Eintritt in einen mit *immunitas* ausgestatteten Verein eine bevorzugte Alternative darstellte. Zu diesen Vereinen zählten nicht nur die besagten „Feuerwehrvereine", sondern auch die für die Kornversorgung wichtigen *navicularii, pistores,* und *mensores frumentarii*. Sie sollten als Gegenleistung für diese erwiesenen Privilegien ihre Aktivitäten in den Dienst der Öffentlichkeit stellen. Es verwundert kaum, dass diese Situation öfter missbraucht wurde, indem Personen sich nur *pro forma* als *collegiati* einschreiben ließen, ohne die entsprechenden Leistungen zu erfüllen. Auch eine Mitgliedschaft in mehreren Vereinen, um Privilegien akkumulieren zu können, war keine Seltenheit und wurde bereits von Mark Aurel und Lucius Verus verboten[137]. Die ursprüngliche Profession, die ja in der Vereinsgeschichte nie eine derart große Bedeutung einnahm, da die Hauptaufgabe von Vereinen im Bereich geselliger Aktivitäten mit religiösem Hintergrund und in der Begräbnisausrichtung lag, wurde nunmehr immer weniger beachtet.

Eine Untergruppe der *fabri* waren die ebenfalls als „Feuerwehr" inschriftlich bezeugten *fabri tign(u)arii*, deren Aufgabe vor allem als Zimmermänner in der

---

[135] Vgl. AUSBÜTTEL, Vereine, 36 und die Bestimmung bei den *eborarii et citriarii* in Rom, dass keine berufsfremden Personen aufgenommen werden sollen: CIL VI 33885.

[136] Vgl. WEBER, Handwerk, v.a. 116-131: Immer wieder erlassene Bestimmungen unter Antoninus Pius und seinen beiden Nachfolgern Mark Aurel sowie Lucius Verus für die *navicularii*, dass nur solche *collegiati* als diesem Verein zugehörig betrachtet werden sollen, welche diesen Beruf tatsächlich ausüben und für ihre Tätigkeiten auch ein Schiff aufzuweisen haben, machen dies deutlich. Vgl. Dig. 50,6,6 (5),9 und 50,6,6 (5),6.

[137] Dig. 47,22,1,1.

Institutionen zur Brandbekämpfung

Bearbeitung von Holz lag[138]. Nach einer Digestenstelle[139] fällten sie das Holz und waren auch im Baugewerbe tätig; quellenmäßig belegbar für Rom sind sie erst für die augusteische Zeit. Hierfür können einige Inschriften mit Lustrendatierung (vgl. dazu S. 76), die sich auf das Jahr 7 v. Chr. zurückführen lässt, genannt werden, was den Gedanken an eine Reorganisation in dieser Zeit nahelegt[140]. Aufgrund der bevorzugten Verwendung von Holz als Baumaterial hat ein vereinsmäßiger Zusammenschluss von *fabri tign(u)arii* allerdings wohl schon länger bestanden.

Für ihre Tätigkeit im Bereich der „Feuerwehr" sprechen zahlreiche Indizien. Zum einen ist es ihre quasi-militärische Gliederung in Zenturien und Dekurien sowie ihre Bezeichnung als *numerus militum caligatorum*[141] in Ostia, die an eine straffe Organisation zum Einsatz bei der Brandbekämpfung erinnern. Andererseits ist nicht immer eine strikte Trennung zu den als „Feuerwehr" aktiven *fabri* zu ziehen[142]. Während in den meisten Städten *fabri tign(u)arii* unabhängig neben jenen existierten, werden sie in einer Inschrift aus Tusculum[143] bald als *collegium fabrum*, bald als *collegium fabrum tign(u)ariorum* bezeichnet. Das dürfte wohl damit zusammenhängen, dass eine strenge Unterscheidung der beiden Vereine nicht immer gegeben war, da auch *fabri* Holzhandwerker sein konnten.

Gut ersichtlich ist ein direkter Zusammenhang mit dem „Feuerwehrwesen" auf einem Votivaltar aus Rom[144] (vgl. Abb. 15), dessen Reliefs Geräte zur Brandbekämpfung aufweisen. Auf der Vorder- und Rückseite sind jeweils eine Opferszene vor einer Minervastatue bzw. die Einsetzung des Minervakultes dargestellt, während auf der rechten Schmalseite zahlreiche Geräte, die auf einen engen Zusammenhang mit der Holzbearbeitung schließen lassen, abgebildet sind.

---

[138] E. KORNEMANN, RE VI, 1909, 1893, s.v. fabri.

[139] Dig. 50,16,235,1.

[140] Vgl. etwa CIL VI 996; 9406; 9415b; 9034; 10299.

[141] CIL XIV 128, 160, 374.

[142] Vgl. E. KORNEMANN, RE VI, 1909, 1895-96, s.v. fabri.

[143] CIL XIV 2630.

[144] CIL VI 30982; vgl. ZIMMER, Berufsdarstellungen, 162-163.

Neben einer Bügel- und einer Kolbensäge weist das Relief mehrere Äxte vom Typus *bipennis* und *dolabra* auf, neben sowie auf deren Stielen Helme mit Wangenschutz hängen. Auf eine Vereinsorganisation deutet die Inschrift auf der Vorderseite *ministri lustri secun(di)* hin. Über den Handwerks- und Kultgeräten auf der rechten Schmalseite werden zudem noch zwei Sklaven genannt, die mit dem Kultvollzug in Zusammenhang zu bringen sind. Aufgrund der Tatsache, dass in Rom das *collegium fabrum tign(u)ariorum* mit einer Lustrendatierung epigraphisch häufig bezeugt ist und ob der dargestellten Handwerksgeräte, lässt sich diese Inschrift mit großer Wahrscheinlichkeit dem genannten Verein zuordnen. Die dargestellten Helme weisen wohl auf ihre Funktion als „Feuerlöschmannschaft" hin.

Eine weitere Untergruppe der *fabri* sind die in den Inschriften nur selten erwähnten *fabri subaediani*. Die Diskussion[145], ob damit Handwerker für die Holzarbeit des Innenausbaus von Häusern oder nicht vielmehr nur in der Nähe eines Tempels[146] wohnende *fabri* gemeint seien, versuchte KNEISSL mit der Einbeziehung sprachlicher Deutungsversuche zu beantworten. Nach einem Vergleich mit anderen Epitheta von *fabri* kam er zum Ergebnis, dass es sich dabei wohl um Handwerker handeln müsse, die ihren Beinamen aufgrund der Lokalität ihres Aufenthaltes, d.h. *sub aedes* (in der Nähe oder am Fuße eines Tempels bzw. eines Heiligtums) erhielten[147]. Dieser Ausdruck mit der Endung auf -anus beziehe sich deshalb auf einen lokalen Bereich, da ein entsprechender Begriff, wenn er den Beruf bezeichnete, auf -arius enden würde (vgl. *faber tignuarius, faber argentarius* etc. im Gegensatz zu lokalen Bezeichnungen wie *suburbanus* oder etwa *subbasilicanus*). Als erklärenden und beweisenden Zusatz führt er ein

---

[145] Vgl. zur Diskussion um den Begriff: KNEISSL, Fabri, fabri tignuarii, 136-140.

[146] Mit *aedes* ist hier aller Wahrscheinlichkeit nach wohl nicht eine Versammlungsstätte, sondern vielmehr ein Tempel gemeint. Als allein gebräuchliche *termini* für Versammlungsstätten sind die Ausdrüke *schola, curia, basilica* oder *temlum* quellenmäßig belegt: Vgl. LIEBENAM, Vereinswesen, 275.

[147] KNEISSL, 138-140.

epigraphisches Zeugnis aus Narbonne an, in der die dortigen *fabri subaediani* neben dieser Benennung auch generell als *fabri* bezeichnet werden[148]. Obgleich diese Überlegungen recht überzeugend klingen, kann ich mich seiner Meinung dennoch nicht anschließen, da handwerklich gebrauchte Begriffe auf -anus nur selten belegt sind und sich somit eine solche Theorie, welche auf diesen wenigen Begriffen aufbaut, meiner Ansicht nach nicht verallgemeinern lässt. Dazu kommt, dass bei den meisten Inschriften zu den Handwerkern[149] die Unterscheidungskriterien immer berufsspezifisch sind. *Fabri subaediani* sind somit - wie ich meine - im Inneren eines Gebäudes arbeitende Handwerker[150]. Auch der aus Rom bekannte *marmorarius subaedanus* (!)[151] ist möglicherweise nur ein im Inneren eines Hauses arbeitender Marmorarbeiter, für den die Bezeichnung *subaedanus* gewählt wurde, um eine Unterscheidung zu den mit Marmor arbeitenden Steinmetzen herzustellen.

Als letzte kleine Gruppe innerhalb der *fabri*, die unter anderem auch Feuerlöschtätigkeiten verrichtete, könnten *fabri soliarii baxiarii* genannt werden. Es waren dies Sandalenhersteller aus Palmblättern, Papyrus oder Weiden, die zudem einer Inschrift aus Rom[152] zufolge wie die übrigen „Feuerwehren" auch in Zenturien gegliedert waren. Nasse, möglicherweise auch zu Matten verarbeitete Weidenzweige sind ein geeignetes Instrument zur Brandbekämpfung.

---

[148] Ebd., 140. CIL XII 4393.
[149] Vgl. PETRIKOVITS, Handwerk, 83-119.
[150] Vgl. auch WALDE-HOFMANN II, 613, s.v. sub-, wo die gleiche Interpretation gegeben wird.
[151] CIL VI 7814 (= 33293; ILS 7678).
[152] CIL VI 9404.

1.1.2 *Centonarii*

Als zweiter wichtiger Verein unter den „Feuerwehren" galt jener der *centonarii*. Es waren dies Hersteller von Lappendecken, den *centones*, die Wasser oder Essig durchfeuchtet, ein brauchbares Mittel zum Feuerlöschen ergaben. Die aus besonders widerstandsfähigem Material (Filz etc.) hergestellten *centones* fanden sowohl im landwirtschaftlichen wie auch im militärischen Bereich Verwendung. Handelte es sich in der Landwirtschaft um eine besonders strapazfähige Bekleidung des Gesindes[153], so wurden aus diesen Flickendecken im Krieg Mäntel - um gegen Geschoße sicher zu sein[154] - oder Überwürfe hergestellt, mit denen Hausdächer vor Feuer oder Steinen geschützt[155] werden sollten.

Als „Feuerwehrverein" waren *centonarii* wahrscheinlich schon in der Republikszeit tätig[156], wobei sie diese Funktion dann auch neben den *vigiles* im Rom der Kaiserzeit beibehielten.

Aus der Überlegung heraus, dass diese *centones* in vielfacher Weise in Verwendung standen, kann ich mich der Ansicht von KNEISSL[157], in den *centonarii* der kaiserzeitlichen Inschriften seien nur mehr „Feuerwehrmänner" zu sehen, nicht anschließen. Seine Feststellung, dass es „mehr als fraglich (sei), ob der Begriff *centonarius* jemals ein eigenständiges Handwerk bezeichnet hatte"[158], scheint aus der oben angeführten Sicht etwas überzogen (vgl. S. 49-50).

---

[153] Cato agr. 2,3; Colum. 1,8,9.
[154] Caes. civ. 3,44,6.
[155] Caes. civ. 2,10.
[156] CIL I² 1457: [*cen*]*tonaries magister*.
[157] Kneissl, Fabri, fabri tignuarii, 141.
[158] Ebd., 141.

An dieser Stelle muss die für die Provinz Noricum wichtige Inschrift der *centonarii* von Falvia Solva näher besprochen werden (vgl. Abb. 4)[159].

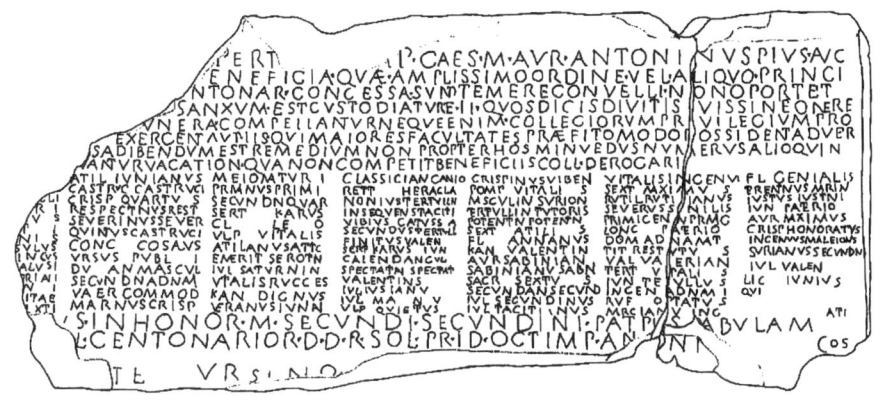

Abb. 4   Centonarierinschrift von Flavia Solva (Umzeichnung)

In der Übersetzung lautet sie folgendermaßen: „Die Kaiser Septimius Severus und Caracalla an Iuventius Surus Proculus (?): Die Vergünstigungen, welche auf Anordnung des hohen Senats oder eines Kaisers den *collegia centonariorum* gewährt wurden, soll man nicht unbedacht aufheben. Was jedoch per Gesetz verordnet wurde, soll bewahrt werden, und diejenigen, von denen du sagst, dass sie sich ihrer Reichtümer ohne finanzielle Belastung erfreuen, sollen gezwungen werden, Leistungen für die Öffentlichkeit auf sich zu nehmen; denn weder soll das Privileg der Kollegien denen von Nutzen sein, die das Handwerk nicht ausüben,

---

[159] Die erste Publikation der Inschrift stammt aus dem Jahr 1915 von CUNTZ, Reskript. Erst in den 60er Jahren wurde sie dann einerseits von WEBER, Centonarierinschrift und ders. RISt, Nr. 149 sowie von ALFÖLDY, Collegium centonariorum von neuem durchdacht. Bildet die Erstpublikation die Grundlage der Forschung, so kann vor allem die bei WEBER, Centonarierinschrift gegebene Interpretation herangezogen werden. Vgl. zu den Ergänzungen WEBER, Centonarierinschrift. Leider ist von der Inschrift heute nicht mehr viel zu sehen, da sie lange Zeit im Eggenberger Lapidarium der Witterung ausgesetzt war. Da auch die älteren Photos recht schwierig zu lesen sind, war es auch nicht leicht, die vorliegende - von der Verfasserin selbst stammende - Umzeichnung anzufertigen.

noch denen, die größere Geldmittel als das festgesetzte Maß besitzen. Gegen diese ist daher das gesetzliche Mittel heranzuziehen; die Zahl der Mitglieder braucht deswegen nicht verkleinert zu werden. Im übrigen mögen alle anderen die Befreiung (von den *munera*) genießen; denn das reicht nicht aus, damit die Vergünstigungen generell abgeschafft würden."

Es folgen in sieben Spalten die dreiundneunzig Namen der Mitglieder (zweiundvierzig römische Bürger, fünfundvierzig *peregrini* und sechs nicht einordenbare Namen) sowie der Hinweis auf die Aufstellung und Datierung der Inschrift.

Inhaltlich lässt sich aus dieser Inschrift festhalten: Wie aus diesem in das Jahr 205 n. Chr. datierten Reskript der Kaiser Septimius Severus und Caracalla hervorgeht, hat sich allem Anschein nach der Statthalter von Noricum darüber beschwert, dass zahlreiche Mitglieder nur zum Schein in diesem „Feuerwehrverein" seien, um die Privilegien zu genießen, ohne sich allerdings am Löschen zu beteiligen. Die Kaiser legten hierauf fest, dass prinzipiell die Privilegien der *centonarii* nicht anzutasten seien, dass jedoch reiche oder aktiv nicht tätige Mitglieder zur Steuerleistung herangezogen werden sollten.

1.1.3 *Dendrophori*

Mit dem Ausdruck *collegium dendrophorum* wurde wahrscheinlich ein Verein bezeichnet, der sowohl religiöse als auch berufsspezifische Aktivitäten verfolgte. Quellenmäßig gesichert ist allerdings nur seine religiöse Funktion im Kult der Magna Mater Idea.

Wie es der griechische Name verrät, handelt es sich dabei um „Baumträger", das heißt um Träger einer kultisch verehrten Pinie, die alljährlich am 22. März in den Tempel der Großen Mutter gebracht wurde. Es war dies wohl ein symbolischer Akt für das Wiedererwachen der Vegetation, da die Pinie Attis, den Geliebten der Großen Mutter, darstellen soll. Die Magna Mater selbst wurde bereits Ende des 3. Jahrhunderts v. Chr. im römischen Bereich verehrt; denn auf Anweisung der Sibyllinischen Bücher sollte sie zur positiven Beendigung des

Zweiten Punischen Krieges in Rom eingeführt werden. Allerdings war es den Römern zunächst untersagt, eine Priesterfunktion in ihrem Kult zu übernehmen[160]. Eine Änderung dieser gesetzlichen Lage und ein erstmaliges Auftauchen der Dendrophorie ist frühestens unter Claudius anzusetzen[161]. Bezüglich ihrer Profession geben die Quellen keine direkten Hinweise. Aufgrund der häufigen Nennung gemeinsam mit *centonarii* und *fabri* kann zunächst ein enger Bezug zu den „Feuerwehren" hergestellt werden. Diese Verbindung geht teilweise sogar so weit, dass aufgrund der größeren Zweckmäßigkeit ein einziges *collegium* aus den drei genannten Vereinigungen gebildet wird. Ansonsten kann man möglicherweise durch die häufige Nennung mit den *navicularii* auf einen Zusammenhang mit dem Holztransport und der - verarbeitung schließen[162]. Allerdings ist die in der Forschung oftmals postulierte Beziehung der *dendrophori* zu den *lignarii* weiterhin unbekannt. Die These, dass aus den ursprünglichen *lignarii* der Republikszeit mit dem Eintritt in den Kult der Magna Mater Mitte des 1. Jahrhunderts n. Chr. *dendrophori* wurden[163], lässt sich quellenmäßig nicht bestätigen. Inschriftlich sind *dendrophori* zwischen 79 n. Chr. (früheste Nennung) und 288 n. Chr. (letzte Erwähnung) nachweisbar[164]. Darüber hinaus lässt sich ihr nominelles Weiterbestehen bis 415 n. Chr. bezeugen; in diesem Jahr legte ein Dekret der Kaiser Honorius und Theodosius den Vermögenseinzug der *dendrophori* gesetzlich fest[165]. Nach neuesten Forschungserkenntnissen war jedoch wohl nur der Verein als heidnische Assoziation von diesem Gesetz betroffen, während der berufsspezifische Aspekt

---

[160] DE III,2, 1910, 1673, s.v. dendrophori. S.A. TAKACS, DNP 6, 1999, 952-953, s.v. Kybele.

[161] Lyd. περί ἀρχῶν 4, 59; vgl. zur Diskussion um die Glaubwürdigkeit dieser Information DE III,2 1910, 1674-1676, s.v. dendrophori.

[162] Vgl. auch DE III,2, 1910, 1681-1683, s.v. dendrophori.

[163] MAUÉ, Fabri, centonarii, dendorphori, 24-26; DE III,2, 1910, 1684, s.v. dendrophori.

[164] SALAMITO, Dendrophores, 992.

[165] Cod. Theod. 16,10,20.

nicht angetastet wurde[166]. Höchstwahrscheinlich war mit der Auflösung des Kultes aber auch eine innere Aushöhlung des Kollegiums verbunden und somit auch für die Berufsvereinigung ein langsames Absinken in die Bedeutungslosigkeit gegeben[167].

1.1.4 *Utric(u)larii*

Trotz zahlreicher Versuche, den Aufgabenkreis der *utric(u)larii* einzuengen, ist ihr genauer Tätigkeitsbereich bis heute umstritten[168]. Auch haben sich nur wenige Forscher mit diesem Thema auseinandergesetzt. Ausgehend von der Tatsache, dass Inschriften mit der Nennung von *utric(u)larii* fast ausschließlich aus Süd- und Mittelgallien erhalten sind, kam KNEISSL in der bislang jüngsten Studie darüber zu dem Ergebnis, dass es sich dabei um Weinhändler und -transporteure auf dem Landwege handle[169]. Allerdings muss gesagt werden, dass es keinerlei Anhaltspunkte in den Inschriften oder literarischen Erwähnungen gibt, die eine derartige Zuordnung rechtfertigten.

Wenn auch unter anderem Wein in solchen *uteres* transportiert werden konnte - wie es häufig belegt ist[170] - sind andere Verwendungsmöglichkeiten dennoch nicht auszuschließen. So weist die Information, dass diese Schläuche in aufgeblasener Form ähnlich unseren Schlauchbooten auch zum Übersetzen eines Flusses bzw. als einzelne „Schwimmreifen" oder in zusammengebundener Form als Floß in Verwendung standen[171], auf einen Zusammenhang mit der Fluss- und

---

[166] SALAMITO, Dendrophores, 1015.

[167] Ebd., 1018.

[168] Vgl. KNEISSL, Utriclarii, 170-171.

[169] Ebd., 169.

[170] V. CHAPOT, DS V, 1919, 613, s.v. uter. Vgl. auch das Sarkophagrelief mit dem Kindheitsmythos des Dionysos aus dem 2. Jh. n. Chr. in den Kapitolinischen Museen in Rom (siehe Abb. 20). Dargestellt wird eine Opferszene, wobei im daneben liegenden *uter* zu Füßen eines Satyrn wahrscheinlich Wein abgefüllt war. HELBIG II, Nr. 1412.

[171] Caes. civ. 1,48,7, Suet. Iul. 57; Frontin. strat. 3,13,6.

Küstenschiffahrt hin[172]. Es lassen sich jedoch nicht nur Luft oder Wein in diese Schläuche füllen, sondern auch Öl und Wasser[173]. Zudem wurden auch Musikanten, die ein dudelsackähnliches Instrument spielten, als *utricularii* bezeichnet[174].

Es stellt sich nun die Frage, ob *utric(u)larii* zunächst nicht ähnlich wie etwa *centonarii* ein handwerkliches Produkt herstellten, und in weiterer Folge dann aufgrund ihres Nutzens für die Allgemeinheit auch in den Dienst der staatlichen Verwaltung traten. In den Inschriften treten sie einerseits im Zusammenhang mit *nautae* und andererseits mit den „Feuerwehrvereinen" auf[175]. Während die meisten Inschriften allerdings nur eine lose Verbindung zwischen den Vereinen erkennen lassen, ist die Nennung eines *collegium fabrum utriclariorum et centonariorum* in einer Inschrift aus Cimiez[176] bezeichnend. Es scheint hier einen Verein zu bezeichnen, der aus den drei als „Freiwillige Feuerwehr" tätigen Vereinen der *fabri, centonarii* und *utriclarii* bestand. Aufgrund der bereits erwähnten Tatsache, dass in den *uteres* unter anderem auch Wasser transportiert werden konnte, liegt es nahe, ihnen auch eine „Feuerwehrtätigkeit" zuzusprechen. Ob sie auch Aktivitäten im Bereich der Schiffahrt entwickelten, ist schwer zu sagen. Die übrigen Inschriften, die auf einen näheren Zusammenhang mit den *nautae* bzw. mit der „Feuerwehr" hinweisen, erwähnen meist einen gemeinsamen Patron dieser Assoziationen. Dieses Faktum ist sicherlich darauf zurückzuführen, dass die Übernahme des Patronats dieser Vereinigungen vor allem im Hinblick auf ihr öffentliches Ansehen erfolgte.

---

[172] V. CHAPOT, DS V, 1919, 616-617, s.v. uter.

[173] Öl: Edict. Diocl. 10,14; Wasser: Sall. Iug. 91,1; Pfeffersoße: Petron. 36, 3; Blut: Apul. met. 1,13.

[174] Suet. Nero 54.

[175] *nautae* und *utricularii*: CIL XII 731; CIL XII 982 (= ILS 6986); CIL XII 2009; CIL XIII 1954 (= ILS 7030); CIL XIII 1960; mit anderen „Feuerwehrvereinen": CIL XII 700 (= ILS 6985); CIL XIII 1954 (= ILS 7030); AE 1965, 144; AE 1966, 247; AE 1967, 281.

[176] AE 1967, 281.

So kann die Frage nach dem genauen Tätigkeitsfeld der *utricularii* von den Quellen her leider nicht beantwortet werden. Auch die literarische Notiz über einen *utricularius* als Musikanten[177] gibt hier keine besonders aufschlussreiche Hilfestellung. Es scheint dennoch möglich, dass sie neben ihrer Produktion von Schläuchen auch in verschiedenen Gewerben, welche diese verwendeten, tätig waren und somit auch als „Freiwillige Feuerwehr" in Frage kommen.

1.1.5 *Dolabrarii* und *scalarii*

Weitere, kleinere „Feuerwehrabteilungen" stellten die *collegia dolabrariorum* und *scalariorum* dar. Der erste Verein, jener der *dolabrarii* wurde nach den von den Vereinsmitgliedern verwendeten *dolabrae* benannt. Dies waren besondere Formen von Brechäxten, welche auf der einen Seite eine Schneide und auf der anderen einen Haken hatten. Von Interesse ist die Abbildung eines solchen *dolabrarius* auf einem Grabrelief aus Aquileia (siehe Abb. 16)[178]. Der Grabstein befindet sich heute im Kunsthistorischen Museum in Wien und zeigt auf der rechten Schmalseite einen Mann, der auf seiner linken Schulter eine *dolabra* trägt. Auf der Vorderseite gibt eine Inschrift darüber Auskunft, dass dieser *dolabrarius* im Rahmen der Brandbekämpfung offensichtlich einer größeren Einheit von *fabri* angehörte. Zwei weitere Inschriften zeigen sodann, dass diese Einheit tatsächlich in den Rahmen größerer „Feuerwehrvereine" gestellt werden muss. Die eine stammt aus Trier[179] und erwähnt einen *dolabrarius collegii fabrum* während die zweite ebenfalls aus Oberitalien, aus Como[180], kommt und eine *centuria centonariorum dolabrariorum scalariorum* nennt. Sie scheinen auch hier nur eine Unterabteilung von *fabri* bzw. möglicherweise *centonarii* zu bezeichnen.

---

[177] Suet. Nero 54.

[178] CIL V 908 (= ILS 7246).

[179] CIL XIII 11313 (= ILS 9418; AE 1908, 132).

[180] CIL V 5446 (= ILS 7252).

„Freiwillige Feuerwehrvereine"

Ähnlich verhält es sich mit den in zwei Inschriften aus Como bzw. aus Rom genannten *scalarii*[181]. Auch sie sind wahrscheinlich nur als Spezialeinheit innerhalb der *centonarii* zu betrachten. Als „Leitersteiger" kam ihnen wohl die Aufgabe zu, Brände in höher gelegenen und schwer zugänglichen Bereichen mittels Leitern zu löschen. Nach einer Notiz in den Digesten sollten Leitern auch zu jedem Hausinventar gehören[182]. Ebenfalls wurde in der gleichen Bestimmung verfügt, dass Einreißhaken jederzeit griffbereit sein sollten. In Rom war es sogar die Aufgabe des *praefectus vigilum* und seiner Mannschaft, mit Eimern und Einreißhaken ausgerüstet nachts durch die Straßen zu patrouillieren[183].

1.1.6 *Scabillarii*

Die inschriftlich als *scabillarii* bzw. gelegentlich auch als *scamillarii* bezeichneten *collegiati*[184] leiten sich von den lateinischen Begriffen *scamnum* bzw. von dessen Diminutivum *scamillum* her und sind vorwiegend in stadtrömischen Inschriften genannt. Es handelt sich dabei um einen Schemel oder einem hockerähnlichen Gegenstand[185], als dessen Produzenten und wahrscheinlich auch Benützer die *scabilllarii* anzusehen sind.

Ein enger Zusammenhang mit dem „Feuerwehrwesen" wird durch eine Inschrift aus Ameria[186] ersichtlich, in der allem Anschein nach ein gemeinsamer Präfekt von *centonarii*, *scabillarii* und *fabri tign(u)arii* erwähnt wird. Zudem ist für sie auch die bei all den anderen „Feuerwehren" bekannte Unterteilung in Dekurien belegt, wodurch Löscheinsätze wesentlich erleichtert werden konnten. *Scabillarii*

---

[181] CIL V 5446 (= ILS 7252); CIL VI 34013.

[182] Dig. 33, 7,12,18.

[183] Dig. 1,15,3.

[184] CIL X 1647; 1642; 1643; AE 1956, 137; CIL VI 6660; 10145; 10146; 10147; 10148; 10403; 10405; 32294; 33191(4); 33971, 33972; 37301.

[185] Vgl. OLD 1699, s.v. scamnum u. scamillum. Forcellini IV, 1835, 41, s.v. scamnum u. scamillum.

[186] CIL XI 4404.

dürften dort in ähnlicher Funktion wie *scalarii* als Leitersteiger aktiv geworden sein[187].

1.1.7 Subrutores cultores Silvani

Nur in einer Inschrift aus Rom wird eine Vereinigung genannt, deren Mitglieder anscheinend als Abrissarbeiter tätig waren. Während das Substantiv *subrutor* nicht allgemein gebräuchlich war, ist das Verb dazu aufschlussreich[188]. Es bezeichnet eine Tätigkeit, bei der Mauerteile oder auch Bäume an ihren Fundamenten ausgerissen werden. Nach einer Stelle bei Livius[189] konnte auf diese Weise mit Hilfe der Einreißhaken (*dolabrae*) im Hannibalischen Kriege eine Mauer von unten aufgerissen (*subruere*) werden.

Als Verehrer des Silvanus hatten sie dabei wohl am ehesten mit Holz und auch Holzgebäuden zu tun. Daher könnnte ein Zusammenhang mit dem „Feuerlöschwesen" einerseits aufgrund des Gebrauchs der für „Feuerlöschzwecke" verwendeten *dolabrae* und andererseits auch ihres Namens und dieser für die Brandbekämpfung wichtigen Funktion vermutet werden.

Allen „Feuerwehrvereinen" gemeinsam ist, dass sie nur bei Bedarf neben ihrer Haupttätigkeit - meist der Herstellung eines Produkts - als sogenannte „Freiwillige Feuerwehr" herangezogen wurden. Es gab wohl drei „Hauptfeuerwehrvereine" (*fabri, centonarii* und *dendrophori;* auch immer wieder *tria collegia principalia* oder *omnia collegia* genannt) und wahrscheinlich von diesen abhängige Unterabteilungen (*utric(u)larii, dolabrarii* und *scalarii*). Daneben existierten noch kleinere Löschmannschaften, deren Identität nicht ganz

---

[187] Vgl. CIL XI 4813; 7872; 5054 (= ILS 5271) und Inschriften aus Rom: CIL VI 6660; 10145; 10146; 10147; 10148; 10403; 10405; 32294 (= ILS 1911); 33191 (4); 33971; 33972; 37301.
In diesen Inschriften scheint ihr Aufgabenbereich im Bereich der Bühne als Taktschläger mit den *scabilla*, kastagnettenähnlichen Musikinstrumenten, zu liegen.

[188] Vgl. OLD 1848, s.v. subruo.

[189] Liv. 21,11,8.

klar ist. Es sind dies *fabri tign(u)arii, fabri subaediani, fabri soliarii baxiarii* sowie *scabillarii* (auch *scamillarii* genannt) und *subrutores cultores Silvani*. Jeder von diesen Vereinen war in der Herstellung oder gegebenenfalls in der täglichen Anwendung eines Produktes tätig, das auch bei der Brandbekämpfung eingesetzt werden konnte. Zum Zwecke des reibungslosen Funktionierens beim Feuerlöschen ist für alle diese Vereine eine Gliederung in *decuriae* und *centuriae* belegt, welche nur für die *subrutores cultores Silvani* noch nicht nachgewiesen werden konnte.

I.2 Regionale Verbreitung (vgl. Tabelle 1, S. 116)

Für diese Studie konnten 717 lateinische Inschriften zu den „Feuerwehrvereinen" im *Imperium Romanum* ausgewertet werden[190]. In diesen Inschriften werden allerdings öfter mehrere verschiedene „Feuerwehren" genannt, sodass die Zahl der inschriftlich genannten Vereine größer ist. Insgesamt werden daher 731 *collegia* erwähnt. Errechnen ließ sich die genannte Summe durch die Analyse von Inschriften der Inschriftencorpora (siehe Bibliographie) wie auch zahlreicher regionaler Spezialpublikationen. Allerdings bringt es eine Studie über einen so ausgedehnten geographischen Raum mit sich bringt, dass letztere nicht immer vollständig erfasst werden konnten.

Betrachtet man die Verteilung der Inschriften, so lässt sich eine Konzentration im Bereich von Italien erkennen (66,1% der Inschriften sind in diesem Gebiet zu finden), während ansonsten nur Dakien (mit 6,8%) und die Provinz Gallia Narbonensis (mit 7,1%) eine größere Anzahl epigraphisch belegter „Freiwilliger Feuerwehrvereine" aufweisen. Je weiter man vom Zentrum des Imperiums nach Westen bzw. nach Osten und Süden abweicht, desto geringer sind die Spuren

---

[190] Siehe Anhang 1 und 2.

solcher Vereinigungen. Im westlichen Bereich sind zunächst in der Gallia Lugdunensis noch 4,3% der Inschriften vorhanden, welche sich dann für die Provinzen Germaniens und Spaniens jeweils auf 1,2% reduzieren. Nur spärlich vertreten ist Britannien mit zwei Inschriften (= 0,3%). Von den übrigen 13% sind zunächst im östlichenBereich 4,4% der Quellenbelege in Pannonien, 3,1% in Dalmatien sowie 1,5% in Mösien zu lokalisieren. Der Rest der Inschriften (4%) verteilt sich auf Makedonien, auf unser Gebiet und auf die afrikanischen Provinzen.

Im wesentlichen entspricht diese geographische Aufteilung der allgemeinen Fundsituation von Vereinsinschriften[191]. Während ungefähr zwei Drittel aus Italien stammen[192], verteilt sich das restliche Drittel - je nach Romanisierungs- und Urbanisierungsgrad - vor allem auf die Provinzen Gallia Narbonensis, Pannonien sowie auf Numidien und auf Africa Proconsularis. Als ein generelles Indiz ist die Tatsache zu werten, dass die Zahl der Kollegien zu den Reichsgrenzen hin abnimmt.

Bei einem Vergleich mit den „Feuerwehrvereinen" ist zu erkennen, dass bis auf kleine Abweichungen auch hier dieses Aufteilungsprinzip aufrechterhalten werden kann. Während vor allem die *regio I* Italiens mit 23,2% der Inschriften sowie das Gebiet Venetien-Histrien mit 12,3% besonders zahlreiches epigraphisches Material zum „Freiwilligen Feuerwehrwesen" aufweisen, sind Pannonien und die afrikanischen Provinzen nur spärlich vertreten. Auf die einzelnen Vereine aufgeteilt bedeutet das, dass von den erwähnten 731 Nennungen 25,6% auf *fabri* entfallen[193]. Die Inschriften verteilen sich auf das

---

[191] AUSBÜTTEL, Vereine, 32-33.

[192] Die meisten Inschriften stammen aus Rom, Ostia, Pompeji und aus der Region Venetia et Histria; aus dem Süden Italiens gibt es nur wenige Belege.

[193] Siehe Anhang 2, S. 267-272.

gesamte lateinischsprachige *Imperium* mit Ausnahme der afrikanischen Provinzen, von denen nur Numidien zwei Inschriften aufweist. Besonders zahlreich finden sie sich in Dakien (19,4% der erfassten Inschriften zu den *fabri*) und Italien (über die Hälfte der Inschriften). Während in Dalmatien, in Pannonien, in Mösien und in der Gallia Narbonensis mit durchschnittlich neun Inschriften eine relativ starke Repräsentation vorliegt, nimmt ihre Zahl in Richtung Westen (Hispania, Noricum, Britannia, Gallia Lugdunensis, Germania superior und inferior, Belgica) ab. Unter den Städten, die auffallend viele Inschriften von *fabri* aufweisen (zehn Zeugnisse und mehr), sind hingegen vor allem zu nennen: Apulum, Sarmizegetusa, Salona und Aquileia.

Neben der gängigen Bezeichnung als *fabri* sind sodann auch einige Sonderformen in Verwendung: Zunächst wäre das *collegium aerarii* aus Mediolanum[194] zu nennen, das seinen Namen möglicherweise davon herleitet, dass es ein aus der öffentlichen Staatskasse (*aerarium*) bezahlter Verein von *fabri* und *centonarii* war[195]. Zu den weiteren Besonderheiten zählt sodann die Nennung eines *comes fabricarum* aus Benevent[196]. Mit *fabrica* wurde an und für sich eine Waffenschmiede bezeichnet. Die Pluralbildung bedeutet in diesem Falle jedoch nicht - wie bereits SEECK meinte -, dass es in Benevent mehrere dieser Werkstätten gegeben hätte. Dieser Begriff ist wohl im allgemeinen Sinne von Bauarbeiten aufzufassen. Der *comes fabricarum* sei eine Art „Architekt, der die Aufsicht über die städtischen Bauten führte"[197]. Leider gibt es in dieser Inschrift keinerlei Hinweise auf eine Datierung; aufgrund der Nennung des Begriffes *comes*

---

[194] CIL V 5847; CIL V 5893 (= ILS 6731).

[195] Basierend auf MOMMSEN CIL V p. 635 und 1191. Vgl. auch E. KORNEMANN, RE VI, 1909, 1917, s. v. fabri.

[196] CIL IX 1590.

[197] O. SEECK, RE VI, 1909, 1927, s.v. fabricenses.

dürfte sie jedoch eher in die Spätantike zu datieren sein. Wenn ein tatsächlicher Zusammenhang mit dem Bauwesen gegeben ist, dann könnte der *comes fabricarum* ähnliche Funktionen wie *fabri* erfüllt haben.

In Salona (Dalmatien) nennen zwei Inschriften[198] weiters ein *collegium Veneris*. Dieser Verein ist meiner Ansicht nach deshalb mit *fabri* in Verbindung zu bringen, weil in einer anderen Inschrift aus Salona[199] ein *collegium fabrum Veneris* erwähnt wird. Obwohl es nicht ganz einsichtig ist, welcher Bezug zwischen *fabri* und ihrer Verbindung mit der Göttin *Venus* besteht (die Schutzgöttin der Handwerker war im Regelfall Minerva), dürfte es sich dennoch um ein und denselben Verein handeln.

Und schließlich ist noch das *collegium fabricensium* aus Aquae Sextiae zu erwähnen. Wenn es sich auch bei *fabricenses* um Schmiede innerhalb des Heeres[200] handelte, so ist dennoch anzunehmen, dass parallel zu den Handwerkervereinen im zivilen Bereich die Schmiede im militärischen Umfeld (zudem kollegial organisiert) auch für Löscharbeiten zuständig waren. Für eine organisierte „Feuerwehr" innerhalb des Heeres dürften auch die *veterani centonarii* von Carnuntum[201] sprechen.

Zusätzlich zu diesen einzelnen Erwähnungen von Handwerkervereinen von *fabri* weisen weitere 15,8% (115 Inschriften) auf einen engen Bezug zu *centonarii*, *dendrophori* und *utric(u)larii* hin. Eine enge Verbindung zwischen *centonarii* und *fabri* lässt sich zum Beispiel in jenen Provinzen feststellen, in denen diese Vereine auch ansonsten häufig belegt sind; das heißt in Dakien, in

---

[198] CIL III 2106 u. 2108.
[199] CIL III 1981.
[200] O. SEECK, RE VI, 1909, 1925-1930, s. v. fabricenses.
[201] CIL III 4496a.

„Freiwillige Feuerwehrvereine" 67

Dalmatien, in Pannonien und vor allem in einigen Regionen Italiens[202]. Neun Inschriften davon lassen auf eine Beziehung von *fabri* zu *dendrophori* schließen[203]. Sie stammen ausschließlich aus Italien, wobei hier die *regio X* als bevorzugtes Herkunftsgebiet zu nennen ist. Aufgrund der größeren Löscheffektivität dürfte daher ein Zusammenschluss der drei großen „Feuerwehrvereine" nicht selten gewesen sein - wie es hiermit auch inschriftlich ausgewiesen ist[204]. Das Gebiet, in dem eine solche Beziehung quellenmäßig gesichert ist, beschränkt sich auf Mittel- und Oberitalien[205]. In der Gallia Narbonensis und in der Gallia Lugdunensis ist zudem auch ein enger Bezug zu *utricularii* festzustellen[206]. Ebenso wie in der *regio IX* Italiens[207] ist auch hier zusätzlich eine Verbindung zu *centonarii* sowie - im Falle der Gallia Narbonensis - zu *dendrophori*[208] möglich.

17% der Inschriften schließlich nennen *centonarii*.[209] Die Verteilung der Inschriften ist ähnlich wie bei den *fabri* auf das ganze *Imperium* ausgeweitet[210]. Es fällt auf, dass sich in den afrikanischen Provinzen nur eine einzige Nennung von *centonarii* in enger Verbindung mit *subaediani*[211] findet. Häufig vertreten sind sie hingegen in Pannonien, in Italien und in der Gallia Narbonensis. Auch hier sind

---

[202] Vgl. Anhang 2, S. 280 - 282.

[203] Vgl. Anhang 2, S. 282.

[204] Vgl. dazu Kap. II.1.1.

[205] Vgl. Anhang 2, S. 283-285.

[206] AE 1965, 164; CIL XIII 1954 (= ILS 7030).

[207] AE 1967, 281. E. KORNEMANN, RE VI, 1909, 1907, s.v. fabri: Der Ausdruck *omnia collegia* sei auf die „Feuerwehrvereine" zu beziehen.

[208] AE 1965, 144.

[209] Zu den Nennungen zusammen mit *fabri* und *dendrophori* vgl. oben S. 66-67.

[210] Vgl. Anhang 2, S. 272-276.

[211] CIL VIII 10523.

es in Italien vor allem die Regionen Ober- und Mittelitaliens, die den Großteil an Inschriften aufzuweisen haben. Für die Organisation des „Feuerwehrwesens" hervorzuheben ist die Tatsache, dass auch Rom (neben dem Vorkommen von zahlreichen anderen „Freiwilligen Feuerwehrvereinen", siehe Anhang 1, S. 246 - 248) sieben Inschriften mit der Nennung von *centonarii* besitzt.

Sechs Inschriften, auf Pannonien, Italien und Gallien verteilt, lassen zudem eine enge Verbindung zu *dendrophori* erahnen[212], und eine epigraphische Notiz aus der Gallia Narbonensis setzt sie in ein nahes Verhältnis zu *utricularii*[213].

Was den dritten großen „Feuerwehrverein" anbelangt, die *dendrophori*, so sind jene 14,5%, in denen sie genannt werden, vor allem im zentralen und östlichen Reichsteil zu lokalisieren[214]. Die meisten Inschriften davon (71,4%) stammen aus Italien, wobei vor allem die *regio I* mit den Inschriften in Rom und Ostia zu nennen sind. Ansonsten fällt noch besonders die zahlreiche Verteilung von *dendrophori* (zwölf Inschriften insgesamt) in den afrikanischen Provinzen auf.

Auf eine enge Beziehung der drei Vereine in organisatorischer Hinsicht verweisen sodann weiters die Bezeichnungen *omnia collegia/corpora*, *collegia*, *collegia III* bzw. *collegia IIII* (eine fragmentierte Inschrift) und möglicherweise der Terminus *collegiati* im epigraphischen Material, das vorwiegend aus Italien stammt[215]. Während mit *III collegia* und *omnia collegia* mit großer Wahrscheinlichkeit die drei „Hauptfeuerwehrvereine" gemeint waren[216], dürfte sich die nur fragmentiert überlieferte Bezeichnung *collegia IIII*[217] aus Cemenelum

---

[212] Vgl. Anhang 2, S. 282-283.
[213] CIL XII 700 (= ILS 6985).
[214] Vgl. Anhang 2, S. 276 - 280.
[215] Ebd., S. 284-285.
[216] AUSBÜTTEL, Vereine, 76 u. Anm. 28.
[217] LAGUERRE, Nice-Cimiez, 121, Nr. 73.

auf die dort vorkommenden Vereine von *fabri, centonarii, dendrophori* und *utricularii* beziehen[218]. Auch mit dem allgemein gehaltenen Begriff *collegia*, der in vier Inschriften aus Italien überliefert ist, wurden möglicherweise die drei „Hauptfeuerwehrvereine" bezeichnet[219]. Da es jedermann *eo ipso* klar war, wer mit *collegia* bezeichnet wurde, bedurfte es somit keiner näheren Erklärung. Der Ausdruck *collegiati* hingegen kann allgemein für die Mitglieder eines jeden Vereines angewandt werden[220]. Da in den Städten mit der Nennung von *collegiati* jedoch auch die übrigen „Feuerwehrvereine"[221] zu finden sind, dürfte auch ein Zusammenhang mit jenen gegeben sein.

Relativ weit verbreitet war eine Untergruppe von *fabri*, die *fabri tign(u)arii*. Sie nehmen immerhin 17,2% der hier analysierten epigraphischen Notizen ein[222]. Während sie im Westen des Reiches nur in der Gallia Lugdunensis, der Gallia Narbonensis, Aquitanien, den Alpes Maritimae und den beiden Germaniae zu finden sind, nimmt ihre Zahl nach Osten und Süden hin zu. So gibt es jeweils eine Belegstelle in Makedonien und in Dalmatien sowie zahlreiche weitere Notizen in Italien. Zu nennen sind hier besonders Rom und Ostia, die 26,6% bzw. 33,1% der epigraphischen Hinweise dazu liefern. Ansonsten treten *fabri tign(u)arii* noch in der Gallia Narbonensis (neun Inschriften) und in der Gallia Lugdunensis (sieben Inschriften) in größerer Zahl auf. Interessant ist die alternative Bezeichnung der *fabri tign(u)arii* als *numerus (militum) caligatorum* in Ostia[223]. Dieser Name, der

---

[218] Ebd., 121-122.

[219] E. KORNEMANN, RE VI, 1909, 1907, s.v. fabri: Er bezieht den Ausdruck *collegia* ebenfalls auf die Vereine zur Brandbekämpfung.

[220] AUSBÜTTEL, Vereine, 34.

[221] Vgl. Anhang 2, S. 289.

[222] Anhang 2, S. 285 - 289.

[223] CIL XIV 128; 160; 374; 4569.

wie in Kap. III.1 gezeigt werden wird, durch den Bezug zur Fußbekleidung des gemeinen Soldaten, der *caliga*, einen militärischen Anklang aufweist, ist wohl ein deutliches Zeichen für die starke militärische Durchstrukturierung der Organisation der *fabri tignuarii*.

Nur in den Provinzen des Westens kommen *fabri subaediani* vor. Von insgesamt elf epigraphischen Belegstellen (= 1,5%) sind zwei auf die Hispania Baetica, jeweils eine auf Pannonien und auf die Gallia Narbonensis sowie vier auf die *regio I* der Provinz Italia verteilt[224]. Wie bereits oben erwähnt waren zudem noch ein Mal in der *Africa Proconsularis centonarii* mit *subaediani* vereinigt.

Ebenfalls mit starker Konzentration auf den Westen des Reiches lassen sich Inschriften zu den *utricularii* finden. 25 Inschriften (= 3,5%) sind auf folgende drei Provinzen aufgeteilt: Auf die Gallia Narbonensis 14 Inschriften, auf die Gallia Lugdunensis neun und auf Dakien zwei Belege; zu den übrigen Inschriften im Zusammenhang mit den drei großen „Feuerwehrvereinen" vgl. oben S. 66)[225].

Ebenfalls nur in geringer Zahl epigraphisch belegt sind die mit Brechäxten arbeitenden *dolabrarii* (zwei Nennungen in Italien und einer in der Belgica) und *fabri soliarii baxiarii,* welche nur in einer Inschrift aus Italien genannt werden. Gleichfalls aus dem Raum Italien sind zudem noch zwei Inschriften zu den *scalarii*, sowie weitere 20 Erwähnungen zu den *scabillarii* und eine einzige Nennung von *subrutores cultores Silvani* zu verzeichnen[226].

Jeder dieser Vereine hatte für kultisch-religiöse wie auch für gesellige Aufgaben eigene Versammlungsorte, für die meist die Bezeichnung *scholae*

---

[224] Vgl. Anhang 2, S. 289.

[225] Ebd., S. 289 - 291.

[226] Ebd., S. 291 - 292.

„Freiwillige Feuerwehrvereine"

gebraucht wurde. Durch zahlreiche Inschriften[227] bekannt, können sie leider nur in einigen Fällen archäologisch nachgewiesen werden. Da sie für die Vereine und den Vereinszusammenhalt eine wesentliche Funktion hatten, soll hier ein kurzer Überblick über jene gegeben werden. Hinsichtlich der „Feuerwehren" sind das hauptsächlich in Italien (Rom, Ostia, Pisaurum, Puteoli) lokalisierbare Gebäude, von denen noch einige Überreste vorhanden sind. Eine Ausnahme stellt ein 1929 im spanischen Tarragona gefundener und den *fabri* zuweisbarer Raum in der Ausdehnung von 8,82 x 7,95m²[228] dar. Obgleich die Indizien für eine solche Zuschreibung nur sehr dürftig sind, lässt sich dieses Gebäude wahrscheinlich wohl trotzdem mit diesem *collegium* in Zusammenhang bringen, da einerseits ein Verein von *fabri*[229] in Tarragona inschriftlich gesichert ist und weiters sich unter den Fundstücken unter anderen ein Minervakopf[230] befand, der wohl - wie auch sonst häufig - mit den *fabri* in Verbindung zu bringen ist. Die Datierung des Gebäudes ist wegen der Mauerbauweise sowie durch den Fund eines mit hadrianischen Merkmalen versehenen Büstentorsos an die Wende des 1. zum 2. Jahrhundert n. Chr. zu verlegen. Von besonderer Bedeutung für die Aufgabe von *fabri* als „Feuerwehr" und ein gutes Beispiel für den paramilitärischen Charakter ihrer Organisation bietet der Fund eines in Soldatentracht gekleideten *genius collegii*[231]. Solche Anspielungen auf militärische Einrichtungen finden sich bei allen „Feuerwehrvereinen," wobei sie - wie vordem erwähnt - besonders markant

---

[227] *Scholae* der *fabri*: CIL III 1215 (Apulum), AE 1982, 264 (Pisaurum, *regio VI*), CIL IX 5568 (Tellentinum, *regio V*), CIL XIV 424 (Ostia); der *centonarii*: CIL III 1174 (Apulum), AE 1987, 464 (Acerrae, *regio X*); der *dendrophori*: AE 1985, 413 (Hasta, regio XI), CIL XIV 2634 (Tusculum); der *fabri* und *centonarii*: AE 1985, 413 (Hasta, *regio XI*).

[228] Vgl. dazu KOPPEL, collegium fabrum.

[229] CIL II 4316.

[230] Minerva wurde von den verschiedenen Handwerkervereinen als Schutzpatronin verehrt.

[231] Siehe zur Bekleidung weiter unten Kap. III.1.

in der Bezeichnung von *fabri tignuarii* als *numerus militum caligatorum* zutage treten[232].

Weitere Architekturreste, welche möglicherweise mit einer *schola* von *fabri* in Verbindung zu bringen sind, wurden bereits 1878 in Pisaurum unter dem ehemaligen Palazzo Barignani und dem Hof der benachbarten Präfektur gefunden[233]. Entdeckt wurde auch eine große Bronzetafel[234] mit dem Abschluss eines Patronatsverhältnisses durch das *collegium fabrum* aus dem Jahre 256 n. Chr. sowie eine in jüngster Zeit aufgefundene Renovierungsinschrift[235] dieser *schola*. Da allerdings der Fundort der zuletzt genannten Inschrift nicht genau festgelegt werden kann, ist eine mögliche Zuweisung als Vereinshaus sehr hypothetisch. Auch die *tabula patronatus* ist möglicherweise „nur" eine Kopie der in der *schola* aufgestellten Tafel, welche - wie es zahlreiche Beispiele[236] belegen - dann im Privathaus des neu kooptierten Patrons ebenfalls deponiert wurde.

Jedoch vor allem Ostia und Rom bieten zahlreiche Hinweise auf solche Versammlungsstätten. Die *fabri tignuarii* von Ostia hatten zum Beispiel die Casa dei Triclinii[237] als Versammlungslokal und daneben einen eigenen, wahrscheinlich nur für kultische Zwecke gedachten Tempel ganz in der Nähe[238]. Das Vereinslokal selbst wurde in der Zeit um 120 n. Chr. errichtet und besteht aus einem großzügig mit Portiken angelegten Hof sowie vielen Räumen mit der Möglichkeit zu

---

[232] Zu den Nennungen als *numerus militum caligatorum* vgl. Kap. II.1.1.1.
[233] FIORELLI, Nsc, 1880, 260-261. BOLLMANN, Vereinshäuser, 459.
[234] CIL XI 6335.
[235] AE 1982,264.
[236] Vgl. BOLLMANN, Vereinshäuser, 459.
[237] Vgl. dazu ebd. 284-288. PAVOLINI, Ostia,108-109.
[238] Vgl. zu diesem Tempel PAVOLINI, 223.

geselligen Zusammenkünften. In diesen konnten mehrere Inschriften mit der Erwähnung von *fabri tignuarii* gefunden werden. Nennenswert ist darunter vor allem ein Mitgliederverzeichnis (Album) des genannten Vereins[239] mit der Datierung in das Jahr 198 n. Chr. Eine kolossale Minervastatue aus hadrianischer Zeit, welche dann in die spätere Mauer verbaut wurde, weist ebenfalls auf dieses Kollegium hin.

Es verwundert sodann nicht, dass auch für die in Ostia inschriftlich zahlreich vertretenen *dendrophori* Überreste eines Versammlungshauses existieren. Unmittelbar hinter dem Tempel der Magna Mater konnte 1867-69 ein trapezoider Raum ergraben werden, der aufgrund der Inschriftenfunde als *schola* der *dendrophori* gedeutet werden kann[240]. Wenn auch spätere Autoren wie CALZA[241] die Ansicht vertraten, das Vereinshaus müsse an einem anderen Ort liegen, da dieser Bereich zu klein und zu wenig repräsentativ sei, so lässt sich doch der Raum rund um den Tempel aufgrund der bereits erwähnten epigraphischen Denkmäler mit der *schola* in Verbindung bringen[242].

Mit großer Sicherheit kann eine Lokalisierung der als Vereinshaus dienenden sogenannten *Basilica Hilariana* auf dem Caelius vorgenommen werden[243]. Der Bau erhielt bereits in der Antike nach einer Mosaikinschrift diesen Namen, weil er wahrscheinlich den Stifter Hilarus sowie die als Basilika bezeichnete Versammlungsstätte benannte. Ansonsten kann möglicherweise noch im Bereich des Velabrum eine *schola* der *fabri tignarii* angenommen werden und einer

---

[239] CIL XIV 4569.

[240] BOLLMANN, Vereinshäuser, 318-320.

[241] Ebd. 318-319.

[242] Entgegen dieser Ansicht: BOLLMANN, 320, die sämtliche Möglichkeiten einer Lokalisierung in der Nähe des Tempels aufgrund allzu spärlicher Funde von Bauelementen für ein solches Vereinshaus ablehnt und in Richtung Zentrum von Ostia verlegt.

[243] BOLLMANN, Vereinshäuser, 239-244.

einzigen Inschrift zufolge (ohne architektonische Hinweise) eine solche der *fabri soliarii baxiarii* in der Umgebung des Pompeius-Theaters[244].

Die auf einem Platz konzentrierten Funde von Inschriften zu den *scabillarii* in Puteoli und Mauerreste lassen schließlich auch an eine solche in dieser Stadt denken[245].

Zusammenfassend lässt sich feststellen, dass Handwerkervereine mit der Aufgabe von „Feuerwehren" vor allem in stark urbanisierten und romanisierten Gegenden anzutreffen waren. Die religiös dominierten Vereine von *dendrophori* finden sich dagegen vielmehr in den östlichen und afrikanischen Provinzen sowie in Bereichen mit größerer orientalischer Beeinflussung (zum Beispiel in Mittel- und Süditalien oder in Hafenstädten wie in Aquileia).

Die meisten Handwerkervereine sind in Dakien, Italien und in der Gallia Narbonensis nachgewiesen, wohingegen - wie bereits erwähnt - *dendrophori* vor allem in den afrikanischen Provinzen vorkommen. In Nordafrika dürften diese geringen Aktivitäten von Handwerkervereinen wahrscheinlich auch auf die unterschiedliche Intensität der Urbanisierung in den einzelnen Provinzen zurückzuführen sein. Von den von KOLB geschätzten 500-600 *civitates*, mit denen das römische Afrika besiedelt war, entfielen alleine 200 auf die Provinz Africa Proconsularis, nur etwas weniger als die Hälfte davon sind im Bereich von Mauretanien zu lokalisieren[246]. Die übrigen 200 - 300 *civitates* verteilen sich auf Numidien. Zudem war der Binnenhandel in Nordafrika aufgrund der schwierigen Transportbedingungen zu Lande wahrscheinlich nicht besonders ausgeprägt. Die

---

[244] Ebd. 250-252 u. 259-260: Vgl. CIL VI 9404 (= ILS 7249): *Collegium fabrum soliariorum baxiariorum, qui consistunt in scola sub theatro Aug(usto) Pompeian(o)*.

[245] Bollmann, Vereinshäuser, 373.

[246] KOLB, Stadt, 204.

Handwerker produzierten nur für den lokalen Markt, was zur Folge hatte, dass ihr öffentlicher Einfluss eher gering blieb, und das Kollegienwesen somit nicht von nennenswerter Bedeutung war[247].

Nach AUSBÜTTEL[248] waren in Vereine organisierte *fabri* und *centonarii* vor allem in jenen Bereichen des *Imperium* anzutreffen, in denen auch das Augustalenkollegium zahlreich vertreten war; seiner Meinung nach sei demnach ein Zusammenhang zwischen der Häufigkeit von Freilassungen und dem Eintritt in eines dieser angesehenen Vereine gegeben, welche jenen ebenfalls die Möglichkeit einer Beteiligung am öffentlichen Leben boten. Wie anhand der Mitgliederanalyse noch gezeigt werden wird, ist ein solcher Zusammenhang allerdings nicht zutreffend, da in diesen Vereinen kaum Freigelassene zu finden sind (vgl. Kap. II.1.5).

Es fällt auf, dass besonders die *regio I* Italiens viele „Feuerwehrvereine" aufweist. Rom und Ostia sind hier mit einer ansehnlichen Zahl vertreten. Obwohl es dort eine eigene „Berufsfeuerwehr" gab, versahen höchstwahrscheinlich daneben auch noch Handwerkervereine „Feuerwehraufgaben". Eine Ursache für die unterschiedliche Verteilung der einzelnen Vereine dürfte somit auch in der jeweiligen Bedeutung der Städte für das Reich zu suchen sein.

II.1.3 Zeitstellung

Von allen hier analysierten 717 Inschriften können 33,9% (= 243 Inschriften) zeitlich genau eingeordnet werden[249]. Es sind dies Ehreninschriften, Weihinschriften an Personen des Kaiserhauses, Patronatstafeln mit der Datierung

---

[247] Ebd., 207.

[248] AUSBÜTTEL, Vereine, 76.

[249] Vgl. Anhang 1.

nach Konsuln sowie Alben oder Fasten von einigen Vereinen, die eine exakte Datierung erlauben. Daneben führen öfter auch inhaltliche Aspekte in den Inschriften zur Festlegung eines *terminus post* bzw. *ante quem*.

Von besonderem Interesse sind Inschriften mit einer vereinsinternen Rechnung nach einem Zeitraum von 5 Jahren, einem *lustrum*. Anhand der Nennung einer solchen Periode in zwei Inschriften der *fabri tign(u)arii* aus Rom[250] können sowohl die mit Lustrenzählung ausgestatteten anderen Inschriften dieser Vereinigung aus Rom datiert als auch die Zeit ihrer Gründung ermittelt werden. Ebenso verhält es sich mit den *fabri tign(u)arii* aus Ostia. Auch hier lässt sich mittels Lustrenrechnung die Entwicklung jener Vereinigung chronologisch erfassen und bis zur Gründung zurückverfolgen.

Es sind dies zunächst sieben Inschriften zu den *fabri tignuarii* aus Rom[251], die eine exakte Einordnung der genannten Assoziation über zwei Jahrhunderte ermöglichen. Es zeigt sich, dass mittels Rückrechnung der Beginn der Lustrenzählung für diesen Verein 7 v. Chr. anzusetzen ist. Die spätest datierbare Inschrift nennt dazu das 48. Lustrum der Vereinigung für 233 n. Chr[252].

Aufgrund der Annahme, dass *fabri tignuarii* als Holzhandwerker schon in frühester Zeit tätig gewesen sein müssen, ist es allerdings fragwürdig, ob mit 7 v. Chr. ihre gänzliche Neueinführung in Rom gemeint war. Vielmehr dürfte eine Reorganisation dieser Vereinigung in diesem Zeitraum angesprochen sein, noch dazu, da in dieselbe Zeit die Erneuerung des „Feuerwehrwesens" in Rom fällt[253].

---

[250] CIL VI 10299; AE 1981,25.

[251] CIL VI 148: *lustrum* XXVII (= 124-128 n. Chr.); CIL VI 321: *lustrum* XXIV (= 109-113 n. Chr.); CIL VI 996: *lustrum* XXII[I] (= 104-108 n. Chr.); CIL VI 9034 : *lustrum* XIIX (= 79-83 n. Chr.); CIL VI 9415b: *lustrum* XLIII (= 204-208 n. Chr.) ; CIL VI 10299: *lustra* [XXVII] und XXIIX (= 124-133 n. Chr.); AE 1981, 25: *lustra* XXXXI u. XXXXVII (= 194-233 n. Chr.).

[252] AE 1981, 25.

[253] Vgl. die zahlreichen Versuche unter Augustus, eine funktionierende „Feuerwehr" einzurichten. 22 v. Chr. übernahmen 600 Sklaven unter dem Kommando von Ädilen diese Funktion, 7 v. Chr. wurden sodann anstelle der Ädilen *curatores viarum* mit dieser Aufgabe beauftragt; 6 n. Chr. erfolgte schließlich die Installierung der sieben Kohorten von *vigiles*. Vgl. dazu: REYNOLDS, Vigiles, 20-22.

Denn im selben Jahr wurde noch eine Umgestaltung dahingehend durchgeführt, dass eine Sklavenschar unter den *curatores viarum* mit der Brandbekämpfung beauftragt wurde. Obwohl es nicht nachzuweisen ist, dass ein direkter Zusammenhang zwischen diesen beiden Ereignissen besteht, ist die Möglichkeit einer bewussten Ausstattung der *fabri tignuarii* mit Feuerwehrkompetenzen in diesem Jahr nicht auszuschließen.

Neben diesen Inschriften aus Rom existieren auch für Ostia und Portus einige Belege mit Lustrenrechnung. Es sind dies 24 Inschriften mit der Nennung von *fabri tignuarii* , die eine Einordnung in die Jahre 65 - 239 n. Chr. erlauben (siehe Anhang 1, S. 249 - 251). Der Ausgangspunkt für diese zeitliche Eingrenzung ist die aus zwei Inschriften ermittelbare Datierung des 25. *lustrum* für das Jahr 184 n. Chr.[254] Vorausgesetzt, dieses 25. *lustrum* fällt in die Jahre 180-184 n. Chr., dann lassen sich mittels Rückrechnung die Jahre 60-64 n. Chr. für das erste *lustrum* bestimmen[255]. Auch hierbei stellt sich die Frage, ob es sich tatsächlich um eine Neugründung oder nur um eine Reorganisation des genannten Vereins handelt. Die für Ostia genannte Reform dürfte jedoch mit den bereits seit Claudius begonnenen Brandschutzmaßnahmen für Ostia im Zusammenhang stehen[256]. Da der alleinige Einsatz der „Berufsfeuerwehr" von *vigiles* den zahlreichen Bränden nicht mehr Einhalt gebieten konnte, wurden demnach höchstwahrscheinlich unter Nero auch *fabri tignuarii* als „Feuerwehr" organisiert. Diese Funktion kommt auch in der bereits öfter für sie erwähnten inschriftlich auftretenden Bezeichnung

---

[254] In den Inschriften CIL XIV 297 u. 5345 wird das *lustrum XXV* erwähnt; durch die parallele Nennung des Q. Petronius Melior hier wie auch in CIL XIV 172 (mit der Datierung in das Jahr 184 n. Chr., lässt sich dieses *lustrum* somit zeitlich genau festsetzen.

[255] Vgl. auch ROYDEN, Magistrates 26-27; die Überlegung, weshalb das 25. *lustrum* mit dem Jahre 184 n. Chr. beginnt und nicht - wie ebenfalls möglich bis in das Jahr 188 n. Chr. reicht, ist bei ROYDEN nicht klar nachvollziehbar.

[256] Vgl. Suet. Claud. 25: Sowohl Ostia wie auch Puteoli hätten unter Claudius jeweils eine Kohorte zur Brandbekämpfung erhalten. Entgegengesetzt der Meinung von REYNOLDS, Vigiles, 111, es seien damit *cohortes urbanae* gemeint, handelt es sich dabei wahrscheinlich bereits um *cohortes vigilum*.

als *numerus militum caligatorum* zum Ausdruck[257]. Die frühesten Inschriften mit einer solchen Nennung treten allerdings erst an der Wende zum 3. Jahrhundert n. Chr. auf[258].

Im Vergleich dazu stammt der Großteil der auf andere Weise datierbaren epigraphischen Belege aus dem 2. Jahrhundert n. Chr. Während nur zwei Belegstellen (= 0,8%) für die republikanische Zeit genannt werden können[259], nimmt die Anzahl der Inschriften im 1. Jahrhundert n. Chr. zunächst auf 6,9% zu. Daneben lassen weitere 6,9% auf einen *terminus post quem* im 1. Jahrhundert n. Chr. schließen. Für das 2. Jahrhundert n. Chr. können schließlich 40,5% der Inschriften genannt werden, wovon die meisten aus der zweiten Hälfte dieses Jahrhunderts stammen. Zusätzlich zu diesem Prozentsatz an exakt datierbarem Material finden sich 10,3% an *terminus post quem* - Datierungen. Weitere 11,2% lassen sich sodann für die Wende des 2. zum 3. Jahrhundert n. Chr. erkennen. Für das gesamte 3. Jahrhundert n. Chr. beträgt die Anzahl der Inschriften dann 22%, von denen allerdings 13,3% in die erste Hälfte dieses Jahrhunderts zu verlegen sind und sich 3,5% nicht exakt einordnen lassen. Die restlichen 1,4% ermöglichen eine Datierung in das 4. Jahrhundert n. Chr[260].

Die übrigen zwei Drittel an Inschriften, für die es inhaltlich keine Datierungskriterien gibt, lassen sich aufgrund stilistischer Merkmale wohl zumeist in die zweite Hälfte des zweiten und in die erste Hälfte des dritten Jahrhunderts n. Chr. datieren, wobei ein großer Unsicherheitsfaktor nicht auszuschließen ist. Denn neben der Datierung nach Buchstabenformen bringt es meist die „epigraphische" Gewohnheit selbst mit sich, alles, wofür es keine exakten Datierungsmöglichkeiten gibt, in diese Periode zu setzen. Daher ist es ratsam, eine genaue Einordnung offen zu lassen.

---

[257] CIL XIV 128 (= ILS 615); CIL XIV 160 (= ILS 1428); CIL XIV 374; CIL XIV 4569; CIL XIV 4668 (= CIL XIV 419).

[258] CIL XIV 128, 160, 374, 4569, 4668 (= 419).

[259] CIL XIV 2876 und CIL I² 1457 aus Praeneste.

[260] Die spätest mögliche Datierung stammt aus dem Jahr 367 n. Chr.: CIL X 4724.

Betrachtet man dieses Ergebnis im allgemeinen zeitlichen Rahmen der Vereinsverbreitung, so lässt sich auch hier eine Blütezeit im zweiten und im beginnenden 3. Jahrhunderts n. Chr. feststellen[261]. Als mögliche Ursachen für eine solche Entwicklung führt AUSBÜTTEL[262] einerseits den wirtschaftlichen Höhepunkt des Reiches in dieser Zeit und zum anderen die fortschreitende Romanisierung und Urbanisierung der Provinzen - nicht zuletzt begünstigt durch die Ansiedlung von Veteranen - an.

Im Hinblick auf die regionale Verteilung der einzelnen „Feuerwehrvereine" findet man die frühest datierbaren Inschriften vorwiegend in Italien. Es sind dies die bereits oben erwähnten zwei Inschriften aus republikanischer Zeit aus Praeneste[263] sowie weitere 23 Inschriften, die in das 1. Jahrhundert n. Chr. eingeordnet werden können[264]. Auch das ist jedoch kein überraschendes Ergebnis, da Italien immer die Vorreiterrolle übernommen hat. Daneben lassen sich zwei Inschriften aus dieser Zeit in Britannien lokalisieren sowie jeweils eine in Mauretania Caesariensis, in der Gallia Narbonensis und in den Provinzen Aquitania wie auch in Dacia[265].

Bei den Vereinen, die in diesen Inschriften genannt werden, handelt es sich um *fabri tign(u)arii, centonarii, fabri,* sowie *scalarii*. Während die epigraphischen Belegstellen aus der Wende des 2. zum 3. Jahrhundert n. Chr. auf die Provinzen des gesamten *Imperium* aufgeteilt werden können, wurden die ab der zweiten Hälfte des 3. Jahrhunderts n. Chr. auftretenden Inschriften wieder größtenteils im

---

[261] AUSBÜTTEL, Vereine, 107.

[262] Ebd., 107.

[263] CIL XIV 2876 und CIL I² 1457.

[264] Aus Velitrae: CIL X 6585 und H. Solin / R. Volpe, Suppl. It. N.S. 2, 1983, 51/52, Nr. 14; Rom: CIL VI 7861; 7863; 7864; 9034; 9254; 30982; 33837; 34013; CIL XIV 2630; AE 1941, 71; Ostia: CIL XIV 298; 299; 407; 4633 und 4725; Aquileia: CIL V 908; Brixia: CIL V 4386; Patavium: AE 1977, 267; Cures: CIL IX 4955; Ariminum: CIL XI 385, 386; Parma: CIL XI 1059.

[265] Aus Regni (Britannia): CIL VII 11; Aquae Sextiae (Britannia) CIL VII 49; Caesarea (Mauretania Caesariensis): CIL VIII 9401; Vasio (Gallia Narbonensis): CIL XII 1282; Ager Vellavorum (Aquitania): CIL XIII 1606; Sarmizegetusa (Dacia): AE 1912, 76.

Raum Italien gefunden²⁶⁶. Daneben stammen zwei Inschriften aus den afrikanischen Provinzen sowie jeweils ein epigraphisches Zeugnis aus den Provinzen Hispania Baetica und Dalmatien²⁶⁷. Auch unter den Vereinen, welche in diesen Inschriften genannt werden, finden sich bis auf *dendrophori* und *fabri subaediani* nur die bereits oben genannten. Die spätest datierbare Inschrift aus der *regio I* vom Jahre 367 n. Chr. nennt *centonarii*²⁶⁸.

Betrachtet man diese zeitliche Aufteilung der einzelnen Inschriften zur Brandbekämpfung auf die einzelnen geographischen Räumlichkeiten, so lässt sich wiederum feststellen, dass sie der generellen zeitlichen Verbreitung von Vereinen entspricht²⁶⁹. Vereine sind in Italien bereits für das 2. und 1. Jahrhundert v. Chr. nachzuweisen, und erscheinen in früh romanisierten Gebieten wie in der Gallia Narbonensis und in der Provinz Hispania Citerior auch schon in der ausgehenden Republikszeit, in den gallischen Provinzen, in Britannien und Germanien allerdings erst im 1. Jahrhundert n. Chr. Für die Donauprovinzen Pannonien, Moesien und Dakien sind sie erst für die erste Hälfte des 2. Jahrhunderts n. Chr. bezeugt; auch für die nordafrikanischen Provinzen ist die Entwicklung des Vereinswesens erst spät belegt.

Stammen die spätesten epigraphischen Hinweise zu den „Feuerwehrvereinen" somit aus der Mitte des 4. Jahrhunderts n. Chr., so bezeugen juristische und literarische Quellen das Weiterbestehen einiger von ihnen darüber hinaus. Noch in das beginnende 4. Jahrhundert n. Chr. ist zunächst eine Verordnung Konstantins zu datieren, wonach in all jenen Städten, in denen *dendrophori* existierten, jene

---

[266] Aus Bellunum: CIL V 2046; Mediolanum: CIL V 5869; Cemenelum: Laguerre, Nice-Cimiez, 121, Nr. 73; Ostia: CIL XIV 128; Carsulae: CIL XI 4589; Sentinum: CIL XI 5748, 5749, 5750; Pisaurum: CIL XI 6335; Feltria: ILS 9420; Ager Falernus: CIL X 4724; Rom: CIL VI 1673.

[267] Sitifis: CIL VIII 8457; aus Mactaris: CIL VIII 23400; aus Hispalis: CIL II 2211; aus Salona: CIL III 1981.

[268] CIL X 4724.

[269] Vgl. dazu AUSBÜTTEL, Vereine, 106-107.

mit den dortigen *centonarii* und *fabri* zusammengeschlossen werden sollten[270]. Während die Quellen dann ab der Mitte des 4. Jahrhunderts für die Vereine der *fabri* und der *centonarii* schweigen, weist eine Bestimmung der Kaiser Honorius und Theodosius 415 n. Chr. über den Vermögenseinzug der *dendrophori* zumindest auf ihre Weiterexistenz bis in das beginnende 5. Jahrhundert n. Chr. hin[271].

Wie es mit den übrigen „Feuerwehrvereinen" in der Spätantike aussieht, ist aus dem Quellenmaterial nicht genau ersichtlich. So ist es nicht zu klären, ob mit den in einem Brief des Symmachus aus den Jahren 384/385 n. Chr. genannten *collegiati*, welche für Brandschutzmaßnahmen zuständig gewesen wären, Mitglieder verschiedener Vereinigungen gemeint sind oder doch spezielle „Feuerwehrvereine"[272].

Die bei Johannes Lydos erwähnte Tatsache, dass noch zu seiner Zeit des 6. Jahrhunderts n. Chr. bei Ausbruch eines Brandes in Rom alle Bürger nach den *omnes collegiati* riefen[273], deutet jedoch höchstwahrscheinlich auf eine Beteiligung verschiedener Vereinsmitglieder an Brandbekämpfungsaktivitäten hin. Eine Parallele dazu ist mit Sicherheit in seiner Heimatstadt Konstantinopel zu sehen, wo im 5. Jahrhundert n. Chr. aus verschiedenen Korporationen genommene *collegiati* zur Brandbekämpfung herangezogen wurden[274].

Der Höhepunkt der „Feuerwehrvereine" ist jedoch an der Wende des 2. zum 3. Jahrhundert n. Chr. anzusetzen. Zu diesem Zeitpunkt erscheinen sie auch in Provinzen mit geringerer Romanisierung in großer Zahl. Lässt man die nicht datierbaren Inschriften außer Acht, so zeigt die übrige Verteilung der Belege, die

---

[270] Cod. Theod. 14,8,1.

[271] Cod. Theod. 16,10,20.

[272] Symm. rel. 14,3: *noverat horum corporum ministerio tantae urbis onera sustineri. Hic lanati pecoris invector est, ille ad victum populi cogit armentum, hos suillae carnis tenet functio, pars urenda lavacris ligna conportat, sunt qui fabriles manus augustis operibus adcommodent, per alios fortuita arcentur incendia.*

[273] Lyd. Περὶ ἀρχῶν 1,50.

[274] AUSBÜTTEL, Vereine, 77.

meines Erachtens genügend repräsentative Kraft dafür besitzt, doch in anschaulicher Weise eine solche Verteilung.

Die meisten Inschriften (hauptsächlich Weihinschriften) mit Bezug zum Kaiserkult stammen ebenso aus dieser Zeit. Am häufigsten werden Kaiser und Angehörige der Severischen Dynastie genannt[275]. Neben allgemein gehaltenen Formulierungen - wie Weihungen an die *domus divina* oder *Augusta*[276] - verteilen sich die Inschriften auf die Zeit Hadrians mit dessen Gattin Sabina, seiner Schwiegermutter Matidia, sowie Matidia d. J.,[277] weiters auf Antoninus Pius[278], Lucius Verus, Mark Aurel, Commodus und Faustina[279]. Ansonsten sind für die zweite Hälfte des 2. Jahrhunderts noch Pertinax[280], sowie für die Zeit ab der Mitte des 3. Jahrhunderts n. Chr. Philippus Arabs und Probus genannt[281].

Fragt man nach den Ursachen einer solchen Verteilung, so scheint kein exaktes Schema dahinter zu stehen. Verehrt wurde von den Vereinen jeweils der Kaiser, der dem Verein Wohltaten zukommen ließ. Die *fabri tignuarii* von Ostia etwa setzten Lucius Verus ob seiner *providentia et liberalitas* eine Weihinschrift[282]. Auch die *scabillarii* von Puteoli weihten in drei stereotypen Inschriften mal dem Antoninus Pius, dann der Faustina und schließlich dem Septimius Severus einen Inschriftstein[283]. Dass die Verteilung der Inschriften zum Kaiserkult in dieser

---

[275] CIL III 1016; 1051; 1174; 5659; CIL VI 186; 1040; 1060; CIL X 1674; CIL XIV 4569; AE 1912, 76; AE 1968, 422; AE 1974, 343 (Caracalla oder Commodus gemeint).

[276] CIL III 1043; CIL V 5465; CIL VII 11; CIL IX 5568; CIL XI 125; CIL XIII 2839; CIL XIV 45; Pais, S.I. 870.

[277] CIL II 1167; CIL VI 996; Matidia d. Ä.: A. Garzetti, Suppl. It. 8, 1991, 205-206, Nr. 3bis; Matidia d. J.: CIL V 3111.

[278] CIL X 1642; CIL XI 6162; CIL XIV 97; AE 1927, 115; AE 1987,496.

[279] L. Verus: CIL XIV 105; 107; M. Aurel: CIL XIV 4301; Commodus: AE 1987, 893; Faustina: CIL V 7617; CIL X 1643.

[280] AE 1971, 64.

[281] Philippus Arabs: AE 1983, 530; Probus: CIL VIII 23400.

[282] CIL XIV 105.

[283] CIL X 1642; 1643; 1647. Vgl. AUSBÜTTEL, Vereine,55.

„Freiwillige Feuerwehrvereine"

Weise mit Schwerpunkt auf dem Severischen Kaiserhaus ausfällt, ist wahrscheinlich nur dem allgemeinen zeitlichen Verteilungsschema der Inschriften zuzuschreiben.

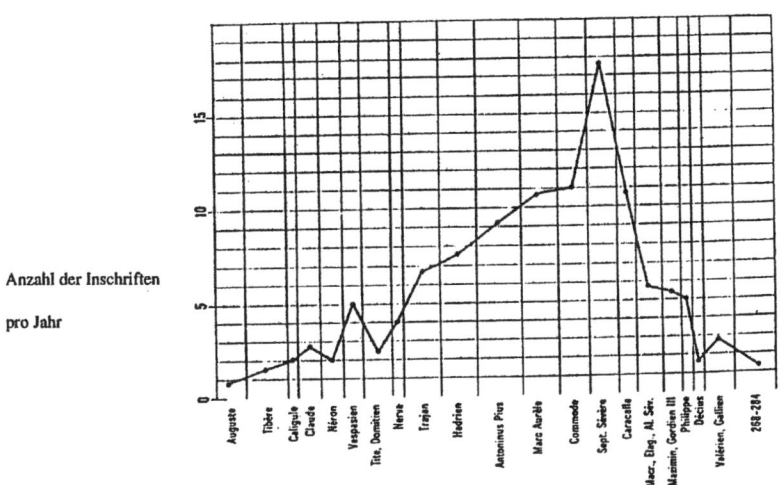

Abb. 5 Zeitliche Verteilung der lateinischen Inschriften in der Kaiserzeit

Zusammenfassend kann festgestellt werden, dass die meisten epigraphischen Belege für die „Feuerwehrvereine" aus der zweiten Hälfte des 2. Jahrhunderts n. Chr. und aus der ersten Hälfte des 3. Jahrhunderts n. Chr. stammen. Die Entwicklung deckt sich mit dem allgemeinen Anstieg von Vereinsinschriften und auch mit dem Höhepunkt der generellen Inschriftenverteilung in dieser Zeit (vgl. Abb. 5). Dieses zeitliche Verteilungsschema scheint somit kein spezifisches, nur für die „Feuerwehren" geltendes Entwicklungsprinzip zu sein, sondern mit der wirtschaftlichen Situation imperiumsweit und dem damit verbundenen Anstieg von Inschriftsetzungen zusammenzuhängen.

1.4 Organisation und Aufgabenbereich

Ähnlich den übrigen Vereinen war auch die Organisation der „Freiwilligen Feuerwehrvereine" einem bestimmten strukturellen Schema unterworfen. Dieses war zunächst der Reichs- und Provinzialadministration angepasst, der zufolge Vereine im juristischen Sinne *ad exemplum rei publicae* ein gemeinsames Vermögen, eine Kasse und einen Vermögensverwalter haben sollten (vgl. oben S. 46)[284]. Es handelt sich jedoch nicht nur um diese vom Juristen Gaius aufgezählten drei Faktoren, welche auf eine Ähnlichkeit zwischen Verein und Staat hinweisen, sondern um viele weitere Aspekte des Vereinslebens. So besaß ein *collegium* - quasi als kleiner Staat im Staat - mit einer Vielzahl an Ämtern einen eigenen *cursus honorum*, bei welchem die Benennung und die Abfolge der einzelnen Magistraturen größtenteils der Ämterlaufbahn in der Reichs- und Provinzialverwaltung glich. Es gab eigene Statuten entsprechend den *leges municipales* wie auch einen eigenen *ordo decurionum*, woraus die Ähnlichkeit in der Terminologie wiederum evident wird. Die Funktionsträger, denen aufgrund der „Titelsucht der Vereine" vielfach nicht einmal eine exakte Tätigkeit zugeordnet werden kann, können somit oftmals nur durch einen Vergleich mit der Reichs- und Munizipalebene eingeordnet werden[285].

Ersichtlich wird diese Terminologie zu den Dienstgraden vor allem bei der Durchsicht einiger *fasti*[286] aus Rom und Ostia: Diese „Beamtenlisten" zeigen in hierarchischer Abfolge die einzelnen Ämter mit den dazugehörenden namentlich genannten Funktionsträgern auf. Demnach wurde die Vereinsspitze je nach Vereinsstatut von *quinquennales perpetui, quinquennales* bzw. *magistri* gebildet,

---

[284] Dig. 3,4,1,1.
[285] Vgl. LIEBENAM, Vereinswesen, v. a.178-220.
[286] CIL VI 10299; 33856 (= AE 1900, 89); 33857; 33858; PANCIERA, Fasti; CIL XIV 4562,3.

„Freiwillige Feuerwehrvereine" 85

denen *curatores, quaestores, sacerdotes*, ehemalige Würdenträger, sowie viele weitere Amtsinhaber und niederer Chargen folgten[287]. Zusätzlich zu den hier genannten Bereichen sind dann weiters für die „Feuerwehrvereine" aufgrund ihrer Aufgaben in der Brandbekämpfung noch einzelne Funktionen mit militärischer Bezeichnung zu nennen. Somit ergeben sich für die Ämterlaufbahn innerhalb der „Freiwilligen Feuerwehrvereine" kleinere Abweichungen.

1.4.1 *Magistri, quinquennales* und *praefecti*

Die Vereinsspitze und -präsidentschaft konnte nicht nur von *magistri, quinquennales* und *quinquennales perpetui* gebildet werden, sondern auch von *praefecti*, ohne dass das exakte Verhältnis dieser Dienstposten zueinander klar ersichtlich wäre. Bei einer Durchsicht der Inschriften fällt auf, dass *praefecti* vorwiegend im Raum Italien lokalisiert werden können[288] und nur vereinzelt in einigen anderen Provinzen vorkommen[289]. Die Nennungen beziehen sich meist auf

---

[287] Vgl. zur Organisation WALTZING, Étude I, 366-425. LIEBENAM, Vereinswesen, 199-212. BANDINI, Corporazioni, 148-167.
[288] *Regio X*: CIL V 60; 335; 749; 8667; BRUSIN I, 539; Rom: CIL VI 9409; Ostia: CIL XIV 298; 4620; AE 1955, 169; *regio VI*: CIL XI 4404.
[289] Salona (Dalmatien): CIL III 2026; 2087; AE 1922, 39; Sarmizegetusa (Dacia): CIL III 1495; AE 1933, 247; Oescus (Moesia inferior): AE 1987, 893; Dyrrachium (Macedonia): CIL III 611; Aquincum (Pannonia inferior): CIL III 3438; 10475; AE 1934, 118; AE 1937, 202; Carnuntum (Pannonia superior): AE 1968, 422; Savaria (Pannonia superior): AE 1965, 294; AE 1990, 803; Igg (Pannonia superior): CIL III 10738; Siscia (Pannonia superior): CIL III 10836; Vindobona (Pannonia superior): CIL III 4557; Lugdunum (Gallia Lugdunensis): CIL XIII 2029; Augusta Treverorum (Belgica): AE 1908, 132 (= CIL XIII 11313); Ager Vellavorum (Aquitania): CIL XIII 1606.

fabri[290] und nur vereinzelt auf *centonarii*[291], *fabri* in enger Verbindung mit *centonarii*[292], *fabri tign(u)arii*[293] und *fabri dolabrarii*[294].

Da in den „Freiwilligen Feuerwehrvereinen" der „Vereinspräsident" jedoch unter allen oben genannten Bezeichnungen aufscheinen konnte, ist der exakte Tätigkeitsbereich von *praefecti* nicht genau zu erkennen[295]. Sofern eine Aussage von den Inschriften her möglich ist, entstammten sie meist dem Munizipaladel[296]. Sie bekleideten jedoch nicht nur die höchsten Ämter und Priesterfunktionen innerhalb des Munizipiums, sondern gehörten vielfach auch dem Ritterstand an[297].

Bemerkenswert ist das in den Inschriften zum Ausdruck kommende enge Verhältnis zwischen der Übernahme der Präfektur und eines Vereinspatronats. Zahlreiche Inschriften weisen in diesem Zusammenhang auf die Übernahme beider Funktionen durch ein und dieselbe Person hin[298]. Ist man allgemein dazu geneigt, den *praefectus* mit unserem „Feuerwehrhauptmann" gleichzusetzen, so deuten die eben erwähnten Inschriften mit der gleichzeitigen Bekleidung der Präfektur und des Patronats auf eine vielmehr repräsentative Vereinsfunktion hin. Es ist zudem unwahrscheinlich, dass jemand, der - wie die meisten *patroni* - ein angesehenes Amt in einer Stadt bekleidete, ebenfalls das Kommando bei einem

---

[290] CIL V 60; 335; 749; BRUSIN I, 539; CIL III 2026; 2087; 1495; AE 1933, 247; AE 1987, 893; CIL III 3438; 10475; AE 1937, 202; AE 1968, 422; CIL III 4557; AE 1955, 169.
[291] CIL III 10738; 10836; CIL XI 4404; AE 1934, 118.
[292] CIL V 8667; AE 1965, 204; AE 1922, 39; AE 1990, 803.
[293] CIL III 611; CIL VI 9409; CIL XIII 1606; 2029; CIL XIV 298; 4620.
[294] AE 1908, 32 (= CIL XIII 11313).
[295] ROYDEN, Magistrates, 16-17.
[296] CIL III 611; 4557; 10475; 10836; CIL XIV 298; 4620; AE 1933, 247; AE 1934, 118; AE 1937, 202; AE 1965, 294;
[297] CIL III 611; CIL V 335; 747; 8667.
[298] CIL III 1495; 2026; 2087; 3438; 10738; CIL V 60; 335; 749; 8667; CIL XIII 1606; AE 1922, 39; AE 1987, 893; (aufgrund des fragmentierten Zustandes lässt sich nicht genau erkennen, ob *praefectus* oder *patronus* zu ergänzen ist: AE 1990, 803; BRUSIN I 539).

Feuerwehreinsatz übernommen hätte. Dazu bedarf es normalerweise eigener Spezialisten.

In der Forschung wurde auch öfter die These vertreten, dass es sich bei den *praefecti* um kaiserliche Kontrollore der Vereinsgebarung handle[299]; quellenmäßig zu belegen ist jedoch auch diese Annahme nicht. Wichtig zum Verständnis der Funktion des *praefectus* dürfte hingegen ein Hinweis sein, wonach ein Präfekt den Verein der *fabri* - wie es inschriftlich heißt - *in ambulativis* geführt habe[300]; der Ausdruck *ambulativus* selbst ist jedoch schwer zu deuten. Gegenüber der Ansicht von ROYDEN, es handle sich dabei um quasi-militärische Übungen[301], muss die Frage erlaubt sein, ob damit nicht eher Aufmärsche bei Triumphzügen oder ähnlichen Paraden gemeint seien[302]. Der *praefectus* wäre dann nur ein Anführer bei Umzügen gewesen. Mit dieser Annahme in Verbindung zu bringen ist möglicherweise der in einer Inschrift als *praef(ectus) dec(uriarum? oder -uriae?)* bezeichnete *faber tignuarius*[303]. Dieser könnte für die Ordnung und Leitung der Dekurien bei Prozessionen verantwortlich gewesen sein.

Anders verhält es sich mit *magistri* und *quinquennales* als Vereinsmagistraturen. Inschriftlich tauchen drei unterschiedliche Benennungen auf. Die Funktionsträger werden sowohl als *magistri*, als *magistri quinquennales* wie auch als *quinquennales* bezeichnet. Ist man in der gängigen Sekundärliteratur noch dazu geneigt, keinen Unterschied zwischen diesen drei Benennungen zu machen[304], so dürfte es bloß eine Zweiteilung in *magistri* und *quinquennales*

---

[299] Vgl. zur Diskussion darüber ROYDEN, Magistrates, 17.
[300] CIL III 3438.
[301] ROYDEN, Magistrates, 17.
[302] Vgl. zu den Aufmärschen von Vereinen bei Triumphzügen: Hist. Aug. Gall. 8, 4; Hist. Aug. Aurelian. 34, 4.
[303] CIL VI 9409.
[304] WALTZING, Étude I, 385-386; LIEBENAM, Vereinswesen, 203-204. ROYDEN, Magistrates, 14-15. Allgemein herrscht die Meinung, dass *magistri* in Vereinen mit Lustrenrechung als *magistri quinquennales* oder *quinquennales* bezeichnet wurden. Vgl. auch

gegeben haben. Der Ausdruck *quinquennalis* ist mit größter Wahrscheinlichkeit nur eine Abkürzung für *magister quinquennalis*[305]. Hinsichtlich der nun zuletzt genannten beiden Dientsgrade, der *magistri* und der *quinquennales*, besteht ein auffälliges Unterscheidungsmerkmal in ihrer sozialen Position. Soweit es aus den Inschriften ersichtlich ist, können *magistri* durchaus Freigelassene sein[306], wohingegen *quinquennales* in der Regel einen gehobenen sozialen Status aufweisen. Die vereinzelten Inschriften, welche auf die Herkunft schließen lassen, nennen entweder die gemeinsame Funktion eines *quinquennalis* und *patronus*[307] oder zusätzlich zur *quinquennalitas* die Tätigkeit eines *decurio*, wobei es offen bleibt, ob dieses Amt im Verein oder im *municipium* bekleidet wurde[308]. Genauere Details zur Aufgabenzuweisung sind aus dem Quellenmaterial nicht erkennbar.

Der *quinquennalis* war für eine Zeit von fünf Jahren im Amt[309]. Er ist vor allem in Vereinen mit einer internen Lustrendatierung, das heißt nach einer Zeitrechnung mittels einer künstlich geschaffenen Zäsur von fünf Jahren, anzutreffen; besonders zu erwähnen sind hierbei die Vereine der *fabri tignuarii* von Ostia und Rom, in denen nach dieser Rechnung datiert wurde (vgl. S. 76 - 77). Dass auch diese Funktion mit der Zeit zu einem reinen Ehrenamt werden konnte, beweisen zahlreiche Inschriften mit der Nennung eines *quinquennalis perpetuus*[310]. Daneben gibt es noch weitere Sondererscheinungen wie den *quinquennalis*

E. KORNEMANN, RE IV, 1901, 420, s.v. *collegium*.
[305] ROYDEN, Magistrates, 15.
[306] CIL V 3439; 7618; CIL III 1016. Aber CIL VI 9409: Ein *magister* nennt sich zugleich *praefectus dec(uriarum* oder *-uriae)*.
[307] CIL XI 6358; AE 1987, 198.
[308] CIL VI 7861.
[309] WALTZING, Étude I, 386. ROYDEN, Magistrates, 15.
[310] ORELLI 4002; AE 1987, 198; CIL VI 1925; 30973; CIL XIII 1752; CIL XIV 2981.

honoratus[311] und den *quinquennalis iterum*[312], die zeigen, dass der ursprüngliche Inhalt dieses Amtes mit der Zeit verlorenging. In den Vereinen, in denen er genannt wird, ist er eponym, sodass das *lustrum* nach ihm benannt wurde.

Von *magistri* hingegen ist bekannt, dass ihre Funktionen im Bereich der kultischen Aktivitäten und gesellschaftlichen Vereinsobliegenheiten lagen. Sie bildeten den eigentlichen Vereinsvorstand[313] und waren generell mit der Leitung und der Administration des Vereins beauftragt[314]. Die Tätigkeit eines *magister* war normalerweise einjährig, eine Wiederwahl war jedoch nicht ausgeschlossen[315]. Gewählt wurde er aus den Reihen der vereinseigenen *plebs*[316].

In einer Inschrift aus Como wird weiters ein *magister officiorum collegii fabrum* erwähnt, dessen genaue Tätigkeit allerdings nicht bekannt ist[317]. Möglicherweise war das der geschäftsführende Leiter.

Nicht exakt zuzuordnen ist weiters das Amt der in Brixia inschriftlich bezeugten *officiales*[318]. Aufgrund der Tatsache, dass ihnen in einer Inschrift sakrale Aufgaben zugeschrieben werden, wurden sie als den *magistri* ebenbürtige, für kultisch-sakrale Funktionen zuständige Amtsinhaber gesehen[319]. Es besteht jedoch auch die Möglichkeit, dass es sich hierbei nur um die Diener der *magistri* handelt[320].

---

[311] CIL XIV 33.
[312] CIL XIV 324.
[313] WALTZING, Étude I, 389-399.
[314] LIEBENAM, Vereinswesen, 205.
[315] CIL III 13779: *ter magister*.
[316] LIEBENAM, Vereinswesen, 204. Der Ausdruck *magister collegii centonariorum candidatus ex decreto aeorum* (!) in CIL V 3411 dient wohl eher zur Bestätigung einer Ausnahmesituation als des Regelfalles.
[317] CIL V 5310.
[318] CIL V 4449; 4488.
[319] E. KORNEMANN, RE IV, 1901, 421, s.v. collegium.
[320] LIEBENAM, Vereinswesen, 287.

1.4.2 Weitere Funktionsträger des Vereinsvorstandes

In der Hierarchie direkt unter dem „Präsidenten" standen *curatores*. Wie aus den spärlichen Notizen zu ersehen ist, dürfte ihre Aufgabe vorwiegend finanzieller Natur gewesen sein[321]. Eine Besonderheit stellt in diesem Rahmen eine Inschrift mit der Nennung von *fabri* aus Verona dar: Hier werden im Gegensatz zu den erwähnten Belegstellen für Kassenbeamte *curatores instrumenti* genannt[322]. Es ist wohl anzunehmen, dass diese im genannten „Feuerwehrverein" für die Aufbewahrung und Instandhaltung der Löschgeräte zuständig waren[323]. Auf die soziale Herkunft der *curatores*, die in anderen Vereinen als reiche und angesehene Persönlichkeiten ausgewiesen sind[324], weist nur eine Inschrift hin[325]; der dort genannte *curator* wird als *eques Romanus* bezeichnet. Kuratoren waren für ein Jahr im Amt, eine Wiederwahl war jedoch jederzeit möglich[326].

Fehlte der *curator* für Kassengeschäfte in einem Verein, so übernahm ein *quaestor* diese Funktion. Auch über seine Tätigkeit und seine soziale Stellung sagen die Inschriften nur wenig aus[327]. Parallel zur Reichsverwaltung waren ihm wohl sämtliche Geldgeschäfte übertragen, weswegen er für die Einnahme, die Auszahlung und die Verwaltung von Mitgliedsgeldern zuständig gewesen sein dürfte[328]. Zur sozialen Stellung der *quaestores* ist anzumerken, dass es sich wahrscheinlich nicht selten um *liberti* oder *libertini* handelte[329]. Nicht geklärt ist

---

[321] *Curatores arkae*: CIL V 5738; 5869; 5612; CIL X 6675.
[322] CIL V 3387. Zu den Aufgaben des *curator* vgl. E. KORNEMANN, RE IV, 1901, 422, s.v. collegium.
[323] LIEBENAM, Vereinswesen, 207.
[324] E. KORNEMANN, RE IV, 1901, 422, s.v. collegium.
[325] CIL V 4333.
[326] E. KORNEMANN, RE IV, 1901, 422, s.v. collegium.
[327] CIL III 10253; CIL V 4408; 5304; 5446; 5447, CIL IX 5450; AE 1977, 267.
[328] LIEBENAM, Vereinswesen, 208.
[329] In zwei Inschriften werden sie als *VIvir urbanus* bezeichnet: CIL V 5446; 5447.

die Frage, ob der als *praeses curiae*[330] bezeichnete *quaestor anni primi* in einer Inschrift aus Comum die Oberaufsicht des Vereinssitzes (*curia*) oder aber den Vorstand der Munizipalkurie innehatte. Im Falle der Amtsübernahme innerhalb des Vereins würde es sich um einen eponymen Quästor handeln[331].

1.4.3 Sonstige Funktionsbezeichnungen

Neben diesen Funktionsträgern, die wahrscheinlich wie heute den Vereinsvorstand bildeten, gibt es noch eine Reihe von weniger bedeutenden Magistraten, deren Funktionen allerdings auch nicht immer erkennbar sind.

Zu nennen ist zunächst der *censor bis ad magistros creandos* der *fabri tignuarii* von Ostia in einer Inschrift aus Tusculum[332]. Hier dürfte allem Anschein nach jedoch nur eine Ausnahmeregelung angesprochen sein, wenn Censoren bei der Wahl von *magistri* herangezogen wurden. Die übliche Bestellung sah eine Ernennung durch den Vorstand nach vorhergehender Abstimmung der Vereinsmitglieder vor[333].

Dem militärischen Bereich entlehnt sind sodann Rangbenennungen wie *decurio* oder *centurio* und die davon abgeleiteten Begriffe für Unterabteilungen von *decuriae* und *centuriae*. Es sind dies *termini*, die auf eine Untergliederung der „Freiwilligen Feuerwehrvereine" in Abteilungen von zehn bzw. hundert Mann hinweisen, welche vor allem einem gut organisierten Einsatz im Brandfalle dienlich gewesen sein dürften. Die Zahl der Personen, die in einer solchen Abteilung zusammengefasst waren, konnte allerdings variieren, sodass hierin nicht

---

[330] CIL V 5446. Vgl. zur Kurie als Vereinssitz auch CIL X 1786 u. LIEBENAM, Vereinswesen, 275.
[331] Vgl. zum Eponymat der *quaestores* innerhalb des Vereins LIEBENAM, Vereinswesen, 202.
[332] CIL XIV 2630.
[333] LIEBENAM, Vereinswesen, 199.

immer exakte Zehner- oder Hundertereinheiten zu sehen sind. Da die Vereine meist nicht allzu groß waren, ist zudem die Centurieneinteilung nicht so häufig anzutreffen wie die Dekuriengliederung. Nur drei inschriftliche Belege weisen somit auf diese zuerst genannte Unterteilung hin: Es gilt dies für die vereinigten Assoziationen der *fabri* und *centonarii* von Mediolanum[334], für *fabri tignuarii* der Colonia Agrippinensium[335] sowie für *fabri soliarii baxiarii* von Rom[336]. Während es bei den erwähnten *fabri soliarii* und *fabri tignuarii* jeweils drei inschriftlich ausgewiesene Centurien gab, scheint der Verein der *fabri* und *centonarii* von Mediolanum mindestens sieben Hundertschaften umfasst zu haben, was für eine recht große Vereinigung sprechen dürfte[337].

Zur sozialen Position der Leiter dieser Einheiten ist zu sagen, dass bis auf drei Belegstellen, welche für eine libertine Herkunft sprechen[338] alle übrigen

---

[334] CIL V 5612, 5738.
[335] CIL XIII 8344.
[336] CIL VI 9404.
[337] Im Unterschied zu diesen spärlichen Notizen für Centurien gibt es zahlreiche epigraphische Hinweise auf Dekurien. Dekuriengliederungen finden sich bei den *scamillarii* von Spoletium (*regio VI*, Italien; CIL XI 4813; 7872) und Rom (CIL VI 33191(4), den *scalarii* von Rom (CIL VI 34013), sowie bei zahlreichen auf das gesamte Imperium verstreuten Vereinen von *fabri* und *centonarii* (CIL III 1043; 1082; 1210; 1431; 1494; 1583; 2107; 3893;7767; 7861(?); 7905; 7910; 13779; 14543; CIL V 731; 2850; 5612; 5869; 5888; 8251 u. 8289; PAIS, S. I. 181; BRUSIN, Aquileia, 444-45, Nr. 36; REINER, Collegi, 72-73; CIL VI 7861; 7864; CIL XI 125; 126; 127; 132; 133; ORELLI 707; CIL XIV 128; 330; 2630; IMS I, 136-137, Nr. 121. Daneben findet man diese Gliederung auch bei den *fabri tign(u)arii* (CILVI 9407; 9408; 10300; CIL XIV 128) und den *utric(u)larii* (AE 1967, 281). Die Zahl der Dekurien variierte je nach Vereinsgröße beträchtlich, sodass zum Beispiel das *collegium fabrum* von Ravenna - wahrscheinlich eher als Ausnahmeerscheinung - 28 Dekurien vorweisen konnte (CIL XI 127).
[338] Vgl. etwa dafür CIL III 1082: Der genannte *decurio* war auch *Augustalis*; CIL III 3893: Ein *decurio* war gleichzeitig auch *IIIIIIvir*; CIL V 731: Erwähnt wird ein *decurio*, der ebenso *VIvir Aquileiae* war.

„Freiwillige Feuerwehrvereine"

Informationen auf eine gehobene Karriere der *decuriones* hinweisen[339]. Zuweilen bekleideten auch Personen aus dem Ritterstand das Amt eines *decurio*[340].

Neben *centuriones* als Vorsteher der einzelnen *centuriae*[341] finden sich gelegentlich auch *optiones* für dieselbe Funktion[342]. Auch das ist nicht verwunderlich, waren sie doch im militärischen Bereich ebenso nicht nur administratives Hilfspersonal der Centurionen, sondern vielmehr deren Stellvertreter[343].

Ähnlich angesehene Posten dürften die in einigen Inschriften erwähnten *rectores* und *repunctores* bekleidet haben. Aus den Informationen ist ersichtlich, dass die genannten Funktionsträger jeweils dem Ritterstande entstammten[344] und sogar - wie es in einer Inschrift belegt ist - *patroni* desselben Vereins sein konnten[345]. Als wahrscheinlich vom Staat beauftragte Amtsinhaber bestand die Aufgabe von *repunctores* im Überprüfen der finanziellen Aktivitäten eines Vereins[346]. Auch *rectores*, die in zwei Inschriften genannt werden[347], dürften mit Kontrollfunktionen innerhalb des Vereins in Verbindung zu bringen sein[348].

---

[339] AE 1967, 281: Gleichzeitige Übernahme des Patronats im Verein der *utriclarii*; CIL VI 7861: Ein *decurio* war auch *magister quinquennalis* bei den *centonarii*; CIL V 2850: Übernahme der Quästur neben dem Dekurionat.
[340] CIL V 5869.
[341] CIL V 5738.
[342] CIL V 5701.
[343] A. Neumann, KlP 4, 1972, 322, s.v. optio.
[344] CIL V 5847; CIL XI 1230.
[345] CIL V 5847.
[346] WALTZING, Étude I, 419. Vgl. auch OLD, 1624, s.v. repunctor.
[347] CIL II 2211; CIL X 5968.
[348] Ihre leitende Postion wird aus den bereits in der vorigen Anmerkung genannten Inschriften ersichtlich, in denen sie einerseits mit dem Patronat in Verbindung gebracht werden und andererseits als *offerentes* einer *tabula patronatus* auftreten. Vgl. auch LIEBENAM, Vereinswesen, 206. Zu ihrer Kontrollfunktion vgl. OLD, 1586, s.v. rector (Nr. 4).

Wohl nur als Ehrenmitglieder sind die in zahlreichen Inschriften genannten *honorati* zu betrachten[349]. Sie scheinen nicht vereinsfremde Personen, sondern ehemalige Funktionsträger innerhalb des Vereins gewesen zu sein[350]. Nur in einer Inschrift belegt ist sodann das Amt des *quaglator*[351]. Es dürfte sich dabei um die Tätigkeit eines Schiedsrichters innerhalb des Vereins handeln[352]. Ebenso nur einer epigraphischen Notiz ist weiters der Hinweis auf *principales* zu entnehmen[353]. Da nähere Informationen fehlen, ist ihr genaues Tätigkeitsfeld allerdings nicht bekannt[354]. Durch einen Vergleich mit *principales* im militärischen Bereich[355], die hier taktische Chargen sind, lässt sich vielleicht auch auf Vereinsebene ein militärischer Konnex herstellen.

Weiters sind für „Feuerwehrvereine" häufig *medici* genannt[356], die als Vereinsärzte wohl direkt bei einem Brandfall Hilfe leisteten. Auffällig ist, dass ein *medicus* gleichzeitig *patronus* des *collegium centonariorum* war[357]. Lässt sich hier vielleicht einwenden, der aktiven Rolle als helfender Arzt könne die passive eines *patronus* entgegengesetzt werden, so dürfte die Funktion als *patronus* wohl nur deswegen übernommen worden sein, um damit seine Reputation für den Verein zum Ausdruck bringen zu können.

---

[349] CIL VI 1060; CIL XI 3936; CIL XIV 67; 128; 5344; AE 1941, 71; AE 1987, 198 u. 199; BOISSIEU 195, Nr. 24.
[350] LIEBENAM, Vereinswesen, 183.
[351] CIL X 3910.
[352] LIEBENAM, Vereinswesen, 211; ebenso WALTZING, Étude I, 424.
[353] CIL III 1210.
[354] Vgl. dazu WALTZING, Étude I, 423, der sie möglicherweise mit der Funktion eines Vereinspräsidenten in Verbindung bringt. In späterer Zeit scheint der Ausdruck *principalis* als Synonym zu *patronus* gebraucht worden zu sein: Cod. Theod. 14,4,10,2; vgl. auch LIEBENAM, Vereinswesen, 220, Anm. 1.
[355] A Neumann, KlP IV, 1972, 1140-1141, s.v. principales.
[356] CIL III 3583; CIL XI 1355; 6536.
[357] CIL XI 6536.

Zu den niederen Chargen innerhalb der Vereinshierarchie zählten einerseits die Vereinsschreiber (*scribae*)[358], Bildnis- und Bannerträger bei Aufzügen (*imaginiferi, vexillarii*)[359] sowie die Parolesprecher (*tesserarii*)[360]. Weiters wird in einer Inschrift aus Oescus ein *actor* genannt[361], der - obgleich er zumindest der Inschrift nach libertiner Herkunft ist - für die rechtliche Vertretung des Vereins zuständig war[362].

Nicht geklärt sind die Aufgaben der *discentes*[363], des *comes fabricarum*[364] und des *paedagogus* (?) *collegii fabrum*[365]. Da bei dieser letzten Bezeichnung die ersten beiden Buchstaben nicht sicher als „pa" zu lesen sind, erhebt sich die Frage, ob der Name dieses Amtsinhabers nicht eher als *medagogus* zu interpretieren sei[366]. Wie in der neuesten Forschung immer wieder betont wurde, besitzt die Version mit der Deutung als *medagogus* wohl deshalb mehr Glaubwürdigkeit, da ein *paedagogus* innerhalb der „Feuerwehrvereine" nicht viel Sinn machte und zudem noch eher auf Personen aus dem Sklavenstande zu beziehen sei[367] (die in der Inschrift genannte Person scheint jedoch freier Herkunft zu sein). Nach MENELLA leite sich der Ausdruck vom griechischen μετάγω (führen, von einem Platz zum anderen bringen) ab und bezeichne somit vereinsintern eine Tätigkeit, die mit den im Verein vollzogenen Zeremonien in

---

[358] CIL VI 33856; CIL XIV 4668.
[359] CIL III 1583; 7900; 8837; CIL V 5272; AE 1937, 194; zu den Aufzügen vgl. Hist. Aug., Gall. 8,4 und Hist. Aug., Aurelian. 34,4.
[360] CIL V 5272; CIL XII 1385.
[361] CIL III 14211(2) (= AE 1900,25).
[362] Vgl. Dig. 3,4,1,1.
[363] CIL V 82; OLD 549, s.v. discens: Darunter seien in Ausbildung befindliche Personen zu verstehen.
[364] CIL IX 1590.
[365] AE 1990, 357.
[366] Zur Diskussion dazu vgl.: MENELLA/ZANDA, Suppl. It. N.S. 10, 1992, 81-82. MENELLA, Medagogus,122-126.
[367] Vgl. MENELLA, Medagogus, 124.

Zusammenhang stehe[368]. Im Bereich der „Feuerwehr" sei er als Instruktor oder Aufseher unter direktem Kommando des *praefectus* zu sehen[369].

1.4.4 *Patroni*

Von der eigentlichen Vereinshierarchie ausgenommen blieben *patroni*. Dies waren meist einflussreiche Personen[370], deren Fürsprache dem Verein in wichtigen Angelegenheiten von Vorteil sein sollte. *Patroni* ihrerseits versuchten aus dieser Position gegenüber angesehenen Vereinen euergetische Anerkennung - vor allem ausgedrückt in zahlreichen „Patronatstafeln" - zu erlangen. Elf solcher *tabulae patronatus* sind zu den „Freiwilligen Feuerwehrvereinen" erhalten[371]. Genannt werden darin immer wieder die *liberalitas* und die *munificentia* des kooptierten Patrons. Die Ehre, das Patronat eines dieser in der Öffentlichkeit einflussreichen Vereins zu übernehmen, wurde in panegyrischer Form auf Bronzetafeln aufgezeichnet und im Vereinsgebäude (*schola*, *templum* etc.) des jeweiligen *collegium* sowie in der *domus* des Geehrten aufgestellt. Erwähnung verdient auch, dass den Inschriften zufolge die Zahl der *patroni* für einen Verein offenbar in keiner Weise beschränkt war[372].

---

[368] Ebd., 124-25. Vgl. Auch PAPE, griech.-deutsches Handwörterbuch, 1954, 146: Neben der Grundbedeutung „hinterherführen" wäre es auch möglich, diesen Begriff im Sinne von „hinterhermarschieren" (vor allem im militärischen Zusammenhang) zu verstehen. Hier dürfte aber dennoch die aktive Rolle des (vielleicht auch bei Umzügen) führenden Leiters gemeint sein.

[369] MENELLA, Medagogus, 126.

[370] Vgl. auch die Studie von CLEMENTE, Patronato.

[371] CIL II 2211 (= ILS 7222); AE 1983, 530; CIL V 56 u. 61; AE 1987, 464; CIL XI 970 (= ILS 7216); 1354; 2702 (= ILS 7217); 5748; 5749; 5750; 6335.

[372] Welche Ausmaße das Patronatswesen annehmen konnte, zeigt sich besonders an drei Bronzeinschriften aus Sassoferrato (dem antiken Sentinum), welche heute in Rom aufbewahrt werden: CIL XI 5748 (heute in den Kapitolinischen Museen, Sala delle Colombe); CIL XI 5749 u. 5750 (beide befinden sich heute im Museo Profano der Musei della Bibliotheca Apostolica Vaticana). Vgl. auch PAGNANI, Sentinum, 91-182; BUONCORE, Iscrizioni

Alle Patronatsverleihungen haben als gemeinsames Kriterium, dass sie zunächst eine exakte Datierung nach Konsulatsjahren mit einer genauen Beschreibung der Umstände bieten; genannt werden Ort und Teilnehmer der Versammlung sowie die *referentes*, bei denen es sich meist um *quinquennales* des Vereins handelt. Von diesen werden die Wohltaten und die Gunstzuweisungen des zu Ehrenden aufgezählt und seine edle Abkunft betont; danach wird schließlich die Patronatsübertragung dekretiert. Es folgen die Bitte an den zukünftigen *patronus*, diese Ehre und die angefertigte *tabula* anzunehmen, sowie die Beauftragung von Gesandten mit der Überbringung der Botschaft an den neuen *patronus*.

Bezeichnend ist bei all diesen Ehrungen jedoch auch immer wieder die Hervorhebung der besonderen Position des eigenen Vereins. Ausdrücke wie *splendidissimus numerus noster*[373], *tria collegia principalia*[374] oder die Behauptung, dass der Verein darum bemüht sei, seinen Glanz würdigen und verdienten Personen weiterzugeben, deuten auf ein hohes Selbstbewusstsein der Mitglieder der „Freiwilligen Feuerwehrvereine".

Bei einer Analyse der Position dieser *patroni* stellt sich heraus, dass es sich meist um hochrangige Personen aus dem Ritter- und Senatorenstand handelt, die für sich die Würde beanspruchten, als *patronus* eines Vereins zu gelten. Gelegentlich konnte jedoch auch Freigelassenen das Patronat übertragen werden[375]. Daneben deuten einige Inschriften auf eine gleichzeitige Übernahme eines angesehenen Amtes innerhalb des Vereins neben dem Patronat[376]. Der bei

---

latine, 44-49. Sie wurden 260 bzw. 261 n. Chr. vom Verein der *fabri* und *centonarii* der Familie der Coretii gestiftet, wobei auch die Frau und der Sohn des Geehrten in das Patronatsverhältnis aufgenommen wurden (vgl. Abb. 6).

[373] CIL XI 5748.
[374] CIL XI 5749.
[375] CIL III 1493; CIL V 4477; 5272; CIL XI 4071; 6358; 6515; Orelli 3361; CIL XII 700; die meisten der hier genannten Personen bekleideten als Freigelassene das Sevirat.
[376] CIL III 1210; CIL X 3699; 3910; 5968; CIL XI 6536; CIL XIV 409; AE 1987, 198.

weitem größte Teil der *patroni* weist allerdings eine munizipale Karriere auf [377]. Nicht so stark vertreten sind hingegen *patroni* aus dem Ritter- und Senatorenstand[378]. Des weiteren stellen einige Inschriften einen engen Bezug zum Heerwesen[379] sowie zu den *vigiles*[380] her.

Abb. 6 Inschrift aus Sentinum (CIL XI 5750)

---

[377] CIL III 1051; 1083; 1208; 1209; 14211(2); CIL V 545; 1012; 2864; 6515; 8667; CIL IX 3836; CIL XI 378; 4580; 4813; 5416; AE 1900, 25; AE 1900, 155; AE 1912, 76; AE 1957, 196; AE 1958, 67; AE 1967, 93; BRUSIN I, 530.

[378] Ritter: CIL III 1217; 1497; CIL V 2071; 4484; 5128; 7375; CIL XI 124; 379; Senatoren: CIL V 865; 4341; CIL IX 2339; 5189.

[379] Ein *veteranus* nennt sich zugleich *patronus* der *dendrophori* und *fabri*: CIL IX 1459.

[380] AE 1974, 123.

„Freiwillige Feuerwehrvereine"

Eine Besonderheit stellt die Nennung eines *patr(onus) centuriarum XII coll(egii) aerar(ii)* dar[381]. Es hat den Anschein, dass das Patronat in diesem Fall über zwölf Hundertschaften übernommen wurde, wobei die Zahl der Centurien wohl deshalb betont wurde, weil es noch weitere innerhalb des Vereins gab. Inschriftlich belegt ist eine größere Anzahl von Centurien im Vereinsbereich jedoch leider nicht.

Inhaltlich dem *patronus* gleichzusetzen ist wahrscheinlich die Bezeichnung *pater*.[382] Ebenso dürften der Ausdruck *parens*[383] wie auch für Frauen die Benennungen *patrona* bzw. *mater*[384] diesem *terminus* äquivalent gewesen sein.

1.4.5 Aufgabenbereich

Betrachtet man die prozentuelle Aufteilung der Inschriftenklassen auf die gesamte Anzahl von Inschriften zu den „Freiwilligen Feuerwehrvereinen" so zeigt sich, dass 25% in Form von Ehreninschriften an einflussreiche Euergeten in Gestalt von *patroni* oder Mitgliedern des Kaiserhauses gerichtet sind. Dies lässt bereits eine für alle Vereine gültige gemeinsame Aufgabe erkennen, nämlich die Förderung des geselligen Aspektes, der auch von den „Freiwilligen Feuerwehrvereinen" besonders betont wurde. Das drückt sich in den bereits erwähnten Ehrungen auf Beschluss aller Vereinsmitglieder ebenso aus, wie in den zahlreichen Geldstiftungen für solche Anlässe[385].

---

[381] CIL V 5892.
[382] AE 1966, 277; CIL XI 5749. Vgl. LIEBENAM, Vereinswesen, 218, Anm. 2.
[383] CIL XI 5749 macht allerdings einen Unterschied zwischen *pater* und *parens*, indem beide *termini* gesondert nebeneinander angeführt werden.
[384] *Patrona*: CIL IX 5368; *mater*: CIL III 1207; CIL IX 2687; CIL XIV 69.
[385] Z. B. PAIS, S.I. 181: Dem Verein der *fabri* werden für die Pflege von Totengedenktagen, an denen gesellige Zusammenkünfte des Vereins stattfinden sollen, verschiedene Summen an Denaren überreicht.

Eng mit den gesellschaftlichen Ambitionen verbunden ist die Aufgabe der Vereine als „Begräbnisgesellschaften": Ein Drittel der epigraphischen Denkmäler mit Bezug auf „Freiwillige Feuerwehren" sind Grabinschriften. In diesen werden den Vereinen immer wieder Geldsummen hinterlassen, mit denen Aufwendungen für Totengedenktage bestritten und das Andenken des Verstorbenen gepflegt werden sollen[386]. Hier ist besonders zu erwähnen, dass einige Grabinschriften sogar in Form von Testamenten vorliegen. Mit detaillierter Genauigkeit werden darin Bestimmungen für die Feier von Gedenktagen (*parentalia*, *rosalia* oder die *dies natales*) festgelegt[387].

Als dritte Aufgabe (neben dem geselligen Aspekt und der Bedeutung im Bereich der Grabfürsorge) weist sodann eine größere Anzahl von Weihinschriften (14,7%) auf einen starken sakralen Bezug im Vereinsleben hin. Die am meisten durch *vota* angesprochene „göttliche Kraft" ist das *numen* oder der *genius* des Vereins bzw. einzelner Vereinsfunktionäre[388]. Als persönlicher „Schutzgott" von Individuen, aber auch Institutionen, kam seiner Verehrung generell ein besonderer Stellenwert in der Antike zu[389]. Ansonsten werden zunächst vor allem die traditionellen Götter von den Mitgliedern der „Freiwilligen Feuerwehrvereine" angerufen. Darunter sind zu nennen: Iuppiter[390], der gelegentlich auch mit anderen namentlich nicht genannten Göttern[391] oder der Göttertrias[392] in Verbindung

---

[386] CIL III 1504; 3583; CIL V 2046; 4449; 5272.
[387] PAIS, S.I. 181; CIL V 4488; 4489 (= ILS 8370); CIL XI 6520.
[388] CIL V 4449; 7469; 7595; CIL VIII 7956; 9401; CIL XI 668; 5023; CIL XII 1282; 1815; CIL XIII 1734; 2839; 11313 (= AE 1908, 132); Inscr. It. X 5,1,16; STEINER I, Nr. 646.
[389] W. EISENHUT, KlP 2, 1967, 741-742, s.v. genius.
[390] CIL III 1043; 1051; 1082; 3438; 7910; CIL V 5738; AE 1937, 194; AE 1990, 803.
[391] CIL V 5738.
[392] ROSSINI, Iscrizioni, 43-44, Nr. 15.

gebracht wird, Mars[393], Merkur[394], Apollon[395] und Herkules[396]. Weiters wird auch mit der Weihung an die *Dei omnipotentes*[397] wohl auf die klassischen römischen Gottheiten Bezug genommen. Neben allgemeinen Helfergestalten wie den Dioskuren[398] oder Fortuna[399] sind es Nemesis[400], die *numina*[401], der *Deus aeternus*[402] und in einer Inschrift sogar Mithras[403], die von den Vereinsmitgliedern um Unterstützung gebeten werden.

Sodann werden ebenfalls einheimische Gottheiten genannt: Cesandus, ein spanischer Gott, Sedatus, ein donauländischer Gott, dem wie dem römischen Vulcanus eine feuervernichtende Funktion zugeschrieben wurde, oder etwa der *Deus Intarabus*, ein Landesgott der Treverer[404].

Wahrscheinlich auf die gefährliche Tätigkeit eines „Feuerwehrmannes" ist es sodann zurückzuführen, dass zahlreiche Weihungen an Asclepius auftauchen[405], die zum Teil auch mit Anrufungen an Hygieia gekoppelt sein konnten[406]. Der Rest der Weihinschriften verteilt sich auf Gottheiten, die in unmittelbarem Zusammenhang mit dem Wesen und den Ambitionen des jeweiligen Vereins

---

[393] AE 1965, 164; CIL VI 33856; CIL XIV 4300.
[394] AE 1965, 294.
[395] CIL VI 749.
[396] CIL III 10836; CIL V 3312; 4216; HENZEN 7198.
[397] CIL VIII 8457.
[398] CIL VIII 6940 u. 6941.
[399] AE 1981, 70.
[400] CIL III 1547, 13779.
[401] CIL XII 5953 add., CIL XII 11313 (= AE 1908, 132).
[402] CIL III 7900.
[403] ORELLI 3361 = 3935.
[404] Cesandus: AE 1985, 585; Sedatus: CIL III 8086; 10335; vgl. J. B. KEUNE, RE A, II,1, 1921, 1010-1012, s.v. Sedatus; R. ZINGG, DNP 5, 1998, 1026, s.v. Intarabus: Es kann sich dabei auch bisweilen um den Beinamen des Mars handeln. Deus Intarabus: CIL XIII 11313 (= AE 1908, 132). vgl. J. B. KEUNE, RE IV,1, 1916, 1595-1596, s.v. Intarabus.
[405] AE 1941, 69; AE 1977, 676; CIL III 975 u. 984; CIL V 731.
[406] Daneben existiert eine Anrufung an Hygieia und Apollon: AE 1944, 110.

standen. So wurden von den *dendrophori* einerseits Silvanus[407], die Magna Mater[408], Attis[409] sowie Cautopates[410] verehrt, *fabri* hingegen brachten in großer Zahl Weihungen an Minerva dar[411].

Auch Personen aus dem Kaiserhaus sowie die *domus divina* selbst zählen - wie bereits oben dargelegt - zu den Adressaten von Weih- und Ehreninschriften aus dem Umfeld der „Feuerwehrkollegien" (siehe Kap. II.1.3).

Zusammenfassend kann festgestellt werden, dass die „Feuerwehren" zum Großteil ähnlich den übrigen Kollegien aufgebaut waren: Es gab eine Vielzahl von Funktionsträgern, deren exakter Aufgabenbereich nicht immer klar erkennbar ist, und die in eine eindeutige Hierarchie eingepasst wurden. Für ihre straffe Organisation wichtig war zusätzlich eine quasi-militärische Gliederung, die sich auch in der Terminologie niederschlug. Die meisten Ämter waren mit einflussreichen und vermögenden Personen besetzt, wohingegen nur die „Unterbeamten" (Schriftführer, Fahnenträger etc.) vielfach Freigelassene waren.

Zu den Gottheiten, die von den Vereinsmitgliedern verehrt wurden, ist zu sagen, dass generell jeder Verein seinen eigenen Kultort und auch seine individuelle Kultgottheit hatte. In einigen Fällen konnte die verehrte Gottheit in direktem Zusammenhang mit den Vereinsaktivitäten stehen - wie im Falle der *fabri* und ihrer Minervaverehrung oder der Verehrung des Silvanus durch *dendrophori*; der Großteil der Inschriften lässt jedoch eine relativ lose Beziehung zwischen Verein und Gottheit erkennen. Bei Begräbnissen zeigt sich der bereits mehrfach herausgestellte Gemeinschaftsbezug: Die Grabfürsorge war ebenso

---

[407] CIL VI 641; CIL XIII 1640.
[408] CIL VIII 23400; CIL XII 1744; AE 1911, 22; AE 1971, 90.
[409] CIIL VIII 7956.
[410] CIL V 5465.
[411] CIL II 4498; CIL V 8251 u. 8289; CIL VI 36817; CIL IX 3148.

Anlass zur feierlichen Zusammenkunft wie die Festlichkeiten im Rahmen der Ehrung von Persönlichkeiten, die sich um das Wohl des Vereins besonders verdient gemacht hatten.

1.5 Mitgliederstruktur

Von den Vereinsmagistraten zu trennen sind die als *plebs* bezeichneten passiven Mitglieder eines Kollegiums. In den Inschriften werden Hinweise auf ihre Herkunft und ihre finanzielle Situation allerdings selten ersichtlich. Allein einigen Stiftungs-, Bau- und Grabinschriften sowie einem kaiserlichen Reskript mit angeschlossenem Mitgliederverzeichnis können Informationen dazu entnommen werden[412]. Die Methoden der Untersuchung müssen sich hierbei einerseits auf eine Studie des Namensmaterials und andererseits auf eine Analyse der Geldbeträge für Instandhaltungskosten und dergleichen, wie sie in den oben genannten Inschriften bekannt werden, beschränken. Allerdings muss jedoch auch berücksichtigt werden, dass eine solche Auswertung immer nur ein ungefährer Anhaltspunkt sein kann, da Unsicherheiten in der Interpretation nicht immer eine exakte Einordnung ermöglichen.

1.5.1 Die Herkunft der Mitglieder

Die gängigste Vorgangsweise, eine Aussage über die Herkunft einer Person zu treffen, ist eine Analyse ihres Namens. Dabei ist jedoch auch Vorsicht geboten, denn typische Sklavennamen müssen nicht immer solche sein, und wenn der Rechtsstatus in einer Inschrift nicht explizit genannt wird, ist das übliche

---

[412] Vgl. Anhang 1 und 2; es sind dies insgesamt ungefähr 43% der inschriftlichen Belege.

Einordnungsschema *ingenuus-libertus-servus* nicht immer hundertprozentig zuverlässig. Kriterien für eine exakte Zuordnung fehlten somit auch in den hier behandelten Inschriften zum Teil, sodass auch im Folgenden teilweise nicht immer absolut verlässliche Kriterien angewandt werden mussten: *Ingenui* wurden auch dann als solche identifiziert, wenn keine Tribus- und Filiationsangabe vorlag, und die *tria nomina* allein angeführt wurden. Die Hinweise auf *liberti* gestalteten sich noch schwieriger. Eindeutige Zuweisungen anhand inhaltlicher Kriterien fehlten fast gänzlich, sodass größtenteils auf onomastische Studien aufgebaut werden musste. Ähnliches gilt für den Nachweis von Sklaven. Personen peregriner Provenienz schließlich wurden aufgrund des Individualnamens im Nominativ und des Patronymikons im Genetiv dieser Personengruppe zugewiesen.

Betrachtet man nun die einzelnen Belege in den hier analysierten Inschriften selbst, dann lassen sich zunächst mit Sicherheit Freigelassene der Vereine identifizieren, da es den Vereinen seit Mark Aurel erlaubt war, die *manumissio* bei Sklaven durchzuführen[413]. Evident wird ein derartiger Vorgang durch die Bildung des Gentilnamens der *liberti* nach der Bezeichnung des Kollegiums. Die beiden vom Verein der *fabri* und *centonarii* in Brixia in die Freiheit entlassenen Sklaven tragen demnach die Namen Fabricia Centonia und Fabricius Centonius[414]. Ebenso scheinen die in einer Inschrift aus Tibiscum (Provinz Dacia) bzw. aus Salona (Provinz Dalmatia) genannten Fabricii Freigelassene der in diesen beiden Inschriften genannten *fabri* bzw. *fabri tign(u)arii* zu sein[415]. Auch bei der in einer Grabinschrift aus Rom als *verna* bezeichneten Tignuaria Restuta, sowie bei der

---

[413] LIEBENAM, Vereinswesen, 245-246 und 245 Anm. 2 und 3.
[414] CIL V 4422.
[415] CIL III 1553 und 8841.

Stifterin dieses *titulus*, Tignuaria Victorina, dürfte es sich um Freigelasse der *fabri tignuarii* handeln[416]. Neben den hier genannten eindeutigen Hinweisen auf libertine Herkunft vom Namensmaterial her lässt sich weiters durch die nur Freigelassenen verliehenen *ornamenta decurionalia* auf einen *libertus* des *collegium fabrum* von Ratiaria (Moesia superior) schließen[417]. Zu diesen Notizen über *liberti* kommen noch zwei weitere den Verein der *dendrophori* betreffende Inschriften hinzu, in denen einige Personen *expressis verbis* als Freigelassene bezeichnet werden[418].

Die wohl wichtigste Quelle für Rückschlüsse auf die Deszendenz der Mitglieder stellen jedoch Alben dar. Demnach waren im Verein der *sub(a)ediani* von Virunum[419] unter den insgesamt 52 Mitgliedern größtenteils *cives Romani*: Von den 33 männlichen *collegiati* können 18 *cives Romani* und 15 *peregrini* identifiziert werden, bei den Frauen ist das Verhältnis sogar zehn zu neun. Bemerkenswert ist bei dieser Inschrift der hohe Anteil an Frauen. Sowohl einige Ehefrauen wie auch Schwestern der auf den ersten beiden Spalten genannten männlichen Vereinsmitglieder werden in zwei Extrakolumnen verzeichnet. Wie auch PICCOTTINI in der jüngsten Publikation der Inschrift betont[420], dürfte jene große Zahl von weiblichen Personen in diesem Berufs- und „Feuerwehrverein" vor allem mit den funerären Aufgaben der *subaediani*[421] in Verbindung zu bringen sein, da Frauen in dieser Art von Vereinen ansonsten kaum aufgenommen wurden. Diese Inschrift ist für sozialgeschichtliche Aspekte insbesondere der

---

[416] CIL VI 27414.
[417] CIL III 12650.
[418] Aus Pola: CIL V 82 und aus Rom: ORELLI 4412.
[419] Die Inschrift wurde teilweise wiedergegeben bei LEBER 77 und PICCOTTINI, Collegieninschriften, 27; neueste, vollständige Publikation bei PICCOTTINI, Handwerkerkollegium.
[420] PICCOTTINI, Handwerkerkollegium, 121.
[421] Vgl. zur Begräbnisausrichtung die bei PICCOTTINI, a.a.O., 121, Anm. 29 genannten Belegstellen.

vorgenommenen Eradierung von fünf der urspünglich 57 Personennamen halber interessant. Hier wurden allem Anschein nach Personen, die ihren Zahlungsverpflichtungen nicht nachkamen oder Frauen, die sich von ihren Ehemännern scheiden ließen, aus dem Verein ausgeschlossen[422]. Sklaven oder Freigelassene werden hier keine genannt.

Das zweite Album, das besprochen werden soll, ist das in zwei Spalten mit 87 männlichen Mitgliedern überlieferte Verzeichnis der *dendrophori* von Cumae[423]. Den *cognomina* nach zu schließen scheinen nur etwa acht Personen in ihren Namen ursprünglich peregrine (meist griechische) Herkunft zu verraten[424]. Was allerdings ihren Rechtsstatus betrifft, so besitzen von den 87 *collegiati* bis auf drei Personen[425] bereits alle die *tria nomina* eines *civis Romanus*, was nicht verwundert, da auch Cumae zu den mit dem Bürgerrecht ausgestatteten Städten nach dem Bundesgenossenkrieg 90/89 v. Chr. zählte. Auch die drei Personen ohne Angabe der *tria nomina* dürften bereits im Besitze des Bürgerrechts gewesen sein, da keinerlei Patronymikon auf peregrine Herkunft hinweist.

Im Zusammenhang mit den *dendrophori* als „Feuerwehrmannschaft" ist ein Name dieses Mitgliederverzeichnisses besonders auffällig: Genannt wird ein Marcus Sagarius Sedatus, dessen Name möglicherweise von einem Mantelhändler und -hersteller (*sagarius*) und weiters vom norischen Gott des Feuers, Sedatus, entlehnt ist. Hier stellt sich die Frage, ob der Gentilname und das Cognomen bewusst dahingehend gewählt wurden, die genannte Person als „Feuerwehrmann" auszuweisen. *Sagarii* waren Mantelhersteller[426], die ihre Produkte ähnlich den

---

[422] Ebd., 116.
[423] CIL X 3699.
[424] M. Herennius Zerax, C. Nautius Pyntropus, Q. Granius Chorintus, Ti. Iulius Atainopo, M. Valerius Syntropus, N. Lucius Cyricius, M. Valerius Eytyches, C. Rufus Seleucus.
[425] Longinus Iustinus, Aurelius Lucius, Samiarius Silvanus.
[426] LIEBENAM, Vereinswesen, 36.

centonarii zur Brandbekämpfung verwendet haben könnten. Das *cognomen* Sedatus dagegen lässt sich in noch geeigneterer Weise mit der Tätigkeit der „Feuerwehren" vereinbaren; Sedatus ist nämlich eine provinziale Gottheit, die mit hoher Wahrscheinlichkeit mit Vulcanus zu identifzieren ist[427]. Weiters ist dem Namensmaterial zu entnehmen, dass es sich bei diesem *collegiatus* möglicherweise um einen Freigelassenen des Vereins der *sagarii* handelt, da er einen von diesen entlehnten Gentilnamen trägt.

In einem weiteren Album desselben Vereins aus Cumae scheinen von den 19 aufgezählten Mitgliedern immerhin 16 griechische bzw. peregrine Hinweise im Namensmaterial zu haben[428]. Alle Personen werden mit ihren *nomina gentilicia* und den *cognomina* aufgelistet, sie hatten demnach bereits nach Verleihung des Bürgerrechts 90/89 v. Chr. ebenso den Status eines römischen Bürgers. Der große Anteil an orientalisch beeinflussten Personennamen ist wohl vor allem dadurch zu erklären, dass der Kult der Magna Mater seiner Natur gemäß eine große Anziehungskraft auf Personen fremdländisch-orientalischer Herkunft ausübte.

Auch beim Verein der *fabri* von Ravenna[429], das ja auch im Zuge der Bürgerrechtsverleihung an die Transpadani unter Cäsar das Bürgerrecht bekam, lassen sich nur mehr vereinzelt griechische bzw. einheimische Bestandteile nachweisen. Von den 41 männlichen Mitgliedern - acht Namen sind allerdings nicht erhalten - scheinen zumindest bei vierzehn derartige Hinweise zu bestehen[430]. Die in diesem Verzeichnis unter der Rubrik *fabri* gesondert

---

[427] J. B. KEUNE, RE II,A,1, 1921, 1010-1012, s.v. Sedatus (Nr. 4a). Vgl. zu Sedatus ILLPRON 1599.
[428] CIL X 3700: Varius Phillius, Vinnius Florus, Nulanius Herma, Mevius Heraclida, Agrius Successus, Seius [E]uhodus, Eridius Rufus, Marius Lupus, Avienus Quarte[r], Lucceius Victor, Porphirius Varus, Lucceius Aemilian[us], Lucceius Felix, Vinnius Ianuar[ius], Mammius Eucratus, Mammius Eucratianus.
[429] AE 1977, 265 A.
[430] Gabell(ius) Priscianus, Petilius Phoebus, Avidius Helico, Lucce(ius) Niceta, Ael(ius) Nimisius, Lucceiu(s) Primus, Lucc(eius) Hermonic(us), Coccei(us) Aristo, Avidius Helic(o), Barbiu(s)

eingereihten Personennamen sind höchstwahrscheinlich im Gegensatz zu den bereits erwähnten Spalten mit der Aufzählung der *plebs* (der „einfachen" Vereinsmitglieder) als die Namen der Vereinsbeamten zu betrachten.

Einen größeren Prozentsatz der Mitgliederlisten nehmen romanisierte und mit dem Bürgerrecht ausgestattete Personen auch in der testamentarischen Verfügung zugunsten der zehnten Dekurie der *fabri tign(u)arii* aus Rom[431] ein. Bei den mit exakter Angabe der *tria nomina* genannten 21 Personen kann im Namensmaterial von zehn Mitgliedern ein griechischer bzw. peregriner Einfluss festgestellt werden[432]. Nur ein einziger Name erscheint in Form von Tribus- und Filiationsangabe; es ist dies der Sohn des Inschriftsetzers, der wohl durch diese Maßnahme herausgehoben werden sollte[433].

Im *collegium centonariorum* von Flavia Solva schließlich überwiegt der Anteil an Peregrinen gegenüber den *cives Romani*[434]. Bei einer Gesamtzahl der in sieben Kolumnen verzeichneten 93 männlichen *collegiati* werden 45 *peregrini* (erkennbar am Individualnamen in Nominativ und dem *patronymicum* im Genetiv), 42 römische Bürger und sechs nicht genau identifizierbare Personen genannt. Zu den Besonderheiten dieses Mitgliederverzeichnisses zählt die Nennung der Mutter anstelle des Vaters im Genetiv bei zwei Peregrinen[435].

---

[431] Oppianus, Laepili(us) Vitalis, Opimius Onesimus, Ovinius (H)ector, Lucceius Licinius. CIL VI 9405.
[432] M. Amatius Crescens, Ti. Pomplinus Draco, T. Statilius Isochrysus, C. Procilius Saturninus, C. Petronius Celadus, Ti. Iulius Tauriscus, P. Baebius Epaphroditus, P. Licinius Agathopus, M. Vergilius Eucarpus, M. Antonius Philosterus.
[433] L(ucius) Cincius L(ucii) f(ilius) Pal(atina) Martialis.
[434] AE 1920, 69/70; AE 1966, 277; CUNTZ, Reskript, 98-114; ALFÖLDY, Collegium centonariorum; WEBER, Centonarierinschrift; ders.: RISt, 199-207, Nr. 149; MODRIJAN/WEBER, Römersteinsammlung, 40, Nr. 228; vgl. dazu S. 55 - 56.
[435] [---]itae, Potentin(us) Potentinae.

Weiters ist zu bemerken, dass bei einigen *cives Romani* das ursprünglich keltische Element auch nach der Romanisierung im Namensmaterial noch erkennbar ist[436].

Als letztes Album muss noch auf den 333 Mitglieder umfassenden *numerus caligatorum* (=*fabri tign(u)arii*) von Ostia hingewiesen werden[437]. In den 16 namentlich aufgelisteten Dekurien mit je durchschnittlich 21 *collegiati* weist noch ungefähr ein Drittel der Namen auf eine ursprünglich peregrine Abkunft jedoch mit *civitas*-Status hin. Die Namen sind durchwegs in der Form *nomen gentile* und *cognomen* angeführt. Während der Großteil der verzeichneten Personen somit freier Geburt ist, lassen sich vier als *Augustales* bezeichnete Mitglieder[438] mit großer Wahrscheinlichkeit als Freigelassene erkennen.

Aus dieser Analyse können nunmehr folgende Punkte festgehalten werden: Die Zahl der in den Vereinen inkorporierten Sklaven und Freigelassenen war sehr gering. Während für Italien, dessen Bewohner ja bereits im 1. Jahrhundert v. Chr. das Bürgerrecht bekamen, somit nur römische Bürger mit teilweise noch erkennbarem lokalen oder griechischen Namensmaterial genannt werden können, scheint es in jenen Provinzen, die noch nicht das Bürgerrecht hatten, einen großen Zustrom von *peregrini* gegeben zu haben; wenn man bedenkt, dass sich der Großteil der Provinzbewohner aus Einheimischen zusammensetzte, dann scheint ein solches Ergebnis allerdings gut nachvollziehbar.

Als alleinige Vertreter der Provinzen kann hier Noricum genannt werden, das mit seinen Mitgliederlisten von Flavia Solva und Virunum jeweils eine hohe Zahl

---

[436] Cong(ius) Cosatus, Kan(ius) Dignus, Rett(ius) Heracla, Nonius Tertullinus, Vibius Catussa, Sacr(etius) Sextus, Rutilius Rutilianus, Long(inius) Paterio, Domit(ius) Adnamatus, Iunius Paterio.

[437] CIL XIV 4569.

[438] Aus der *decuria II*: Egril(ius) Augustal(is), aus der *decuria V*: Tulli(us) Aucustal(is) (!) und aus der *decuria XIV*: Val(erius) Augustalis u. Trebon(ius) Augustal(is).

an *peregrini* aufweist. Die übrigen erhaltenen Alben von Cumae, Ravenna, Rom und Ostia enthalten naturgemäß keine *peregrini* sondern bereits *cives Romani*, wenngleich dem Namensmaterial nach gelegentlich die ursprünglich griechisch-orientalische Provenienz nicht zu verleugnen ist.

Frauen waren als Mitglieder der „Feuerwehren" zugelassen, wie es das Beispiel der *subaediani* von Virunum zeigt. Ihr Zuständigkeitsbereich dürfte sich aber auf eine passive Mitgliedschaft beschränkt haben. Als Mitglieder, die den Verein mit ihren finanziellen Beiträgen förderten, nahmen sie wahrscheinlich an den Zeremonien teil und konnten sich auch im Falle ihres Todes eine entsprechende Begräbnisausrichtung erwarten. Ansonsten sind Frauen jedoch nur noch gelegentlich beim Abschluss eines Patronatsverhältnisses mit den „Feuerwehren" zu finden[439].

Bei einem Vergleich mit den übrigen Vereinen lässt sich erkennen, dass es nicht allzu viele Unterschiede gibt. Als generelles Merkmal ist auch hier die Tatsache zu werten, dass bei einem Großteil der Vereine die Zusammensetzung der Vereinsmitglieder keinerlei Homogenität aufweist. Es konnten sowohl *cives Romani, peregrini, liberti* wie auch *servi* aufgenommen werden[440]. Allerdings ist ähnlich wie beim bereits oben dargelegten Ergebnis zu den „Feuerwehren" hervorzuheben, dass die Zahl der Sklaven in den Vereinen bescheiden war. Freigelassene hingegen waren weitaus häufiger - auch als Vereinsbeamte (wie aus dem vorigen Kapitel zu Fragen der Organisation ersichtlich wurde) - in den Kollegien vertreten. Zur Verbreitung dieser beiden sozialen Gruppierungen ist zu sagen, dass ihr Auftreten dem jeweiligen sozialen Umfeld angepasst war. Das

---

[439] Frauen sind auch in den übrigen Vereinen nur selten zu finden. Allein in religiösen *collegia* waren sie häufiger inkorporiert; vgl. AUSBÜTTEL, Vereine, 42 und Anm. 52 u. 53.
[440] AUSBÜTTEL, Vereine, 37.

heißt, dass in Gebieten mit einem stärkeren Anteil an Sklaven und Freigelassenen auch die Zahl der dort inkorporierten *liberti* und *servi* größer war[441].

1.5.2 Der soziale Status der Mitglieder

Anhaltspunkte für eine Analyse der finanziellen Situation der Vereinsmitglieder geben ausschließlich Stiftungen von Geldbeträgen oder von einem Vereinsmitglied finanzierte Baumaßnahmen; genannt werden in diesen Inschriften besonders Ausgaben für Bauten, für eine mögliche Begräbnisausrichtung oder für festliche Anlässe. Weiters können auch Androhungen von Geldstrafen bei Zuwiderhandeln gegen eine Klausel innerhalb des Vereins dafür herangezogen werden.

Das meiste Geld davon wurde jedoch für Begräbniszwecke ausgegeben. In ungefähr zwei Drittel der Inschriften stehen somit die Geldaufwendungen mit der Begräbnisausrichtung bzw. mit der späteren Pflege des Grabes und des Andenkens an den Verstorbenen in Verbindung. Erwähnt werden im italischen Raum als kleinste Geldsumme 37½ Denare für die Feier der Totengedenktage (*parentalia*)[442] sowie Bestimmungen über den Gebrauch der jährlich abfallenden zwölfprozentigen Zinsen von einem Betrag von 50.000 Denaren (= 6.000 Denare)[443] ebenfalls für Geldspenden und gesellige Zusammenkünfte bei derlei Feierlichkeiten. Die zuletzt genannte Summe klingt zwar hoch, muss aber im allgemeinen Zusammenhang mit der wirtschaftlichen Situation der Zeit, in der die Inschrift gesetzt wurde, gesehen werden: Im Jahre 323 n. Chr., in welches Jahr

---

[441] Ebd., 40 - 41.
[442] PAIS, S.I. 181.
[443] ILS 9420.

diese Inschrift aus Feltria datiert werden kann, entsprach diese Summe nur mehr einen Bruchteil ihres früheren Wertes[444].

Als weitere Besonderheit und mit ebensolchen Deutungsschwierigkeiten können die in einer Inschrift aus der 1. Hälfte des 4. Jahrhunderts n. Chr. aus Bellunum genannten *denarium folles quingentos*[445] *ad memoriam colendam rosarum et vindemiarum* herangezogen werden. Scheint der *follis* zu Beginn des 4. Jahrhunderts n. Chr. einen Beutel mit einem Inhalt von 12.500 Denaren als Verrechnungseinheit[446] dargestellt zu haben, so ist nicht bekannt, wie die weitere Entwicklung vor sich ging, da vor allem im westlichen Teil des *Imperium Romanum* keinerlei Vergleichsmöglichkeiten existieren. Im Laufe des 4.

---

[444] Als Vergleich kann eine Weihinschrift aus Trier genannt werden, der zufolge mit den Zinsen, welche von einer Summe von 50.000 Denaren abfielen, die Instandhaltung einer Bühne sowie die Abhaltung von Spielen vorgenommen werden sollten: Katalog Trier, 72-73, Nr.126 und Tafel 38. Allerdings wird hier allem Anschein nach nur eine 5-6%ige Verzinsung anzunehmen sein; auch muss die unterschiedliche zeitliche Stellung beachtet werden: Der in der Inschrift aus Trier genannte Betrag war mit der Datierung der Inschrift in das Jahr 198 n. Chr. ungleich mehr wert als dieselbe Summe in der 1. Hälfte d. 4. Jahrhunderts n. Chr. Selbst die im Edictum Diocletiani als Baumaterial genannte *materia <a>bi<eg>nia qubitorum quinquaginta, latitudinis in quadrum qubitorum quattuor* (allem Anschein nach ein Stück Weißtanne mit einer Länge von 50 Ellen <22,18m> und einem Umfang von 4 Ellen <1,77m>) im Wert von 50.000 Denaren entsprechen in den 20er Jahren des 4. Jahrhunderts nicht mehr ihrem Wert wie zur Zeit Diokletians; vgl. LAUFFER, Preisedikt, 12, 1a.

[445] CIL V 2046.

[446] JONES, Follis, 34. Auch BAGNALL, Currency 17-18 nimmt diesen Wert für den *follis* aufgrund der Studie ägyptischer Papyri an. Doch auch er meint, dass seine weitere Geschichte Probleme bereite. Vgl. dazu auch die etwas ältere Forschung bei O. SEECK, RE VI,2, 1909, 2828-2838, s.v. follis. Vgl. weiters CRAWFORD, Finance, 586; Eine andere (ebenso nicht haltbare) Meinung ist jene von MOMMSEN, wonach der *follis* unter Diokletian 21 Denaren entsprochen habe: Vgl. MOMMSEN, Monnaie III, 168. Plausibel klingt die Erklärung von HARL, dass sein Inhalt wohl ebenso je nach Bedarf außen gekennzeichnet werden konnte: HARL, Coinage, 166. Speziell zu dieser Inschrift vgl. MROZEK, Munificentia privata, 364. Seiner Meinung nach könne der Wert des *follis* in dieser Inschrift mit 125 Denaren gleichgesetzt werden; diese Meinung ist jedoch aufgrund der oben dargelegten Argumente äußerst problematisch. Ansonsten scheint man zu Beginn des 4. Jahrhunderts n. Chr. mit 12.000 Denaren dem Höchstpreisedikt Diokletians zufolge eine Weißtanne mit den Maßen *cubitorium n(umerorum) triginta quinque, latitudinis per quadrum digitorum octoginta* (in einer Länge von 35 Ellen <15,53m> und einem Umfang von 8 *digiti* <14,8cm>) bekommen zu haben: vgl. LAUFFER, Preisedikt, 12,4.

Jahrhunderts n. Chr. scheint sowohl der Follis als auch die Verrechnungseinheit Denar einem derartigen Wertverlust ausgesetzt gewesen zu sein, dass nach einer Notiz bei Augustinus 500 *folles* gerade noch für die Erwerbung eines Kleidungsstückes ausreichten[447]. Doch auch dieser Vergleich ist recht fragwürdig, da in dieser Zeit der *follis* ebenso nur mehr eine bloße Recheneinheit dargestellt haben dürfte[448]. Ansonsten liegen die durchschnittlich im Begräbnisbereich ausgegebenen Summen bei 1.000, 2.000 und 4.000 Sesterzen[449].

Außerhalb Italiens gibt es nur für die Provinzen Dacia, Pannonia inferior und Moesia superior vermehrte Anhaltspunkte für Geldaufwendungen zur Begräbnisausrichtung[450].

Vergleicht man nun die für Italien bekannten Beträge von Löhnen und Lebenshaltungskosten mit diesen genannten Geldsummen, dann ist ersichtlich, dass die letztgenannten sehr hoch sind. Der Verdienst von *operarii* in Pompeji betrug im 1. Jahrhundert n. Chr. Brot und einen Denar[451], gelegentlich auch nur fünf Asse täglich[452]. Die für Rom geschätzten Löhne liegen ebenso im Durchschnittswert von 1,5 Denaren. Im Vergleich dazu betrugen die täglichen Unterhaltskosten in Pompeji circa acht Asse, die für Rom mindestens 3-4 Asse.

---

[447] Aug. civ. 22,8.
[448] Jones, Follis, 38.
[449] Beträge darunter (200, 800 Sesterzen) finden sich jedoch gelegentlich ebenso wie solche im Bereich von 15.000, 30.000 und 70.000 Sesterzen. Vgl. dazu die Angaben in der Tabelle 2. In mehreren Inschriften aus dem Bereich Brixia, Comum und Mediolanum (CIL V 4416, 4418, 5287, 5658, AE 1951, 94) werden weiters Geldsummen von 500 bis 2.000 Sesterzen für einen mit dem Ausdruck *tutela* bezeichneten Zweck genannt. Es wird meist betont, dass nach der Annahme der ehrenvollen Inschriftsetzung der Kostenbetrag dafür vom Geehrten zurückerstattet und eine bestimmte Summe Geldes für die *tutela* der Inschrift gestiftet wurde. Es dürfte sich wohl dabei um die Instandhaltung der Inschrift handeln. Vgl. OLD, 1996, s.v. *tutela* (Nr.5).
[450] CIL III 1504; 3583; 12650. Genannt werden Summen von 300, 400 und 2000 Denaren. Nur in einer Inschrift aus Arelate wird dann außerdem eine Geldspende von 200 Denaren für jährliche Opfer am Grab des Verstorbenen erwähnt (CIL XII 731).
[451] CIL IV 6877.
[452] CIL IV 4000. Vgl. auch MROZEK, Lohnarbeit, 111.

Schuhe kosteten 4,5 Asse und eine *tunica* je nach Qualität 6-15 Sesterzen[453]. Da für die übrigen Provinzen Zahlenangaben über Geldbeträge fast völlig fehlen, lässt sich nicht genau sagen, wie hier das Verhältnis von Verdienst und Lebenshaltungskosten zu bewerten ist. Aller Wahrscheinlichkeit halber kann jedoch angenommen werden, dass die Beträge nur geringfügig von denen aus Rom und Ostia abwichen. In einigen Fällen dürften sie etwas unter den für Italien genannten Zahlen liegen[454].

Für die Zeit Diokletians schließlich ist bekannt, dass ein unqualifizierter Arbeiter täglich einschließlich Kost 25 Denare verdiente und für eine *libra* Schweinefleisch zwölf Denare ausgeben musste[455]. Für die in den Inschriften analysierten Geldsummen bedeutet das daher, dass in etwas weniger als zwei Drittel ein Betrag über das minimale Jahreseinkommen von 365 Denaren in den ersten Jahrhunderten der Kaiserzeit genannt wird.

Aus dieser Gegenüberstellung des Einkommens einerseits und der für den Verein zur Verfügung gestellten Summen auf der anderen Seite wird ersichtlich, dass die meisten *collegiati* teilweise doch meist über ein ansehnliches Vermögen verfügt haben dürften. Auch für die übrigen Vereine lässt sich diese Situation festhalten[456]. Denn in Vereine traten in der Regel solche Personen ein, die nicht besitzlos waren und zu den ärmsten Bevölkerungsteilen zählten, sondern vielmehr recht wohlhabende Persönlichkeiten, die jedoch von der Teilnahme am politischen Leben ausgeschlossen waren. Libertine Abkunft oder doch nicht ausreichende finanzielle Mittel für eine munizipalen Karriere ließen daher Vereine als geeignet

---

[453] MROZEK, Lohnarbeit, 111.
[454] Ebd., 117: Der Verdienst eines in den dakischen Goldbergwerken angestellten Arbeiters betrug 210 Denare für ein ganzes Jahr.
[455] Ebd., 117.
[456] Vgl. dazu auch AUSBÜTTEL, Vereine, 46-48.

erscheinen, gegebenenfalls auch durch die Übernahme einer Funktion fehlenden politischen Einfluss hier geltend zu machen.

Zusammenfassend ist festzustellen, dass die *collegiati* der „Freiwilligen Feuerwehrvereine" sowohl fast zur Gänze freier Herkunft waren als auch zumeist ein ansehnliches Vermögen aufweisen konnten. Diese Tendenz lässt sich allerdings nicht nur bei den als „Feuerwehr" aktiven Assoziationen feststellen, sondern auch für die meisten übrigen Kollegien: Finanziell begüterte Personen versuchten nicht nur durch die Übernahme eines Amtes in einem Kollegium eine bedeutende Position in der Gesellschaft einzunehmen, sondern auch durch die Teilnahme als passives Vereinsmitglied.

Die meisten epigraphischen Belege sind den ersten drei nachchristlichen Jahrhunderten zuzuordnen, wobei eine exakte Datierung in den meisten Fällen nicht möglich ist. Ein weiteres Problem stellt sicherlich die Tatsache dar, dass nur - wie bereits erwähnt - aus etwas weniger als der Hälfte der Inschriften Rückschlüsse auf die soziale Stellung des Stifters gezogen werden können. Es ist somit auch möglich, dass durchaus viele Mitglieder den unteren Bevölkerungsschichten entstammten, es in den Quellen aufgrund der Belanglosigkeit der Stiftung beziehungsweise der genannten Summen nur nicht verzeichnet ist. Diese Annahme erscheint auch aufgrund der Vorstellung berechtigt, dass durch den Eintritt in einen Verein die Begräbniskosten den einzelnen Mitgliedern zumindest teilweise ersetzt wurden. Die vorliegende Analyse kann somit wohl nur eine Tendenz widerspiegeln, ohne dass eine genaue Aufschlüsselung des sozialen Umfelds der Mitglieder möglich wäre.

Institutionen zur Brandbekämpfung

Vereine (geordnet nach ihrer Bedeutung)	Britannia	Germania sup. et inf.	Belgica	Gallia Lugdunensis	Aquitania	Gallia Narbonensis	Alpes Maritimae	Hispania Tarraconensis	Hispania Baetica	Italia / Regio I	Regio II	Regio III	Regio IV	Regio V	Regio VI	Regio VII	Regio VIII	Regio IX	Regio X	Regio XI	Mauretania	Numidia	Africa Proconsularis	Noricum	Pannonia sup. et inf.	Dalmatia	Moesia sup. et inf.	Dacia	Macedonia
Fabri	2	1		2		7		3		21	2		2	5	13	4	9	5	27	8		2			9	14	6	39	
Centonarii				3		11		1	2	12			2	5	23	4	7	7	18	9	3		4	2	9	3	2	2	1
Dendrophori		2		4		4				38	2	5	5	3	2	3	5	3	8	6		6			2	1	3	2	1
Fabri (et) centonarii															3	3			19	11					8	4			
Fabri (et) dendrophori				1		1					1	1					1	1	4	1					1				
Centonarii (et) dendrophori															5		3		5									1	
Fabri, centonarii, dendrophori				3									2					1	2										
Omnia collegia/omnia corpora																		2	4				1						
Collegia																4													
Collegia III															2											1			
Collegia IIII															3										1				
Collegiati																			1	1									
Fabri tign(u)arii		5		7		9				88	1		5							1									
(Fabri) subaediani				1		1				6																			
Centonarii et subaediani									2						2														
Utric(u)larii						13									3														
Fabri et utric(u)larii				9																									
Fabri, utric(u)larii, centonarii				1		1																							
Fabri, centonarii, dendrophori, utricularii						1																		1					
Utric(u)larii, centonarii																								1					
Centonarii, fabri tign(u)arii, scabillarii															2													2	
Dolabrarii			1																										
Scalarii																													
Fabri soliarii baxiarii																													
Scabillarii										16																			
Omnia corpora, scabillarii										1																			
Subrutores cultores Silvani																													

Tab. 1 Übersicht über die Anzahl der „Feuerwehrvereine" in den Provinzen

„Freiwillige Feuerwehrvereine"

Quellenzitat	Ort	Zweck d. Stiftung	Geldbetrag
CIL III 1504	Sarmizegetusa	Für ein Begräbnis sowie für einen Grabstein	400 Denare
CIL III 3583	Aquincum	Begräbnisausrichtung	300 Denare
AE 1933, 110	Aquincum	Begräbnisausrichtung	? Denare (frgmt.)
CIL III 12650	Ratiaria	Begräbnisausrichtung	2.000 Denare
CIL V 1019	Aquileia	Wahrscheinlich für Begräbniszwecke	25 Denare; 12 ½ Denare
Pais, S.I. 181	Aquileia	Für die Feier von Totengedenktagen mit Speisungen	1.000 Denare
Pais, S.I. 194	Aquileia	Begräbnisausrichtung	500 Denare
CIL V 2046.	Bellunum	Für Totengedenktage mit Rosen- und Traubenverteilung	50.000 Denare
ILS 9420	Feltria	Für die Feier von Totengedenktagen mit Geldstiftungen	500 Sesterzen
CIL V 4416	Brixia	Instandhaltungskosten	1.000 Sesterzen
CIL V 4418	Brixia	Instandhaltungskosten	1.700 Denare; 30.000 Sesterzen
CIL V 5272	Comum	Für Totengedenktage mit Aufwendungen für Geldverteilungen und Speisen	2.000 Sesterzen
CIL V 5287	Comum	Instandhaltungskosten	1.000 Sesterzen
AE 1951, 94	Comum	Instandhaltungskosten	2.000 Sesterzen
CIL V 5658	Ager Mediolancensis	Instandhaltungskosten	1.600 Sesterzen
CIL V 5840	Mediolanum	Fragmentiert	50 Sesterzen
CIL V 7906	Caementum	Opfer und Speisungen am dies natalis des Verstorbenen	1.000 Sesterzen
Orelli 4412	Rom	Für Begräbniszwecke	10.000 Sesterzen
CIL IX 5568	Tollentinum	Speisungen für gesellige Zwecke	15.000 Sesterzen
CIL X 445	Vallis Silari Superior	Begräbnisausrichtung (?)	3 Denare, 1 Denar
CIL X 5796	Verulae	Geldspende aufgrund der Inschriftsetzung	50.000 Sesterzen
AE 1958, 119	Casamari	Fragmentiert	30.000 Sesterzen
CIL XI 126	Ravenna	Begräbnisausrichtung und weitere Pflege des Grabes	70.000 Sesterzen
CIL XI 127	Ravenna	Begräbnisausrichtung und weitere Pflege des Grabes	150.000 (?) Sesterzen
Orelli 707	Ravenna	Pflege des Grabes mit Rosen und Speisungen jedes Jahr	4.000 Sesterzen
CIL XI 1436	Pisa	Feier der parentalia und rosalia für den Verstorbenen	1.000 Sesterzen
CIL XI 5047	Mevania	Zur jährlichen Feier der parentalia am Grabe	6000 Sesterzen
CIL XI 6191	Ostra	Zur Ausschmückung des Vereinshauses	9.000 Sesterzen
CIL XI 6520	Sassina	Zur jährlichen Feier des Geburtstages am Grab	652(?) Sesterzen
CIL XI 7872	Spoletium	Fragmentiert	300 Denare und 60.0000 (?) Denare
AE 1965, 144	Alba Augusta Helviorum	Fragmentiert	200 Denare
CIL XII 731	Arelate	Für jährliche Opfer am Grab des Verstorbenen	

Tab. 2 Inschriftlich genannte Geldstiftungen einzelner „Feuerwehrvereine"

2. *Vigiles* eine „Berufsfeuerwehr"

2.1 Geschichte und Funktion

Die Institution der *vigiles* - wie sie uns in den Jahrhunderten der Kaiserzeit entgegentritt - geht auf eine von Augustus ausgehende Neuordnung des „Feuerlöschwesens" zurück[457]. Nach mehrmaligen, erfolglosen Versuchen, eine organisierte Brandbekämpfung für die Stadt Rom ins Leben zu rufen, kann ihre Einsetzung als Ergebnis einer langen Entwicklungsphase gesehen werden, die wahrscheinlich auch deshalb in dieser stufenweisen Form ausgeführt wurde, weil die Tradition und auch die althergebrachten Strukturen gewahrt werden mussten.

Zunächst wurden 22 v. Chr. die bis dahin für derlei Aufgaben zuständigen *tresviri nocturni*[458] aufgrund ihrer mangelhaften Löschmethoden von einer 600 Mann starken Schar von Staatssklaven *(familia publica)* unter dem Kommando eines Ädilen abgelöst[459]. Den Anstoß für eine derartige Reform gab wahrscheinlich der häufig vorkommende Missbrauch von Brandausbrüchen durch Privatpersonen: Zogen die einen daraus Nutzen für sich, indem sie sich mit einer Privatmannschaft am Löschen beteiligten, so versuchten andere wiederum eine persönlichen Vorteil durch den Erwerb der von den Flammen beschädigten Gebäude zu ziehen. So ist zum Beispiel von Crassus[460] überliefert, dass er sich durch die Heranziehung von über 500 handwerklich versierten Sklaven mittels des Aufkaufs von abgebranden Häusern und deren Nachbargehöften einen ansehnlichen Wohlstand erwerben konnte. Nicht minder bekannt ist die Episode

---

[457] Vgl. Zur Geschichte REYNOLDS, Vigiles, 17-29; RAMIERI, Vigili, 7-8.

[458] Vgl. u. a. REYNOLDS, Vigiles, 18-19. Diese wahrscheinlich nach der „Gallierkatastrophe" eingesetzten „Dreimänner" hatten in ihrem Dienst eine größere Zahl von Sklaven *(familia publica)*, welche *circa portas et muros* stationiert waren. Aufgrund ihrer geringen Löschmöglichkeiten und des zahlenmäßig beschränkten Personalstandes war es jedoch immer wieder notwendig, dass auch Privatpersonen aktiv an der Brandbekämpfung mithalfen.

[459] Vgl. Cass. Dio 54,2,4.

[460] Vgl. Plut. Crass. 2,5 und 34,1.

um M. Egnatius Rufus, dem es während seiner Ädilität wahrscheinlich im Jahre 22 v. Chr. durch seine privaten Aktivitäten beim Löschen gelang, solch starke Popularität beim Volk zu erzielen, dass er von diesem ohne Beachtung der vorgeschriebenen Ämterlaufbahn mit den entsprechenden Intervallen für das nächste Jahr zum Prätor gewählt wurde; in seiner gesteigerten Selbsteinschätzung bestätigt, begnügte er sich hierauf nicht mit diesen Erfolgen, sondern strebte auch noch das Konsulat ohne Einhaltung der dafür vorgesehenen Fristen an. Nach Ausbruch von Unruhen und der Partizipation an einer Verschwörung gegen Augustus konnte seine Maßlosigkeit schließlich nicht mehr länger geduldet werden und er endete durch Tod im Kerker[461].

Diesem 22 v. Chr. eingerichteten System war aufgrund der weiterhin auftretenden Mängel jedoch abermals keine langandauernde Existenz beschieden. 7 v. Chr. wurde die bereits zuvor eingesetzte *familia publica* dem Kommando der *curatores viarum* unterstellt[462]. Zwölf Jahre später war auch diese organisatorische Maßnahme überholt; nach dem Ausbruch eines verheerenden Feuers 6 n. Chr. wurde schließlich die aus 7000 Mann bestehende „Berufsfeuerwehr" der *vigiles* ins Leben gerufen[463].

Diese zahlreichen „Experimente" müssen sicherlich im Zusammenhang mit anderen Maßnahmen zur Neuorganisation des öffentlichen Lebens nach dem Ende der Bürgerkriegswirren gesehen werden: Sicherheit imperiumsweit vor Raub und Plünderungsaktionen, Ordnung und Ruhe in der Stadt selbst sowie persönliche Sicherstellung vor Proskriptionen. Das alles sollte den Anbruch eines neuen Zeitalters markieren[464]. Zudem brach gerade 6 n. Chr. der pannonische Aufstand

---

[461] E. GROAG, RE V,2, 1905, 1999-2000, s.v. Egnatius (Nr. 36). Cass. Dio 53,24,4-6. Das Jahr seiner Ädilität ist nicht genau bekannt: Das bei Cass. Dio bereits für 26 v. Chr. genannte Datum dürfte wohl zu früh sein, 21 v. Chr. - wie GROAG a.a.O. annimmt - hingegen zu spät, da ein Zusammenhang mit der von Augustus vorgenommenen Reform als sehr wahrscheinlich angesehen werden kann. Vgl. auch PIR III, ²1943, 72, s.v. Egnatius (Nr. 32), wo das Jahr 22 v. Chr. als Jahr seiner Ädilität angenommen wird.

[462] Cass. Dio 55,8,6-7.

[463] Suet. Aug. 30; Cass. Dio 55,26,4.

[464] Vgl. dazu unter anderem GIEBEL, Augustus, 40.

aus, eine Tatsache, die - wie KIENAST betont - zur möglichen Überlegung des Augustus geführt haben könnte, in einer Zeit wie dieser, als die Truppen im Donauraum konzentriert waren, die militärisch ausgerichteten Einheiten in Rom verstärken zu müssen. Freigelassene boten sich da umso eher an, als ihre Loyalität dem Kaiser gegenüber als zuverlässiger galt[465].

Entsprechend der augusteischen Machtkonzeption mit dem Versuch, traditionelle und innovative Maßnahmen unter dem Deckmantel eines restaurativen Charakters zu vereinen, und da militärische Institutionen in Rom nicht stationiert sein durften, war diese „Feuerwehrtruppe" bei ihrer Gründung nicht als militärische Einheit gedacht[466]. Ihre Aufgabe der Brandbekämpfung, für die allerdings eine militärische Untergliederung sowie Befehlsgebung notwendig waren, zeigten mit der Zeit jedoch eine deutliche Entwicklung in diese Richtung. Auch bewies die weitere Geschichte, dass es gar nicht möglich war, die *vigiles* nicht auch als militärische Einheit zu sehen: Als eines der Beispiele kann das Ereignis um Sejan 31 n. Chr. genannt werden[467]. Nach der Entdeckung der von Sejan geplanten Verschwörung wurde dieser unter dem Vorwand, die tribunizische Gewalt verliehen zu bekommen, in den Apollotempel auf dem Palatin als Sitz des Senats gelockt, dort des Verrats angeklagt und schließlich hingerichtet. Die *vigiles* selbst sollten den Tempel bewachen, während die Prätorianerkohorten, welche damals nicht ganz vertrauenswürdig waren, zu ihrem Lager zurückgeschickt wurden.

---

[465] KIENAST, Augustus, 332.

[466] Vgl. dazu KIENAST, Augustus, 126-127, der auch die geringe Stärke der Legionen und Hilfstruppen unter Augustus betont: 150.000 Legionare und eben so viele Hilfstruppen sollten den Frieden des gesamten *Imperium* erhalten. Vgl. dazu auch RAAFLAUB, Militärreformen, 262.

[467] Cass. Dio 58,9-13. Vgl. auch MEISSNER, Sejan, 10-11; diese enge Einbeziehung der *vigiles* scheint auch vor allem deswegen erfolgt zu sein, weil der bereits zu diesem Zeitpunkt als *praefectus praetorio* im Amt befindliche Q. Naevius Cordus Sutorius Macro vor seiner Prätorianerpräfektur *praefectus vigilum* war; vgl. HENNIG, Seianus, 152-156.

Die Tatsache, dass über diese „Feuerwehrtruppe" zur Zeit ihres Entstehens fast ausschließlich von späteren Autoren (z. B. Sueton, Cass. Dio) berichtet wird[468], wirft allerdings bei der Beschäftigung mit den *vigiles* der Frühzeit einige Probleme auf. Während man aus den literarischen Quellen und den zahlreichen Inschriften aus der Wende des 2. zum 3. Jahrhundert n. Chr. eine gute Einsicht in die Organisation der *vigiles* bekommt, ist den Quellen über ihre Vorgangsweise bei Bränden beinahe nichts zu entnehmen. Bis auf zwei Notizen, in denen das schnelle Herbeieilen der *vigiles* bei Küchenrauch bzw. alarmähnlichem Lärm zynisch hervorgehoben wird[469], gibt es keine Information über die praktische Seite ihrer Aktivitäten in der Brandbekämpfung. Es wird aus diesen Notizen allerdings ersichtlich, dass sie - wahrscheinlich auch ihrer zunächst ausschließlich unfreien Herkunft halber - recht abschätzig beurteilt wurden. Unterstrichen wird diese Tendenz noch durch verschiedene Namen, die man ihnen gab: In Rom wurden sie bisweilen als *sparteoli*[470] bezeichnet, in Konstantinopel dann später als *matricarii*[471]. Mit diesen beiden Benennungen, deren genaue Bedeutung nicht ganz klar ist, dürfte wohl die Tätigkeit der *vigiles* als Eimerträger (in

---

[468] Eine Ausnahme stellt Strab. 5,3,7 dar, der als Zeitgenosse berichtet.

[469] Sen. epist. 64,1; Petron. 79.

[470] Schol. Iuv. 14,305; Tert. apol. 39,15. Der Name scheint sich vom Pfriemengras (*spartum*), einer Pflanze, aus der z. B. Matten, Seile oder Taue hergestellt werden konnten, herzuleiten Vgl. GEORGES, 2743, s.v. *sparteolus, spartus* 3 und *spartum*; zur Erzeugung von Seilen aus Pfriemengras vgl. Plin. nat. 28,46. In welchem Zusammenhang dieses Gewächs von den *vigiles* verwendet wurde, ist nicht klar ersichtlich; vgl. FORCELLINI 5, 1871, 579, s.v. *sparteoli*: Mögliche Varianten sind Schuhwerk, Tunica, Seile oder Kübel aus Pfriemengras, wobei die zuletzt genannten noch mit Pech ausgestrichen werden mussten.

[471] Schol. Iul., epit. Iust. nov. 13 (23) 88. Zit. bei DU CANGE 5, 1885, 306, s.v. *matricarii*. Die exakte etymologische Erklärung dieser Bezeichnung ist nicht möglich. Vgl. die bei DU CANGE gegebenen Varianten einer eventuellen Herleitung von *materia* einerseits und zum anderen von *matricula*, einem amtlichen Verzeichnis mit der Auflistung verschiedener Dienstgrade von *vigiles*. Am wahrscheinlichsten ist die letzte Möglichkeit, wonach Listen (*matrices*, Diminutiv: *matriculae*) angelegt wurden, in denen unter anderem auch die *vigiles* dem Dienstalter entsprechend aufgereiht wurden. Diese amtlichen Listen dienten vor allem der Erhebung von Verpflegungs- und Ausrüstungsforderungen. Vgl. zu den *matrices* W. ENSSLIN, RE XIV,2,1930, 2250-2259, s.v. matricula.

Diminutivform) bzw. ebenso im pejorativ bis lächerlichen Sinne als in Listen verzeichnete Personen angesprochen worden sein.

Während - wie noch in einem eigenen Kapitel gezeigt werden soll - die meisten inschriftlichen Quellenhinweise aus der Wende des 2. zum 3. Jahrhundert n. Chr. stammen, verlieren sich die Informationen über ihre Existenz allmählich an der Wende des 3. zum 4. Jahrhundert n. Chr. Als Ursache dafür kann angenommen werden, dass es in dieser Zeit zu einer Änderung in der Organisation der „Feuerwehren" kam. Wie oben (S. 80-81; Kap. II.1.3) gezeigt werden konnte, wurden die „Feuerwehraktivitäten" nun von einzelnen *collegia* ausgeübt, und der *praefectus vigilum* hatte wahrscheinlich nur mehr juridische Kompetenzen inne[472].

Für das Verschwinden des *praefectus vigilum* schließlich gibt es kaum konkrete Hinweise[473]; auch der Vergleich mit Konstantinopel ist wenig hilfreich: Die Information, dass hier das Amt des *praefectus vigilum* 535 n. Chr. von einem *praetor plebis* (*populi*), der höchstwahrscheinlich auch „feuerwehrtechnische" Funktionen hatte, abgelöst wurde, lässt sich nicht auf Rom übertragen. Naheliegender ist es hingegen, das Ende des *praefectus vigilum* mit der Auflösung der Prätorianerpräfektur 312 n. Chr. und der Verlegung der Hauptstadt von Rom nach Konstantinopel unter Konstantin in einen chronologischen Zusammenhang zu bringen[474]. Auch die Tatsache, dass *vigiles* mit ihren Wachlokalen *(excubitoria)* in der *Notitia Urbis Romae*[475] des 4. Jahrhunderts n. Chr. noch angeführt werden, gibt uns keinen exakten Hinweis auf einen *terminus post quem* für das Ende der Existenz der *vigiles*. Die schließlich als *multiplex auxilium* bei Ammianus Marcellinus für das Jahr 363 n. Chr. angeführte „Feuerwehreinsatztruppe" bei einem Brand[476] dürfte sowohl aus den Restbeständen der *vigiles* wie auch aus den

---

[472] RAINBIRD, Vigiles, 453.

[473] Ebd., 453.

[474] Ebd., 454-456. Ebenfalls kann hierfür ein Vergleich mit der spätest möglichen Inschrift zu den *cohortes urbanae*, die ebenfalls in die Zeit des ersten Drittels des 4. Jahrhunderts fällt, herangezogen werden: vgl. S. 149, Kap. II.2.3.

[475] NORDH, Libellus; RAINBIRD, a.a.O., 455.

[476] Amm. 23,3,3.

nun verstärkt zum Löschen herangezogenen *collegia* bestanden haben[477]. Die weitere Entwicklung sah dann entsprechend der Nachricht bei Johannes Lydos[478] wahrscheinlich eine alleinige Beteiligung verschiedener *collegia* an Brandlöschungsaktionen vor. Die bei ihm genannten *collegiati*, welche bei Feuerausbrüchen zum Löschen herangezogen wurden, dürften in Analogie zu den *collegiati, qui e diversis corporibus ordinati incendiorum solent casibus subvenire* von Konstantinopel[479] nunmehr diese Aufgabe versehen haben.

Zusammenfassend kann gesagt werden, dass *vigiles* ob ihrer - zwar nach außen hin ursprünglich nicht so gedachten, aber dennoch deutlichen - militärischen Organisation in erster Linie zum Löschen von Bränden und zur Überwachung der Ruhe in Rom eingesetzt worden sein dürften; daneben darf ihr gelegentlicher und gezielter Einsatz als militärische Einheit jedoch auch nicht unterschätzt werden. Bis auf organisatorische Hinweise geben die literarischen und epigraphischen Berichte allerdings leider kaum irgendwelche Hinweise auf ihre Tätigkeitsfelder: Sie werden meist nur stichwortartig, ohne genauere Anhaltspunkte, erwähnt. Als wichtigste Quelle für diese Institution kann eine Juristenstelle[480] genannt werden, in der sämtliche Pflichten des *praefectus vigilum* aufgelistet werden. Demnach sollte dieser mit den *cohortes vigilum* die Nacht über in den Straßen patrouillieren, um so einerseits ausbrechende Brandstellen sofort unter Kontrolle bringen und im Zuge dessen auch kleinere Vergehen wie Diebstähle, fahrlässige Bauführung der Häuser, Einbrüche, Hehlerei oder Brandstiftung bestrafen zu können. Ihm stand somit die Gerichtsbarkeit über Vergehen kleineren Ausmaßes zu, wohingegen die schwerwiegenderen Fälle vor dem *praefectus urbi* abgehandelt wurden[481].

---

[477] RAINBIRD, Vigiles, 456.

[478] Lyd., Περὶ ἀρχῶν 1,50.

[479] Notia Urbis Constantinopolitanae 2,25; vgl. SABLAYROLLES, Libertinus miles, 61.

[480] Dig. 1,15,3.

[481] Zu Diebstählen und der Aburteilung durch den *praefectus vigilum* vgl. auch Dig. 47,2,57,1.

Der spärlichen Quellenlage vor allem im literarischen Bereich ist es allerdings auch zuzuschreiben, dass es an der Wende des 4. zum 5. Jahrhundert n. Chr., als die epigraphischen Quellen immer dürftiger werden, fast keine Information über ihre Weiterexistenz und ihr schließliches Ende gibt. Man ist größtenteils auf mögliche Zusammenhänge mit anderen Gegebenheiten dieser Zeit angewiesen, sodass die Aufgabe der Brandbekämpfung höchstwahrscheinlich im späten 4. Jahrhundert n. Chr. von den *vigiles* auf einzelne *collegiati* überging.

2.2 Regionale Verbreitung

Wie aus dem vorigen Kapitel ersichtlich wurde, gab es in Rom seit augusteischer Zeit sieben *cohortes vigilum*, von denen jeweils eine für zwei der vierzehn Regionen zuständig war. Von hier aus wurde einige Jahrzehnte später auch ein Detachement nach Ostia bzw. Portus verlegt, wo Überreste von Kasernen deren Präsenz evident werden lassen.

Zusätzlich zu diesen Hinweisen auf das Vorkommen von *vigiles* können allerdings weitere Indizien genannt werden, welche auf ein mögliches Vorhandensein solcher Einheiten auch in anderen Regionen schließen lassen. Denn neben Konstantinopel, das hier aufgrund seiner andersartigen und späteren Zeitstellung nicht näher besprochen werden soll, lassen sich Einheiten von *vigiles* in Nimes wie auch in Oberitalien feststellen. Wenngleich aus den als Quelle dafür in Frage kommenden Inschriften meist keine dahinterstehende Organisation ersichtlich wird, kann doch als Beleg für eine eigenständige Institution vor allem Nimes mit insgesamt dreizehn epigraphischen Erwähnungen eines *praefectus vigilum* herangezogen werden.

2.2.1 *Vigiles* in Rom

In Rom können *vigiles* vor allem anhand von archäologischen und epigraphischen Überresten einzelnen „Feuerwehrkasernen" zugeordnet werden. Es sind darunter Kasernen zu unterscheiden, welche den Mannschaften Wohnmöglichkeit für die gesamte Dauer ihres Dienstverhältnisses boten (Hauptkasernen, *castra* oder mit einer aus dem 16. Jahrhundert stammenden Begriffsbezeichnung *stationes*[482] genannt) und solche, die als kurze Aufenthaltsorte während der Patrouillen oder zur Aufbewahrung der Löschgeräte dienten; sie wurden als Wachlokale oder *excubitoria* bezeichnet[483].

Insgesamt gab es in Rom sieben Hauptkasernen, von denen jeweils eine für zwei benachbarte Regionen gedacht war, und vielleicht ebenso viele *excubitoria*[484]. Da sowohl die Archäologie als auch die Epigraphik es völlig offen lassen, ob je ein *excubitorium* für zwei Regionen zuständig war oder ob es in jeder der vierzehn Regionen ein eigenes Wachlokal gab, lässt sich das Problem der Lokalzuweisung allerdings nicht beantworten. Es bleibt weiterhin ungewiss, ob sieben oder vierzehn Wachlokale als kurzfristige Aufenthaltsorte dienten.

So ist auch die Quellenlage zur Lokalisierung der einzelnen Lager insgesamt sehr dürftig, sodass oft auf Vermutungen und indirekte Schlussfolgerungen zurückgegriffen werden muss. Abgesehen von einigen gut erhaltenen Überresten (wie jene zum *excubitorium* im Stadtteil Trastevere von Rom) beruhen die meisten Zuweisungen von Standorten entweder auf Inschriftfunde, kurze Erwähnungen bei Juristen oder auf einem aus dem 4. Jahrhundert n. Chr. stammenden Regionenverzeichnis[485]. Daher ist von den insgesamt sieben *stationes* und möglicherweise ebenso vielen *excubitoria* nur die *statio* der *cohors V* sowie das *excubitorium* der *cohors VII* mit Sicherheit zu lokalisieren[486].

---

[482] RAINBIRD, Vigiles, 302.

[483] Vgl. dazu: RAINBIRD, Vigiles, 302. Diese Bezeichnung wird in dem durch NORDH, Libellus, 105 publizierten Regionenverzeichis evident.

[484] REYNOLDS, Vigiles, 43 u. 59 meint, dass es insgesamt 14 *excubitoria* gab (je eines mit der Zuständigkeit für eine Region). In der Forschung herrscht über die Anzahl der Wachlokale Uneinigkeit. Meist wird jedoch jener Ansicht, wonach bloß sieben Wachlokale existierten, der Vorzug gegeben. Vgl. HOMO, Rome imperial, 188; vgl. auch LTUR, 292-294, s.v. *cohortium vigilum stationes*; RAMIERI, Vigili, 18.

[485] Vgl. dazu Anm. 484.

[486] Vgl. zur Lokalisierung SABLAYROLLES, Libertinus miles, 245-273, wobei die Lokalisierung der meisten Niederlassungen nicht gesichert ist - entgegen der Ansicht von SABLAYROLLES.

Castra (Hauptkasernen)

Bei einer Studie der *castra* ist zunächst als Problem zu erwähnen, dass für das ganze erste Jahrhundert des Bestehens der *vigiles* nichts über ihre Unterkunft zu erfahren ist. Quellenhinweise existieren erst ab dem 2. Jahrhundert n. Chr., wodurch die Frage nach ihrer ursprünglichen Behausung bis jetzt nur anhand von Hypothesen beantwortet werden konnte. Es lässt sich die Frage stellen, ob diese *castra* aus Privathäusern umgebaut oder gleich zu Beginn ihrer Existenz als Kaserne eingerichtet wurden. Da in den meisten Fällen von den Kasernen keine Überreste erhalten sind, und man bei der Erforschung ihrer Standorte gegebenenfalls allein auf eine vermehrte Anhäufung von Inschriften mit der Nennung von *vigiles* angewiesen ist, lassen sich nur wenig Anhaltspunkte für deren Aussehen geben.

Zu den anhand einiger Inschriften identifizierten Kasernen zählt zunächst jene der ersten Kohorte unter dem Palazzo Muti, östlich von S. Marcello al Corso (*regio* VII)[487]. Zugewiesen wird dieser Platz den „Feuerwehrkasernen" durch fünf Inschriftfunde,[488] in denen unter anderem einige Funktionsträger der *cohors I vigilum* genannt werden. Aufgrund der Erwähnung eines *praefectus vigilum* in einer der Inschriften[489] wurde in weiterer Folge der Hauptsitz der *vigiles* mit dem vermuteten Platz in Verbindung gebracht. Nach der Veröffentlichung des Severianischen Marmorplanes von Rom wurde zunächst ein Gebäude als *statio* der ersten Kohorte bezeichnet, welches GATTI 1934 allerdings als Horrea Galbana deutete[490]. Nunmehr bezieht man sich bei der Zuweisung eines Standortes nur auf die bereits oben erwähnten Inschriftfunde.

Übrige Inschriften, deren Herkunft nicht genau geklärt ist, sowie Überreste von Gebäudeteilen auf dem Areal des Palazzo Muti, lassen sich nicht mit Bestimmtheit

---

[487] Siehe Abb. 27 bei RAINBIRD, Vigiles.

[488] CIL VI 233; 1092; 1226; 1056; 1157.

[489] CIL VI 233.

[490] Vgl. dazu RAINBIRD, Vigiles, 305.

der ersten Kohorte zuordnen[491]. Eine exakte Lokalisierung der „Feuerwehrkaserne" dieser Kohorte ist somit unmöglich.

Ähnlich verhält es sich mit der Kaserne der zweiten Kohorte. Von archäologischen Überresten ist nichts mehr zu sehen, die Zuweisung eines Standortes südöstlich der Piazza Vittorio Emanuele (*regio* V) basiert allein auf der Auffindung dreier Inschriften[492].

Gänzlich unbekannt, ohne dass sich ein ungefährer Standplatz aufzeigen ließe, bleibt die *statio* der dritten Kohorte[493]. 1873 wurde im Bereich der Diokletiansthermen (*regio* VI) eine Inschrift gefunden, die möglicherweise mit der Existenz eines *excubitorium* in Verbindung zu bringen ist[494].

Für die Kaserne der vierten Kohorte hingegen scheint eine Lokalisierung westlich von S. Saba auf dem Aventin (*regio* XII) mit hoher Wahrscheinlichkeit ausgewiesen[495]. Als Indizien für eine derartige Festlegung können wiederum Inschriftfunde[496] herangezogen werden. Eine Inschrift[497] wurde auch im Areal der nahegelegenen Kirche S. Alessio entdeckt. Jedoch konnten Grabungsarbeiten unter der Kirche S. Saba zu Beginn unseres Jahrhunderts keine weiteren Aufschlüsse über die exakte Lage einer „Feuerwehrkaserne" geben. Durch zusätzliche Funde beachtlicher Travertinblöcke, die auf eine *statio* in frühkaiserlicher Zeit hinweisen könnten, lässt sich jedoch möglicherweise jene Kaserne dort vermuten.

Etwas gesicherten Boden betritt man mit der Lokalisierung der „Feuerwehrkaserne" der fünften Kohorte. Nicht nur, dass vier Inschriften[498] eine

---

[491] Ebd., 307-308.
[492] CIL VI 1059n.; und 414a und b.
[493] Vgl. RAINBIRD, Vigiles, 310-311.
[494] CIL VI 31320.
[495] RAINBIRD, Vigiles, 311.
[496] CIL VI 219; 220; 1055.
[497] CIL VI 643.
[498] CIL VI 221; 222; 1057; 1058.

ungefähre Kasernenzuweisung auf dem Caelius in der Nähe von Sto. Stefano Rotondo (*regio II*) annehmen lassen, auch der archäologische Grabungsbefund brachte einige Hinweise zutage. Ein erster Versuch einer Beschreibung stammt bereits aus der Mitte des 16. Jahrhunderts, wobei man allerdings erst später erkannte, dass jene *statio* an einem anderen Ort gelegen sein müsse. Das vermeintlich als „Feuerwehrkaserne" erkannte Gebilde war wahrscheinlich nur das *Macellum Magnum*.

★ Kasernen, die aufgrund archäologischer Funde zugeordnet werden

✳ Kasernen, die aufgrund epigraphischer Funde zugeordnet werden

☆ Nur hypothetische Zuordnung

· Vereinzelte epigraphische Funde

Abb. 7 Verteilung der einzelnen Kasernen auf die Regionen

Die frühesten tatsächlichen Berichte über die *statio* stammen erst von KELLERMANN und COLINI aus dem 19. und beginnenden 20. Jahrhundert[499]. Man stützte sich hierbei auf Manuskripte und Profile, die von COLINI in der *Biblioteca del Reale Istituto di Archeologia e Storia dell'Arte* aufgefunden wurden. Zudem wurde 1931 bei einer weiteren Ausgrabung ein Raum entdeckt, der möglicherweise mit der Kaserne in Verbindung zu bringen ist[500].

Von der sechsten Kohorte wiederum ist nur wenig bekannt. Der allgemeinen Verteilung der Kasernen entsprechend wäre jene am *Forum Romanum* zu lokalisieren (*regio VIII*). Zwischen dem Cäsartempel und dem Tempel des Antoninus und der Faustina konnte allerdings lediglich eine Inschrift mit der Nennung eines *subpraefectus* und einer nicht näher bezeichneten Kohorte[501] gefunden werden, was aber nicht unbedingt auf eine Kaserne schließen lassen muss[502].

Während von der Hauptkaserne der siebenten Kohorte nichts bekannt ist, stellt ihr *excubitorium* (Wachlokal) das einzige lokalisierte und identifizierte Gebäude dieser Art dar. Von allen Wachlokalen ist - wie bereits erwähnt - nur dieses eine in Trastevere bekannt, auf das wegen seiner bemerkenswerten Ausstattung mit Graffiti und wegen seiner archtitektonischen Besonderheiten im folgenden Abschnitt eingegangen werden soll.

<u>Das *excubitorium* der siebenten Kohorte der *vigiles* in Trastevere</u>

1866 wurde auf der *Piazza di Montefiore*, an der Ecke der *Via di Montefiore* und der *Via della VII Coorte* in der Nähe des *Viale Trastevere* mit der Ausgrabung

---

[499] RAINBIRD, Vigiles, 313.
[500] Ebd., 313.
[501] CIL VI 3909.
[502] RAINBIRD, Vigiles, 315.

eines kaiserzeitlichen Gebäudes begonnen, dessen Funktion sich aufgrund der zahlreichen Graffiti als *excubitorium* der *cohors VII vigilum* herausstellte[503].

Obwohl der eigentliche Grund zur Grabungseröffnung durch Giuseppe Gagliardi und Antonio Ciocci in der Hoffnung auf weitere Funde von Bronzestatuen und anderen Skulpturen in Trastevere lag, konnte man mit dem getätigten Fund zufrieden sein. Acht Meter unter dem heutigen Niveau kamen mehrere Räume zutage, von denen das Atrium mit einem Mosaikboden ausgelegt war und ein hexagonales Becken aufwies. Die anderen Räumlichkeiten waren östlich und nördlich davon angeordnet. Da heute nur mehr relativ wenig von den einzelnen Architekturteilen zu sehen ist, bereitet es einige Schwierigkeiten, sich die wahren Dimensionen und das ursprüngliche Aussehen der Anlage vorzustellen (vgl. Abb. 8). Im Zuge von Bauarbeiten zur Öffnung des *Viale Trastevere* wurde das Gebäude in die benachbarten Häuser eingepasst, sodass sich heute nur mehr einige Reste der Wände, Ansätze von Räumlichkeiten, das hexagonale Becken, sowie eine Nische, die früher mit Fresken ausgestattet war, erhalten sind. Die Wände waren mit Dipinti und Graffiti[504], von denen leider nur Abschriften aus dem Ende des 19. Jahrhunderts existieren, versehen.

Unmittelbar nach der Ausgrabung wurde das Gebäude sich selbst überlassen, es verfiel zusehends, wobei der Zweite Weltkrieg das Übrige dazu beitrug. Erst 1966 begann man mit Restaurierungsarbeiten, die bis 1986 dauerten.

Der gesamte Gebäudekomplex ist heute unterirdisch mit Genehmigung der *Soprintendenza Archeologica di Roma* zugänglich, doch lässt sich nur mehr wenig von seinem einstigen eindrucksvollen Aussehen erahnen.

---

[503] COARELLI, Rom, 316; RAMIERI, Vigili, 21-26; CAGNAT, DS V, 1919, 868-869, s.v. vigiles; HENZEN, Settima coorte, 8-12; VISCONTI, Coorte VII; NASH, Bildlexikon I, 266-267; MANCINI, Vigili, 544.

[504] HENZEN, Iscrizioni graffite; CAPANNARI, Vigili sebaciari; CANTARELLI, emitularius; CIL VI 2998-3091.

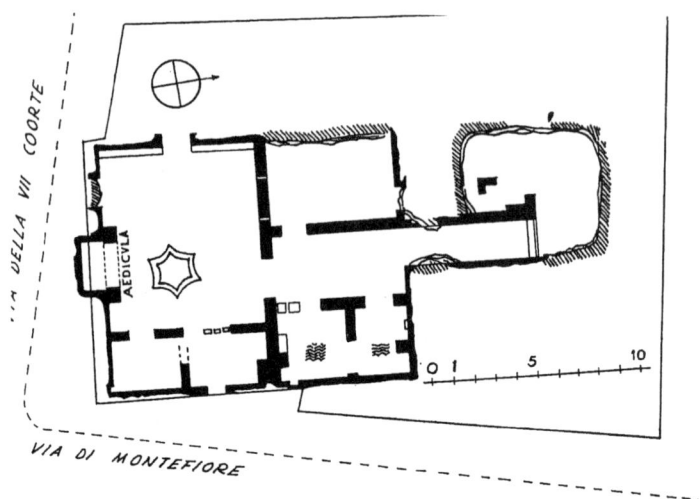

Abb. 8 Plan des *excubitorium*

Besondere Aufmerksamkeit zog die in die Südwand eingearbeitete Nische (*aedicula*) mit ihrer rechteckigen architektonischen Ausgestaltung, einem gebogenen Eingang, zwei korinthischen Pilastern und einem Giebel auf sich (vgl. Abb. 9)[505].

Auf die Funktion dieses kapellenartigen Gebildes wiesen Graffiti wie auch Fresken[506] hin. Während die Graffiti gänzlich verschwunden sind, haben sich von der Wandmalerei noch geringe Reste im Bereich des Nischenbogens sowie in einem weiteren Torbogen im Korridor erhalten. Genannt und dargestellt wurde unter anderem der *genius* des *excubitorium*, der wahrscheinlich als eine Art Schutzgottheit von den *vigiles* verehrt wurde.

Der große meist als Atrium bezeichnete Raum davor war mit einem Mosaikfußboden ausgestattet, der Meeres- und Phantasietiere zeigte, im Laufe des

---

[505] RAMIERI, Vigili, 24, Abb. 9.
[506] Ebd., 25-26; Abb. 10 und 11; WIRTH, Römische Wandmalerei, 131-133, Abb. 33.

Zweiten Weltkriegs allerdings gänzlich verloren ging. Im westlich gelegenen Raum wollte man ein Bad sehen, wohingegen die Funktion der gegenüber liegenden Räume im Osten nicht bekannt ist. Ein korridorartiger Raum führt dann noch in Richtung Norden zu einem wohl als Magazin zu interpretierenden Bereich.

Abb. 9 *Aedicula*

Interessant und für die Organisation der *vigiles* von besonderer Bedeutung sind die in die Wände eingeritzten Graffiti[507]. Von den insgesamt 97 Inschriften ist -

---

[507] CIL VI 2998-3091; CAPANNARI, Vigili sebaciari, 268-269, Nr. 4, 5, 6; HENZEN, Iscrizioni graffite, 127-163; ders., Settima coorte, 13-30. Zu den Graffiti von Rom und Ostia in einer neueren Publikation vgl. SOLIN, Graffiti parietali, 201- 208.

wie bereits oben erwähnt - heute leider nichts mehr erhalten. Von einigen dieser Wandinschriften existieren jedoch glücklicherweise neben den genannten Abschriften auch Photographien, die für eine Ausstellung der *British and American Archaeological Society* 1870 in Rom angefertigt wurden. Ein paar Negative davon finden sich heute sogar noch in der British School at Rome[508]. Angebracht waren diese Graffiti an den Wänden des *atrium* und der *aedicula*, in die sie wahrscheinlich während der dienstfreien Zeit eingeritzt wurden. Einige von ihnen sind mittels Konsulangaben genau zu datieren, wodurch für ihre Abfassung eine Zeitspanne von 215 - 245 n. Chr. gegeben ist.

Besondere Beachtung verdienen die nur in diesen Graffiti erwähnten Dienstgrade eines *sebaciarius* sowie eines *emitul(i)arius* für Chargen der *vigiles*. Bei beiden Begriffen gibt es Probleme bei einer exakten Interpretation, sodass eine solche bis jetzt nicht gegeben werden konnte. Während jedoch in fast allen diesen Inschriften *sebaciarii* genannt werden, scheint die Bezeichnung des *emitul(i)arius* nur zweimal auf[509]. Die Funktion des *sebaciarius*, für welche es verschiedene Schreibvarianten gibt,[510] wird für gewöhnlich mit dem Begriff *sebum* oder *sevum* für Talg in Zusammenhang gebracht[511]. Allem Anschein nach lässt sich die Tätigkeit der *sebaciarii* deswegen auch mit der Beleuchtung assoziieren[512]. Die Interpretationen in der Forschung fallen jedoch recht unterschiedlich aus: Zum einen könnte mit dem Ausdruck *sebaciaria facere* die

---

[508] PARKER, Catalogue.

[509] CIL VI 3057, 3076.

[510] *Sebaciarius*: CIL VI 3006; 3007; 3013; 3044 (?); 3045; 3047; 3048; 3049; 3053; 3083; *sebaciaria fecit*: CIL VI 2998; 2999; 3000; 3001; 3002; 3003; 3004; 3005; 3009; 3010; 3011; 3012; 3014; 3015; 3020; 3028; 3032; 3038; 3039; 3044 (?); 3046; 3054; 3055; 3056; 3057; 3058; 3060; 3064; 3065; 3067; 3068; 3069; 3076; 3078; 3080; 3081; 3084; 3087; φηκι σεβακιαρια: CIL VI 3008; 3050; *cebaciaria fecit*: CIL VI 3023; *sebaccharia fecit*: CIL VI 3029; *sebacia fecit* bzw. *fecissem*: CIL VI 3063; 3041; *sebarius perfecit*: CIL VI 3046; *sevaciaria fecit*: CIL VI 3062; *sebecaria fecit*:CIL VI 3066; *sebaccciaria feci*: CIL VI 3075; *sibaciarius*: CIL VI 3077; *sevacia fecit*: CIL VI 3079.

[511] RAMIERI, Vigili, 11.

[512] MANCINI, Vigili, 539.

nächtliche Begleitung der *vigiles* von eigenen Fackelträgern (*sebaciarii*) zur Beleuchtung der Straßen gemeint sein; andererseits besteht jedoch auch die Möglichkeit, dass die nächtlichen Patrouillen der *vigiles* selbst als *sebaciaria* bezeichnet wurden[513].

Eine erhöhte Gefahr bedeutete in den Nächten sicherlich die nur ungenügende Beleuchtung der Straßen. Konnte man es sich leisten, engagierte man einen Sklaven, der die Begleitung mit Hilfe einer Lampe bzw. einer Fackel übernehmen musste[514]. Da es ab der Zeit des Alexander Severus bereits eine nächtliche Beleuchtung für den Besuch der Thermen gab[515] und unter Caracalla die Thermen auch nachts geöffnet werden sollten, waren die *sebaciarii* einer anderen Theorie zufolge generell für die 210 - 215 n. Chr. eingerichtete öffentliche Beleuchtung zuständig[516]. Zudem kann das erste Graffito mit der Erwähnung eines *sebaciarius* in das Jahr 215 n. Chr. datiert werden.

Aus den Graffiti selbst ist jedoch nur ersichtlich, dass ein *sebaciarius* jeweils für einen Monat im Amt war, wonach er entsprechend dem Turnus abgelöst wurde[517]. Weiters lässt sich, obgleich einige der Inschriften Verständnisprobleme aufweisen, da sie teilweise sehr fragmentiert sind, aus ihnen der Grundton heraushören, dass die betreffenden Personen nach Ableistung ihrer einmonatigen Dienstzeit froh über deren Ende waren. Es war dabei wahrscheinlich gar nicht die Art der Arbeit, die ihnen zu schaffen machte, sondern vielmehr die Gefahr, auf den nächtlichen Rundgängen einem Diebstahl oder gar einem Mord zum Opfer zu

---

[513] RAMIERI, Vigili, 11; Zur Forschungsgeschichte vgl. CAPANNARI, Vigili sebaciari, 251-253: Nach VISCONTI, dem Ausgräber des *excubitorium*, waren *sebaciarii* für die öffentliche Beleuchtung an Festtagen mittels Fackeln oder Kerzen zuständig. Vertrat HENZEN zunächst auch diese Meinung, so änderte er sie bald dahingehend, dass *sebaciarii* den *vigiles* beigegebene Dienstposten für die Beleuchtung bei den nächtlichen Patrouillen waren. Die Ansicht, wonach mit diesem Ausdruck die nächtlichen Patrouillen selbst gemeint seien, stammt von DESJARDINS.

[514] Mart. 8,75,6.

[515] Hist. Aug., Alex. 24.

[516] RAMIERI, Vigili, 11.

[517] Vgl. etwa: CIL VI 2998: *[---]purius Victor / sebaciaria fecit m(ense) / Febr(uario) I[---]*; Ausnahme (?): CIL VI 3055, in welcher Inschrift ein *sebaciarius* zwei Jahre lang im Amt war.

fallen. So finden sich in den Graffiti Äußerungen wie *omnia tuta, feliciter* oder *sine querella*[518]. Aufgrund der Häufigkeit solcher Erwähnungen ist anzunehmen, dass eine komplikationslose Absolvierung der einmonatigen Dienstzeit eher die Ausnahme als die Regel bildete.

Zum Beispiel lässt sich aus einem Graffito mit der Formulierung *Felix f(ecit) s(ebaciaria), Caecilius Felix sebarius (!) perfecit*[519] möglicherweise schließen, dass Caecilius Felix den Monatsdienst seines Kameraden vollendete, da dieser vorzeitig aus dem Amt schied. Auch legen immer wieder Danksagungen an die Kollegen, an den *genius* des *excubitorium* sowie an den *emituliarius*[520], von dem noch weiter unten gesprochen werden soll, die Vermutung nahe, dass das Amt eines *sebaciarius* mit einigen Gefahren verbunden war.

Die *sebaciarii* waren Mitglieder der *cohortes vigilum* und werden in den Inschriften meist als *milites cohortis VII* bezeichnet[521]. Da einige Graffiti darauf hinweisen, dass sie verschiedenen Abteilungen oder auch Personen innerhalb der *vigiles* zugeordnet waren,[522] scheinen sie eher als Fackelträger im Zusammenhang mit der „Feuerwehr" zu interpretieren zu sein, als dass sie für die öffentliche Beleuchtung zuständig gewesen wären.

In zwei Inschriften wird der nun schon öfter genannte *emitul(i)arius* als Gehilfe des *sebaciarius* bezeichnet[523]. Die eine datiert aus dem Jahre 219 n. Chr. und nennt die oben erwähnte Danksagung des *sebaciarius* an den *emitul(i)arius*; in der zweiten aus dem Jahre 226 oder 229 n. Chr. hingegen wird das Verhältnis zum *emitul(i)arius* mit *salvo emitul(i)ario* ausgedrückt, was mit einer *ablativus absolutus* - Konstruktion als „indem der *emituliarius* unversehrt blieb" übersetzt

---

[518] CIL VI 2998, 3008, 3015, 3028, 3029, 3053, 3056, 3001, 3012, 3076.

[519] CIL VI 3046.

[520] Vgl. CIL VI 3010, 3033, 3057, 3076.

[521] CIL VI 2999, 3005, 3021, 3028, 3057, 3060, 3068.

[522] In CIL VI 3033 scheint er dem *tesserarius* zugeteilt zu sein, in CIL VI 3047-3049 ist er entweder als *sebaciarius* einer *centuria* zugeordnet oder als einfaches Mitglied der *centuria* zugehörig.

[523] CIL VI 3057, 3076.

werden könnte⁵²⁴. Die Gefahr, die diese Tätigkeit in sich barg, ist auch hier ersichtlich.

Über den exakten Aufgabenbereich des *emitul(i)arius* herrscht in der Forschung allerdings ebenfalls Uneinigkeit. Das Wort ist ein *hapax legomenon*, das verschieden interpretiert werden kann. Die am häufigsten vertretene Auffassung ist jene, wonach sich dieser *terminus* aus *hama* und *tulo* (der Wurzel von *fero*) zusammensetze und *Wasserträger* bedeute⁵²⁵. Als Kamerad des *sebaciarius* begleitete er diesen möglicherweise auf seinen Patrouillen und konnte im Brandfalle schnell mit seinen Wasserkübeln hilfreich tätig sein.

Instruktiv sind diese Graffiti an den Wänden des *excubitorium* jedoch nicht nur deswegen, weil sie Auskunft über organisatorische Belange der *vigiles* geben, sondern auch aufgrund der kaiserlichen Beinamen der *cohors VII*. Jene Namen wie *Severiana*, *Antoniniana* und *Mamiana* lassen wohl auf eine besondere Förderung der *vigiles* durch einige Personen aus dem Herrscherhaus wie Septimius Severus, Caracalla und Iulia Mamea schließen⁵²⁶. In das 3. Jahrhundert n. Chr., worauf die kaiserlichen Beinamen hinweisen, passen auch die Funde

---

⁵²⁴ KLOTZ 1221-1222, s.v. salvus.

⁵²⁵ Vgl. zur Forschungsgeschichte CANTARELLI, *Emitularius*, 77-89: DE-VIT meinte, dass der Ausdruck *emitul(i)arius* aus *hama>ama>ema + tulo* (von *fero*) entstanden sei. Nach der Meinung LOEWES hätte der *emituliarius* die Aufgabe erfüllt, Kissen bereitzustellen, damit vom Feuer gefährdete Personen in diese springen könnten. Nach NOCELLA wäre statt *emitularius f(aber) mitularius* zu lesen; er wäre für die Herstellung von Konsolen und Tragflächen zur Aufstellung und Anbringung von Fackeln und Lampen zuständig gewesen. CANTARELLI wiederum dachte, dass der *emitularius* als *hemitularius* zu interpretieren sei. Er wäre die andere Hälfte (vom griech. ἥμισυς> latein. *semi*) des *sebaciarius*. Zu diesem Wortteil sei dann noch eine grammatikalische Form von *fero* zu ergänzen. In Anlehnung an die Meinung DESJARDINS sieht er damit im *emitul(i)arius* keinen konkreten Funktionsträger für ein Gerät, das innerhalb der „Feuerwehr" Verwendung gefunden hätte, sondern einen abstrakten Begriff zur Bezeichnung eines *vigilis*, der dem *sebaciarius* im jeweiligen Monat die Hälfte seiner Arbeit abnahm. Vgl. auch LUGLI, DE, 1922, 2195, s.v. emitul(i)arius.

⁵²⁶ *Severiana*: CIL VI 2998; 3000; 3001; 3004; 3005; 3008; 3021; 3032; 3034; 3050; *Antoniniana*: CIL VI 2999; 3002; 3057; 3060; 3065; 3079; *Mamiana*: CIL VI 3008; *Alexandriana*: CIL VI 3008; *Philippiana*: CIL VI 3028; *Neronianis*: CIL VI 3052; Gordiana: CIL VI 3081; 3087, 3038. Der Beiname Neros in einer der Inschriften war wahrscheinlich ein Relikt aus früherer Zeit.

einiger Büsten[527]. In einer ließ sich Alexander Severus erkennen, wohingegen eine mit verhülltem Kopf dargestellte Frauengestalt nicht zugeordnet werden kann.

Sowohl der Stil der Wandmalerei wie auch die Inschriften und sonstigen Fundobjekte weisen auf eine Datierung des *excubitorium* in die Zeit ab dem beginnenden 3. Jahrhundert n. Chr. hin[528]. Aufgrund des Fundes von Mauerresten eines früheren Gebäudes im südlichen Bereich der Anlage lässt sich mit großer Wahrscheinlichkeit die Umwandlung eines Privathauses in eine Wachstation für die *vigiles* Ende des 2. Jahrhunderts n. Chr. nahelegen[529]. Ein genaues Datum für die Übernahme des Gebäudekomplexes durch die *vigiles* ist jedoch nicht feststellbar. Einen *terminus post quem* für eine mögliche Übernahme bzw. eine Restaurierung der Anlage bieten lediglich die erwähnten Graffiti mit der Datierung in die erste Hälfte des 3. Jahrhunderts. Ansonsten lassen Mauerreste aus späterer Zeit im nördlichen Teil der Anlage vielleicht noch eine Weiterbenutzung des Wohnkomplexes im Mittelalter erahnen[530].

Das Gebäude diente den *vigiles* als Aufenthaltsort für die Zeit, in der sie nicht im Dienst waren. In dieser Zeit wurden auch an den Wänden zahlreiche Graffiti mit der Rangbezeichnung der Dienstposten sowie mit den kaiserlichen Beinamen der Kohorten angebracht. Die Fundgegenstände aus dem *excubitorium* selbst stehen bis auf eine Bronzefackel (Abb. 10) mit der Funktion des *excubitorium* nicht im Zusammenhang.

Ist das Gebäude an und für sich schon aufgrund seines zur Zeit der Ausgrabung Ende des vorigen Jahrhunderts guten Erhaltungszustandes bemerkenswert, so verdient es auch seiner Graffiti wegen Beachtung. Genannt werden zwei sonst weder in den Inschriften auf Stein noch in den *latercula* zu den *vigiles* erwähnte Funktionsträger, deren Aufgabe wahrscheinlich mit der nächtlichen Beleuchtung für die Kontrollgänge im Zusammenhang steht.

---

[527] RAMIERI, Vigili, 25.

[528] Ebd., 23.

[529] Ebd., 21.

[530] RAINBIRD, Vigiles, 318.

Vigiles eine „Berufsfeuerwehr"

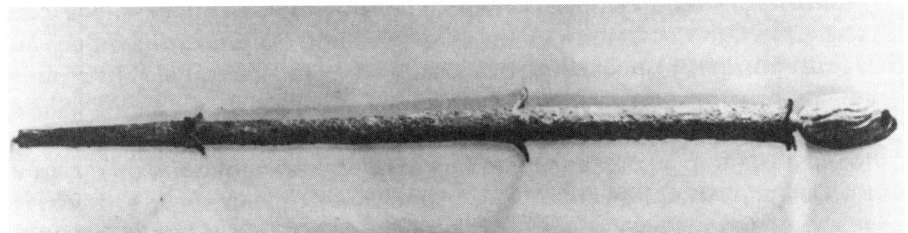

Abb. 10 Bronzefackel

Die Anlage bietet mit ihrer architektonischen und ornamentalen Ausgestaltung ein anschauliches Zeugnis für das Alltagsleben wie auch für die öffentliche Tätigkeit der als „Feuerwehr" und Polizei eingesetzten *vigiles*. Dadurch, dass das Gebäude allerdings durch die Umwandlung aus einem Privathaus entstanden ist, lässt sich in Ermangelung eines allgemeinen *excubitorium*-Typs auch aus diesem Baukomplex keine Typologie feststellen.

2.2.2 V*igiles* in Ostia und in Portus

In dieselbe Zeit, als in Rom die republikanischen „Feuerwehren" unter Augustus durch sieben *cohortes vigilum* ersetzt wurden (vgl. Kap. II.2.1), fallen auch erste Maßnahmen für ein solche Einrichtung in Ostia. Zunächst waren das jedoch keine ausschließlich für Brandbekämpfungszwecke zuständigen Einheiten, sondern es sollte die sechste prätorische Kohorte, die für solche Zwecke nach Ostia verlegt wurde, diese Aufgabe übernehmen. Ihre Tätigkeit bestand höchstwahrscheinlich in einer fallweisen Brandbekämpfung in dem für Rom wichtigen Handelsumschlagplatz und Hafen[531]. Damit kann wahrscheinlich auch ein Grabstein, der einem Soldaten der sechsten prätorischen Kohorte von der ostiensischen Bevölkerung ob seines Todes bei einem Brandeinsatz gesetzt wurde, in Verbindung gebracht werden[532]. Leider deutet kein Datierungshinweis

---

[531] REYNOLDS, Vigiles, 110-111.
[532] CIL XIV 4494: - - -] *militi cohor(tis) VI pr(aetoriae) / Ostienses locum sepult(urae) / dederunt / publicoq(ue) funere efferun(dum) / decrerunt, quod in incendio / restinguendo*

auf eine exakte zeitliche Einordnung der Inschrift hin. Weitere epigraphische Belege dieser Einheit lassen allerdings deren frühe Existenz in Ostia vermuten[533].

Schon unter dem Nachfolger des Augustus, Tiberius, wurde dieses Truppenkontingent allerdings wieder aus Ostia abgezogen, und es scheint, dass erst Claudius erneut eine Maßnahme zum Schutz der durch Brände extrem gefährdeten Hafenstadt mit ihren Kornlagern ergriff[534]. Unter diesem Kaiser wurde nun zur Brandbekämpfung eine Kohorte in Ostia stationiert, von der leider nicht mit Bestimmtheit festzustellen ist, ob es sich um eine *cohors vigilum* handelte. Nach REYNOLDS[535] ist eher an eine *cohors urbana* zu denken, da deren *cohors XVII* auch noch für die Ereignisse um das Vierkaiserjahr 69 n. Chr. in Ostia belegt ist[536].

Stattdessen wurde diese Kohorte unter Vespasian wieder aus Ostia abgezogen und ein Lager für die *vigiles* eingerichtet. Die früheste Bauphase der archäologisch feststellbaren Baracken datiert in die Zeit Domitians[537]. Unter Hadrian wie auch später unter Septimius Severus und Caracalla erfolgten jeweils eine Ausbauphase der Kaserne, deren Existenz wahrscheinlich bis in die zweite Hälfte des 3. Jahrhunderts n. Chr. anzunehmen ist, als im Zusammenhang mit dem Bedeutungsverlust Ostias auch derjenige der *vigiles* in Ostia einherging[538].

Bei den für Ostia zuständigen *vigiles* handelt es sich nicht um eine eigenständige, permanent dort stationierte Einheit, sondern um eine *vexillatio*, ein

---

interit. / In f(rontem) p(edes) XII / in ag(rum) p(edes) XXV.

[533] CIL XIV 215: Aufgrund der ausgeschriebenen und nicht wie später üblich abgekürzten Formel *Dis manibus* lässt sich auf eine frühe Datierung der Inschrift bis in das zweite Drittel des 1. Jahrhunderts n. Chr. schließen; CIL XIV 223: In dieser Grabinschrift fehlt sogar noch die Anrufung der Manen, was ebenfalls einen Hinweis auf eine frühe Datierung darstellen könnte.

[534] Suet. Claud. 25.

[535] REYNOLDS, Vigiles, 111.

[536] Tac. hist. 1,80; Plut. Otho 3.

[537] PAVOLINI, Ostia, 58.

[538] Ebd., 59.

Detachement, das sich aus verschiedenen Zenturien zusammensetzte[539]. Es waren dies ungefähr 700 Mann, die unter dem Kommando eines *tribunus praepositus vexillationis* standen und alle vier Monate (wahrscheinlich im April, im August und im Dezember) von einem neuen Detachement abgelöst wurden (vgl. auch die Inschriften mit der Nennung der in Ostia präsenten Kohorten zum Abschnitt Ostia im Anhang 3)[540]. Von diesem Truppenkontingent in Ostia wurden auch Einsätze ins benachbarte Portus durchgeführt, das aufgrund der dortigen Getreidemagazine ebenso stets von Bränden heimgesucht wurde[541].

Nicht geklärt ist die Frage, ob die in Ostia zahlreich belegten Vereine von *fabri*, *fabri tign(u)arii* und *dendrophori* auch „Feuerwehren" waren[542]. Da jede Hilfe bei Ausbruch eines Brandes zählte, und auch die einfache Bevölkerung - wie im ersten Kapitel gezeigt werden konnte - wohl oft zum Löschen herangezogen werden musste, ist es nur logisch, dass auch die dafür qualifizierteren Vereine entsprechend aktiv wurden. Die immer wieder bezeugte Dekuriengliederung der als *numerus militum caligatorum* bezeichneten *fabri tignuarii* von Ostia war für eine solche Tätigkeit ebenfalls förderlich und spricht für deren Beteiligung. Für die *dendrophori* lässt sich die Teilnahme an Brandbekämpfungsaktivitäten zwar auch nicht beweisen, da ihr kultischer Aspekt in Ostia im Vordergrund stehen dürfte, doch ist sie wohl trotzdem zu vermuten. Weshalb für Ostia keine *centones*-Hersteller inschriftlich überliefert sind, ist sonderbar, da diese strapazfähigen und vielfach brauchbaren Stoffe sicher auch in Ostia verwendet wurden (siehe Kapitel III.2).

---

[539] RAMIERI, Vigili, 27; REYNOLDS, Vigiles, 112.

[540] RAMIERI, Vigili, 27.

[541] Ebd., 27.

[542] Vgl. Auch MEIGGS, Ostia, 320-321, der für die Brandbekämpfung in Ostia unter anderem eine Zweiteilung vorschlägt: Die Handwerker wären möglicherweise für die privaten Gebäude zuständig gewesen, während *vigiles* die Warenlager und dergleichen zu überwachen gehabt hätten. In Wirklichkeit scheint aber eine solche Aufteilung ziemlich unrealistisch zu sein, da bei Ausbruch eines Feuers niemand an seine - nach MEIGGS - zugeteilte Rolle gedacht haben wird. Deshalb werden wohl sowohl die einen als auch die anderen sich am Löschen beteiligt haben, mit dem einen Unterschied, dass die Handwerker und *dendrophori* nur gelegentliche, eben „Freiwillige Feuerwehren", waren.

Die *castra* von Ostia und Portus

Nicht weit vom Theater in *Ostia antica* entfernt, an der *Via dei Vigili*, liegt eine gut erhaltene „Feuerwehrkaserne". Teile des Gebäudes wurden bereits 1888/89 in einer ersten Grabungskampagne freigelegt, deren Fortsetzung dann VAGLIERI 1912 übernahm[543].

Zu sehen sind heute noch ein großer Hof, der an drei Seiten von einer *porticus* umgeben ist, mehrere dahinterliegende Räume, welche ursprünglich auch mit den Räumlichkeiten im Stockwerk darüber verbunden waren und ein recht großer Raum für den Kaiserkult im Westen der Anlage mit den Bezeichnungen *Augusteum* oder *Caesareum*; darüber hinaus gibt es noch einige Räume hinter diesem Kultraum, zwei Läden an der Ostseite bei einem der drei Eingänge zur Kaserne, zwei Latrinen (an der SO-Ecke und an der NW-Ecke), ein Fortuna-Heiligtum an der SO-Ecke und zwei Wasserbehälter an den Ecken der O-Seite des Hofes (vgl. Abb. 11).

Als eine solche Kaserne konnte der Gebäudekomplex durch den Fund einer Marmorbasis identifiziert werden, in der ein *praefectus vigilum* sowie ein *subpraefectus* derselben Einheit genannt werden; diese beiden Funktionsträger weihten die genannte Basis dem Kaiser Diadumenianus 217 n. Chr.[544]. Des weiteren wurden zahlreiche Graffiti an den Wänden entdeckt, in denen Einheiten der *vigiles* genannt werden[545]. Die älteste Bauphase des gesamten Gebäudekomplexes geht wahrscheinlich bereits auf die Zeit Domitians zurück[546].

---

[543] RAINBIRD, Vigiles, 319. R. LANCIANI, NSc, 1888, 741 u. 744; ders.: NSc, 1889, 18-19, 37-43, 72-83.

[544] CIL XIV 4393 (= ILS 465).

[545] Zu den Graffiti vgl.: R. LANCIANI, NSc, 1889, 40, 79-83; D. VAGLIERI, NSc, 1911, 366-370; u. D. VAGLIERI, NSc, 1912, 50, 101, 277; CIL XIV 4509-4529.

[546] RAMIERI, Vigili, 27; PAVOLINI, Ostia, 58. R. LANCIANI, NSc, 1889, 19 meint, dass sich das Gebäude aus einem Privathaus entwickelt hat. In der neueren Forschung neigt man eher zu der Ansicht, der Gebäudekomplex sei eigens für die Unterkunft der *vigiles* konstruiert worden (vgl. den hier wiedergegebenen Forschungsstand). MEIGGS, Ostia, 75 und 305 bringt den Bau der Baracken erst mit Hadrian in Verbindung.

Vigiles eine „Berufsfeuerwehr"

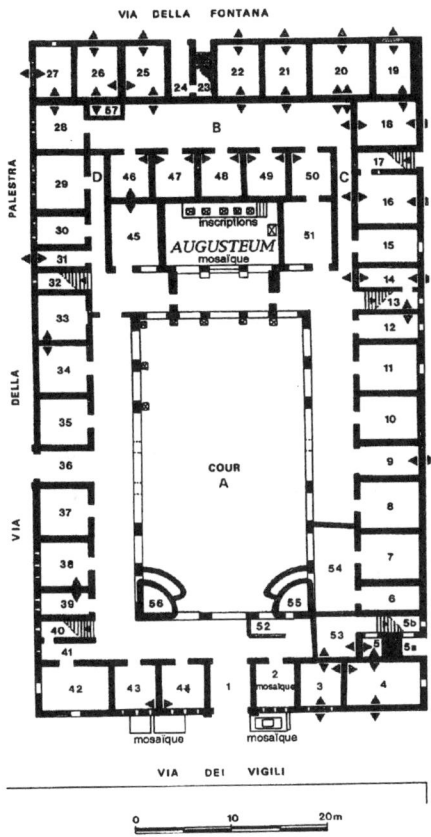

Abb. 11   Plan der Kaserne von Ostia

Obwohl aus dieser Zeit noch keinerlei direkte Hinweise auf die Existenz von *vigiles* in Ostia stammen, stellt ein in Ostia in der *regio IV* gefundenes Rohr mit der Nennung Domitians und der Erwähnung von *castra* möglicherweise dennoch einen Bezug zu ihrer Kaserne dar[547]. Ein Umbau der *castra* ist unter Hadrian

---

[547] RAINBIRD, Fire Stations, 156-157. Das Rohr wurde zwar in einer anderen Region, nämlich - wie erwähnt - in der vierten, gefunden, kann aber, da es sich offensichtlich um eine Zweitverwendung handelt, dennoch mit den *vigiles* in Zusammenhang gebracht werden.

festzustellen und weitere Restaurierungsmaßnahmen in der Zeit des Septimius Severus und des Caracalla[548]. Die wesentlichsten Änderungen in den verschiedenen Umbauphasen lassen sich in folgende vier Etappen[549] zusammenfassen:

1) Nach der Umstrukturierung durch Hadrian umfasste der Gebäudekomplex bereits beinahe die Ausmaße, die er später aufwies; alleine die Läden an der W-Seite waren noch nicht in das Areal der Kasernen eingegliedert, sondern bildeten eine selbständige Einheit.

2) Erst im Laufe der Zeit wurden nun auch einige Läden an der NW-Ecke in die Kaserne einbezogen und dort eine Latrine eingebaut.

3) Unter Septimius Severus wurden schließlich auch die übrigen Läden an der W-Seite in den Gesamtbau eingeschlossen, der Kultraum für den Kaiserkult wurde vergrößert und ausgeschmückt sowie ein Wasserbehälter im westlichen Bereich in einem kleinen Durchgangshof errichtet.

4) Spätere Änderungen beziehen sich auf den Bau der zwei Wasserreservoirs am O-Ende des Hofes sowie auf weitere kleine Umbauten.

Kurz nach der Mitte des 3. Jahrhunderts n. Chr., als Ostia immer mehr an Bedeutung verlor, scheint auch die Kaserne als solche nicht mehr verwendet worden zu sein[550]. Über ihr weiteres Schicksal wie auch über das ihrer Mannschaft ist nichts bekannt. Das Gebäude wurde allem Anschein nach noch weiterbenutzt, da dies einige Münzen aus der Zeit Iulians vermuten lassen[551].

Von besonderem Interesse für den Kaiserkult ist der Kultraum (*Augusteum* oder *Caesareum* genannt) im westlichen Bereich der Anlage. Im Vorfeld des eigentlichen Heiligtums (zwischen *porticus* und Allerheiligstem) befindet sich ein Fußbodenmosaik, das mit den dargestellten drei Phasen einer Stieropferungsszene

---

[548] RAMIERI, Vigili, 27; PAVOLINI, Ostia, 58.

[549] Vgl. RAINBIRD, Vigiles, 325. Zu den Details vgl. RAINBIRD, Fire Stations, 158-164.

[550] PAVOLINI, Ostia, 58. Die späteste Inschrift aus den Baracken (CIL XIV 4398) ist in die Zeit um 241-244 n. Chr. zu datieren.

[551] MEIGGS, Ostia, 308.

bereits auf die Funktion des dahinter liegenden Raumes als Kultbereich hinweist; im Heiligtum selbst stehen an der Hinterwand auf einem Podium fünf kleine Basen mit Weihinschriften an Antoninus Pius, Lucius Verus, Septimius Severus und Mark Aurel (eine von den zwei Inschriften ist an ihn als Thronprätendenten gerichtet). Der Eingang zu diesem Raum wird von Pilastern gesäumt[552].

Für die Forschung ist diese gut erhaltene Kaserne vor allem deshalb von Bedeutung, weil man den „Feuerwehrkasernen" einen Gebäudetypus zuschreiben und daher das Ergebnis der Ausgrabungen von Ostia auf fehlende architektonische Überreste der Kasernen in Rom umsetzen möchte. Es ist allerdings wohl äußerst fragwürdig, ob sich ein Architekturschema auf alle *castra* in gleicher Weise anwenden lässt, zumal man beim *excubitorium* der siebenten Kohorte der *vigiles* in Trastevere ebenfalls sehen konnte, dass es sich aus einem Privathaus entwickelt hatte, und die bauliche Gestaltung somit flexibel zu sein scheint. Zu diesen in der Forschung aufgestellten Charakteristika einer Typologie von „Feuerwehrkasernen" gehören etwa ein großer Innenhof, der von zahlreichen Räumen zur Aufbewahrung der Geräte umsäumt ist, sowie ein Bereich für den Kaiserkult[553]. Zur Identifikation einer Kaserne dürften die genannten Merkmale allerdings kaum genügen, ohne dass Inschriften oder sonstige literarische Hinweise auf die Funktion des Gebäudes schließen ließen.

Für die Kaserne des Detachements der *vigiles* aus Ostia in Portus ist im Gegensatz dazu nicht allzu viel bekannt. 1868 wurden vom späteren Ausgräber der Kaserne in Ostia, LANCIANI, in Portus Reste der *castra* freigelegt[554]. Die Anlage, von der selbst nicht viel erhalten ist (vgl. Abb. 12), wurde anhand des Fundes von fünf Inschriften identifiziert[555]. In der Inschrift[556] aus dem Jahr 386 n. Chr. wird der spätest mögliche Datierungsansatz für diese Kaserne gegeben,

---

[552] RAMIERI, Vigili, 29.

[553] RAINBIRD, Fire Stations, 165.

[554] LANCIANI, Ricerche Topografiche, 144-195.

[555] CIL XIV 6, 13, 14, 15, 231.

[556] CIL XIV 231.

wonach ihre Existenz noch in der 2. Hälfte des 4. Jahrhunderts n. Chr. belegt ist, im Unterschied zum bereits (oben dargestellten) vorherigen Niedergang der Kaserne in Ostia in der 2. Hälfte des 3. Jahrhunderts n. Chr. Die Entwicklung des Detachements dürfte somit in relativer Unabhängigkeit von jener der Kohorten in Ostia vor sich gegangen sein.

Abb. 12   Überreste der Kaserne von Portus

2.2.3 Sonstige Erwähnungen

Von den 284 Inschriften zu den *vigiles* (siehe Anhang 3) lassen sich - wie nicht anders zu vermuten - ungefähr zwei Drittel dem Raum um Rom, 21% Ostia und der Rest auf einige Städte in Oberitalien und Gallien verteilen. Während die aus Porcigliano, Tibur, Nomentum und Ficulea genannten *vigiles*[557] durchaus auf Funktionsträger aus Rom und Ostia bezogen werden könnten, lässt sich die Nennung einzelner Chargen in einigen Inschriften aus Oberitalien nicht so leicht erklären. Zu diesen Städten zählen: Concordia, Aquileia, Falerio, Faventia, Arretium, Clusium, Tuder, Fulginiae, Tuficum und Pisaurum[558].

---

[557] CIL XIV 2057, 3626, 2947, 4007.

[558] Concordia: CIL V 8660 (= ILS 1364); CIL V 1877; Aquileia: ALFÖLDY, Statuen, Nr. 83; Falerio: CIL IX 5440; Faventia: CIL XI 629; Rossini, Iscrizioni, Nr. 167; Arretium: CIL XI 1836 (= ILS 1332); Clusium: CIL XI 2114; Tuder: CIL XI 4655; Fulginiae: CIL XI 5213;

Dadurch, dass jedoch bei den meisten dieser Inschriften keine damit zusammenhängende Organisationsstruktur erkennbar ist, und nur hin und wieder ein Funktionsträger (meist der *praefectus vigilum*) erwähnt wird[559], ist es wohl eher anzunehmen, dass die hier genannten Ämter als bloße *cursus honorum* - Funktionen zu betrachten sind, die zwar in Rom, Ostia und Portus bekleidet, jedoch in der Heimatstadt der genannten Personen verzeichnet wurden.

Anders scheint es sich mit dreizehn Inschriften aus Nemausus zu verhalten, die fast alle einen *praefectus vigilum et armorum* nennen[560]. Obwohl auch hier keine dahinter stehende Organisation in den Inschriften selbst zum Ausdruck kommt, können dennoch diese zahlreichen Inschriftfunde an einem Ort nicht auf Zufall beruhen. Es hat vielmehr den Anschein, dass der in Nemausus genannte Präfekt unabhängig von der stadtrömischen Präfektur als eine Kopie des alexandrinischen νυκτοστρατηγός zu sehen ist, der ebenso sowohl das Kommando über die Munizipalmiliz wie auch über eine „Feuerwehr" innehatte[561]. Als „Feuerwehrtruppe" treten jedoch in Nemausus möglicherweise nicht *vigiles* in Erscheinung - kein einziger epigraphischer Quellenbeleg weist auf ihre Existenz hin -, sondern die dortigen Vereine der *fabri, utric(u)larii, fabri tign(u)arii* und *centonarii*[562].

Bemerkenswert scheint eine Grabinschrift aus Rom[563] zu sein, in welcher ein Sextus Sammius Aper mit der Heimatbezeichnung Nemausus und den Funktionen

---

Tuficum: CIL XI 5694; Pisaurum: CIL XI 6337 (= ILS 1422).

[559] Eine Ausnahme bildet Faventia: Hier wird, wenn die Ergänzung stimmt, eine *coh(ors) V [vig(ilum)]* genannt: ROSSINI, Iscrizioni, Nr. 166 u. 167. Vgl. auch die Erwähnung eines *praefectus vigilum* dort: CIL XI 629.

[560] CIL XII 3002, 3166, 3210, 3223, 3232, 3247, 3259, 3274 (= ILS 6980), 3296, 3303, ESPERANDIEU, Nîmes, Nr. 251, 324, 325.

[561] HIRSCHFELD, Praefectus vigilum, 97. Vgl. auch FORCELLINI 4, 1868, 328, s.v. *nyctostrategus*: In den Munizipien habe der *nyctostrategus* die Kompetenzen des *praefectus vigilum* innegehabt. E. Ziebarth, RE XVII,2, 1937, 1517, s.v. *nyktostrategos*; Strab. 17,1,12; Dig. 50, 4,18,12.

[562] HERZOG 221; CIL XII 3351; CIL XII 3165; AE 1910,124; CIL XII 3232.

[563] CIL VI 29718.

eines *IIIIvir i(ure) dicundo*, eines *pontifex publicor(um) sacrificiorum* sowie eines *praefectus vigulum*(!) *et armorum* genannt wird. Ist man versucht, ihm die Ausübung der genannten Ämter aufgrund des Fundortes der Inschrift in Rom zuzuschreiben, so lässt sich die Möglichkeit einer Ämterbekleidung in Nemausus ebenfalls nicht ausschließen.

Daneben wird dann auch noch aus Lugdunum ein *praefectus vigilum* genannt[564], der ebenfalls keiner bestimmten Institution zuordenbar ist. Es erhebt sich dennoch die Frage, ob er dieses Amt direkt in Lugdunum vergleichbar dem *praefectus vigilum et armorum* von Nemausus bekleidete oder ob sich hier nur eine in Rom ausgeübte Tätigkeit widerspiegelt.

Aus dieser geographischen Verteilung wird ersichtlich, dass sich die „Berufsfeuerwehr" der *vigiles* oder vielmehr ein Kommandant mit dem Titel *praefectus vigilum*, wahrscheinlich in mehreren Städten des Reiches finden lässt. Während für Rom, Ostia und Portus eine durchorganisierte Struktur hinter dieser Institution steckt, scheint sich in Südfrankreich eine dem alexandrinischen Vorbild des νυκτοστρατηγός ähnliche Einrichtung von „Nachtwächtern" mit polizeilichen Aufgaben und Kompetenzen in der Brandbekämpfung etabliert zu haben.

Für Oberitalien ist die Annahme für eine Institution des *praefectus vigilum* unwahrscheinlich, da gerade in diesem Gebiet eine große Tradition von „Freiwilligen Feuerwehrvereinen" gegeben ist (vgl. Kap. II.1), und sich somit die Nennung von *vigiles* wohl eher auf eine Funktion in Rom beziehen dürfte. Dort ist die Existenz dieser Feuerwehr- und Polizeitruppe in einigen Stadtteilen noch heute nachzuvollziehen. Denn während für die Zuordnung der meisten Baracken nur Vermutungen angestellt werden können, lässt sich das *excubitorium* der *cohors VII* zum Teil mit noch deutlichen Überresten gut lokalisieren.

---

[564] CIL XIII 1745.

2.3 Zeitstellung

Als methodisches Problem einer zeitlichen Einordnung der hier behandelten Inschriften ist zunächst zu sagen, dass von 284 ausgewerteten Belegen nur etwas weniger als ein Drittel (= 80 Inschriften)[565] datiert werden können. Die Kriterien dafür sind ausschließlich inhaltlicher Art, da eine Datierung nach Buchstabenformen nicht sehr zuverlässig wäre. Die generell aufgrund der hohen Wahrscheinlichkeit übliche Zuordnung von Inschriften, die keinerlei Datierungskriterien aufweisen, in die hohe Kaiserzeit, dürfte zwar auch hier größtenteils anwendbar sein, lässt sich im Grunde genommen aber weder widerlegen noch bestätigen; sie soll somit hier auch nur als allerletzte Möglichkeit und als eine mit großen Bedenken vorgenommene „Methode" angeführt werden.

Die meisten der datierbaren Inschriften stammen aus der ersten Hälfte des 3. Jahrhunderts n. Chr. Für diese Zeit sind 59,8% aller datierbaren Inschriften zu nennen, während ansonsten nur für die zweite Hälfte des 2. Jahrhunderts bereits 24,6% den *vigiles* zugeordnet werden können. Ab der Mitte der 3. Jahrhunderts erfolgt dann langsam ein Rückgang der Inschriftenzahlen, sodass Mitte des 3. Jahrhunderts nur noch 3,9% und zu Beginn des 4. Jahrhunderts sogar nur mehr 2,6% an Inschriften zu finden sind. Für diese Zeit gibt es sodann leider auch in den antiken literarischen Quellen und bei den Juristen nur wenige Hinweise auf eine Weiterexistenz der *vigiles*. Wie bereits im Kapitel II.2.1 gezeigt wurde, stammen die letzten Notizen ebenso aus der Wende des 3. zum 4. Jahrhundert n. Chr. Ein Vergleich mit den *cohortes urbanae* zeigt, dass auch hier die letzte zeitlich einordenbare Inschrift in die Jahre 317-337 datiert werden kann[566]. Da auch die Prätorianerpräfektur 312 n. Chr. aufgelöst wurde (siehe S. 123), scheint die Auflösung der städtischen Kohorten ungefähr zur selben Zeit vor sich gegangen zu sein.

---

[565] Vgl. Anhang 3.

[566] ILS 722; vgl. MENCH, cohortes urbanae, 16 und 576.

Diese zeitliche Aufteilung mit der stärksten Verbreitung der Inschriften an der Wende zum 3. Jahrhundert n. Chr. korreliert jedoch auch mit den inschriftlich genannten Weihungen im Bereich des Kaiserkults, denn die Kaiser, welche in den Inschriften namentlich oder auch nur anhand von Kohortenbeinamen genannt werden, gehören fast zur Gänze der severischen Dynastie an. Die stärkste Ausbauphase der Kaserne in Ostia mit der Umformung und Ausgestaltung des Kultraumes ist ebenfalls in diese Zeit zu datieren (vgl. S. 144).

Genannt werden in diesen Weihinschriften vor allem Septimius Severus[567], Caracalla[568], Severus Alexander[569] sowie auch Iulia Domna[570]. Ansonsten werden einzelne Inschriften L. Aurelius Verus[571], Commodus[572], Diadumenianus[573] sowie Gordian III. und dessen Frau, Furia Sabina Tranquillina[574], wie auch Philippus Arabs[575] geweiht.

Auch diese Verteilung ist jedoch nicht verwunderlich, entspricht sie doch dem starken Anwachsen von Inschriften im 2./3. Jahrhundert generell, was wahrscheinlich wiederum mit dem wirtschaftlichen Höhepunkt Roms in dieser Zeit im Zusammenhang steht[576]. Den Inschriften zufolge dürfte auch die Institution der *vigiles* damals ihren Höhepunkt erreicht haben, wofür ebenso die zahlreichen

---

[567] Septimius Severus: CIL XIV 6 (gemeinsam mit Clodius Albinus); 4380; 4381; CIL VI 1023; 3000; 3001; 3004; 3005; 3021; 3029;3032; 3050.

[568] Caracalla: CIL XIV 4387; 4388; CIL VI 1055; 1056 (= ILS 2156); 1058 (= ILS 2157); 1059; 1063 (= ILS 2178); 3002; 3057 (?); 3060 (?); 3079 (?).

[569] Severus Alexander: CIL XIV 4526c; CIL VI 2998 (= ILS 2177); 2999; 3008 (mit seiner Mutter Iulia Mamaea zusammen als Beiname einer Kohorte genannt); 3062; 3063.

[570] Iulia Domna: CIL XIV 4386.

[571] Aurelius Verus: CIL XIV 4376 u. 4368.

[572] Commodus: CIL XIV 4378.

[573] Diadumenianus: CIL XIV 4393 (= ILS 465).

[574] Gordian III.: CIL XIV 4397 (= ILS 2158); CIL VI 32759 (= CIL VI 3908): Der Kaiserkult kommt durch den Beinamen einer *cohors vigilum* (?) als *Gordiana* zum Ausdruck. Zur Weihung an Furia Sabina vgl. CIL XIV 4398 (= ILS 2159); CIL VI 3020; 3038; 3081; 3087.

[575] CIL VI 3028.

[576] Vgl. Kap. II.1.3.

Weihungen an verschiedene Kaiser der severischen Dynastie sprechen. Da immerhin 21% der Inschriften zu den *vigiles* (vgl. Anhang 3) aus Ostia stammen, ist für ein solches Ergebnis wohl auch das Faktum teilweise mitbestimmend, dass Ostia selbst immer wieder von Angehörigen des Kaiserhauses gefördert wurde[577]. Nach dem Umbau der Kaserne unter Hadrian ist vor allem ihre Restaurierung in der Zeit des Septimius Severus und Caracalla zu nennen, wonach die Kaserne nach der Mitte des 3. Jahrhunderts n. Chr. aufgegeben wurde[578].

Die Situation in Rom sieht ähnlich aus: Die meisten Inschriften mit der Nennung eines Kaisers stammen aus dem *excubitorium* in Trastevere. Diese Inschriften, welche in die Zeit von 215 - 245 n. Chr. datiert werden können, und die Förderungsmaßnahmen von seiten des Kaiserhauses sind ein anschauliches Beispiel für das euergetische Bestreben der *domus Augusta* den *vigiles* gegenüber. Diese wiederum vergalten solcherlei Aktivitäten mittels Ehreninschriften oder der Aufnahme von kaiserlichen Beinamen in die Kohortenbezeichnung in großer Zahl.

2.4. Organisation und Rangordnung

Die meisten Informationen zum Aufbau und zur Struktur der *cohortes vigilum* geben Listenverzeichnisse (*latercula*) mit Nennung der Funktionsträger, jeweils aufgegliedert nach den *centuriae*, in die sie eingeschrieben waren. Von diesen Listen sind drei erhalten: Zunächst sind hier zwei Verzeichnisse der *cohors V vigilum*[579] zu nennen, von denen das eine mit Sicherheit in das Jahr 210 n. Chr. datiert werden kann, das andere allerdings keine genauen Datierungskriterien aufweist. Dadurch, dass einige Personen sowohl im einen wie auch im anderen Verzeichnis vorkommen und in einer Liste ganz zuoberst stehen, wohingegen sie in der anderen jeweils am Ende der Spalten genannt werden, scheint die Annahme berechtigt, die Inschrift CIL VI 1057 einige Jahre vor 210 n. Chr. einzuordnen.

---

[577] HERMANSEN, Ostia, 223. PAVOLINI, Ostia, 24-33.

[578] PAVOLINI, Ostia, 58-59.

[579] CIL VI 1057 (undatiert) u. 1058 (210 n. Chr. zu datieren).

Der Ansicht von RAINBIRD[580], wonach es sich hier jedoch unbedingt um das Jahr 205 n. Chr. handeln müsse, ist nicht zuzustimmen. Er stützt sich hierbei einerseits auf die Überlegung, dass die durchschnittliche Anzahl der Dienstjahre bei sechs Jahren anzusetzen gewesen wäre, was allerdings nicht der Fall war, da in diesem Kapitel noch gezeigt werden wird, dass es vielmehr durchschnittlich acht Jahre waren; andererseits meint er, dadurch dass auch das letzte hier zu nennende *laterculum* zur *cohors I vigilum*[581] aus dem Jahre 205 n. Chr. datiert, könne diese Jahreszahl ohne weiteres auf das besagte Zeugnis umgesetzt werden.

Nicht so aufschlussreich, aber dennoch als Quelle für die Nennung einzelner Bezeichnungen von Dienstposten zu gebrauchen sind sodann Weih- und Grabinschriften, vor allem dann, wenn sie mit einem zusätzlichen Datierungskriterium ausgestattet sind.

Bei einer Analyse dieser Belege lässt sich eine eigene Hierarchie und Gliederung der Funktionen mit milizähnlichem Charakter feststellen. Denn obgleich die *vigiles* zum Zeitpunkt ihrer Institutionalisierung nicht als militärische Einheit geplant waren, - weshalb auch Freigelassene mit der Brandbekämpfung beauftragt wurden[582] - zählten sie bald zu den militärischen Truppenkörpern Roms, wie es Ulpian dann später für das 3. Jahrhundert n. Chr. bezeugt[583]. So ist es auch unumgänglich, zur Erklärung einiger Benennungen von Funktionsträgern als Parallele die Mannschafts- und Offiziersstrukturen heranzuziehen. Zudem werden aus den Inschriften (insbesondere den *latercula*) zu den *vigiles* selbst keinerlei Rangordnung oder Abhängigkeitsverhältnis der Dienstposten untereinander ersichtlich, sodass erst durch das Heranziehen der militärischen Komponente eine Struktur in die Organisation der *vigiles* gebracht werden kann. Bis auf einige Ausdrücke sind die meisten Rangbezeichnungen somit auch jenen

---

[580] RAINBIRD, Vigiles, 230-231.

[581] CIL VI 1056.

[582] Cass. Dio 55, 26,5; Suet. Aug. 25. Dass die *vigiles* nicht zu den militärischen Einheiten zählen sollten, lässt sich auch aus ihrer Untergliederung in sieben *centuriae* (an Stelle von zehn) erschließen.

[583] Dig. 37,13,1; vgl. auch die Bezeichnung der *vigiles* selbst als *milites* (z.B. in CIL XIV 4509).

aus dem soldatischen Umfeld gleichzusetzen. Die übrigen - nichtmilitärischen Begriffe - sind auf die polizeiliche Aufgabe der *vigiles* zurückzuführen.

2.4.1 Der *praefectus vigilum* und höhere „Offiziere"

Der Oberbefehl über alle sieben Kohorten lag beim *praefectus vigilum*, der vom Kaiser ernannt wurde und dem *ordo equester* angehörte. Über die Dauer seiner Funktion gibt es keine genauen Hinweise[584]; denn dadurch, dass von beinahe allen Präfekten nichts weiter außer ihren Namen überliefert ist, lässt sich bei den meisten Genannten keine exakte zeitliche Einordnung des Amtes feststellen. Bei den antiken Historiographen werden sie nur im Zusammenhang mit spektakulären Ereignissen erwähnt, ohne dass ihre Tätigkeit als „Feuerwehrhauptmann" Beachtung fände[585]. Und auch so kann nur ein Bruchteil der 48 *praefecti* mit einem größeren Ereignis in Verbindung gebracht werden[586]; aus augusteischer Zeit lässt sich nicht einmal der Name der *praefecti* ermitteln. Wie REYNOLDS zu Recht vermutete, hängt das aller Wahrscheinlichkeit halber damit zusammen, dass das Amt zumindest in dieser Zeit noch mit äußerst geringem Ansehen verbunden war und daher von den Autoren keiner Erwähnung für würdig empfunden wurde[587]. Der früheste genannte Präfekt lässt sich so aufgrund eines epigraphischen Zeugnisses auch erst in die Zeit des Tiberius einordnen[588].

Erst viel später, in der Zeit des Septimius Severus, berichtet uns der Jurist Paulus in den Digesten[589] im *locus classicus* für unser Wissen über die Pflichten und Aufgaben des *praefectus vigilum* Genaueres. Demnach solle er mit seiner

---

[584] Cass. Dio 52,24,33. Cass. Dio 55,26.

[585] Vgl. etwa die Erwähnung von Publius Graecinius Laco im Zusammenhang mit dem Sturz Sejans 31 n. Chr. bei Cass. Dio 58,9-13 (siehe Kap. 2.2.1).

[586] Siehe die Lister der *praefecti vigilum* bei RAINBIRD, Vigiles, 299-300 und die Korrekturen bei SABLAYROLLES, Libertinus miles, 67-72.

[587] REYNOLDS, Vigiles, 30.

[588] CIL XIV 3947.

[589] Dig. 1,15,3 (1).

Mannschaft in der Nacht mit Äxten und Kübeln ausgestattet darauf wachen, dass bei Ausbruch eines Feuers schnell Abhilfe geschafft werden kann, und weiters die Wohnungseigentümer bzw. -mieter dahingehend ermahnen, auch selbst geeignete Löschgeräte bereit zu halten. Weiters war ihm die niedere Gerichtsbarkeit über Brandstifter, Diebe und Räuber übertragen, welche von der Zuständigkeit des *praefectus urbi* ausgenommen bleiben sollten. Nachlässigkeit der Wohnungseigentümer, welche zu Feuersbrünsten führen könnte, sei gelegentlich von ihm sogar mit Züchtigung durch Stockschläge zu bestrafen.

Die Übertragung all dieser Kompetenzen scheint schrittweise vor sich gegangen zu sein: Das von einer Nachtwache ausgehende Amt[590] wurde zunächst wohl bald auf eine Überwachung tagsüber ausgedehnt, wozu dann noch Befugnisse hinsichtlich der Einhaltung von Gesetzen beim Hausbau oder wiederum davon ausgehend die Bestrafung kleinerer Vergehen kam. Diese Fülle von neuen Kompetenzen dürfte es mit sich gebracht haben, dass einerseits das Amt aufgewertet, und zum anderen eine Entlastung des Präfekten notwendig wurde. Es war daher unvermeidlich, einen Stellvertreter zu ernennen: Seit trajanischer Zeit stand ein *subpraefectus*[591] an seiner Seite, der allerdings in den Quellen noch seltener als der Präfekt selbst fassbar wird. Von den meisten von ihnen sind nur Namen ohne dazugehörende Daten bekannt[592]. So können von 20 Namen nur sechs näher eingeordnet werden[593]. Ohne aus den Quellen somit Hinweise auf seine Aufgaben entnehmen zu können, lässt sich vermuten, dass diese wohl die gleichen militärischen und juridischen Bereiche wie jene des Präfekten betrafen.

Das Korps der „Feuerwehr" gliederte sich in sieben *cohortes*, welche sich jeweils aus ungefähr 1000 Mann zusammensetzten und in sieben *centuriae*

---

[590] Der Name *vigilis* beinhaltet ja schon vorrangig den Aspekt des Beobachtens; auch die griechische Bezeichnung νυκτοστρατηγός lässt den Bezug zur Nachtwache deutlich werden.

[591] RAMIERI, Vigili, 9.

[592] Zu einer Liste der *subpraefecti* vgl. RAINBIRD, Vigiles, 295-296.

[593] SABLAYROLLES, Libertinus miles, 129.

unterteilt wurden[594]. Entsprechend der militärischen Untergliederung wurden die *cohortes* von einem *tribunus* und die *centuriae* von einem *centurio* befehligt. So ist es nicht erstaunlich, dass diese meist aus dem soldatischen Umfeld mit einer bereits durchlaufenen Karriere bei den städtischen Kohorten oder den Legionen kamen und sodann direkt unter dem Präfekten und seinem Stellvertreter standen. Da auch in diesem Bereich die Quellen für etwaige Aufgabenzuweisungen fehlen, kann nur aus einem Vergleich mit dem Militär darauf geschlossen werden, dass *tribuni* hauptsächlich für die Organisation und Disziplin innerhalb der Einheiten zuständig waren[595]. Was die *centuriones* betrifft, so ist auch ihre Funktion aufgrund der ungünstigen Quellenlage nicht sicher zu erkennen. Sie dürfte aber hauptsächlich im Kommandobereich der Teileinheit zu suchen sein[596].

Jede *centuria* bestand sodann aus 120-160 Mann, von denen circa ein Zehntel zu den Unteroffizieren und dem Verwaltungspersonal (*principales* und *immunes*)[597] und 90% zu den „gewöhnlichen" *milites* zu rechnen waren.

2.4.2 *Principales*

Als *Principales* wurden wichtige zur Basis gehörende Dienstgrade, nämlich die taktischen Chargen und die höhergestellten Unteroffiziersränge bezeichnet.

---

[594] REYNOLDS, Vigiles, 71.

[595] SABLAYROLLES, Libertinus miles, 156.

[596] Ebd. 173.

[597] Häufig findet man eine andere Untergliederung der Chargen als die hier wiedergegebene, nämlich die Unterteilung der *principales* in Beneficiarierchargen, taktische Chargen und *immunes*. Vgl. etwa DOMASZEWSKI, Rangordnung, 1-6. Es ist dies ein Strukturierungsmodus der Dienstgrade, welcher auf eine spätere Zeit zurückzuführen ist, in der *immunes* auch zu den *principales* zählten. Vgl. zur letztgenannten Einteilungsmöglichkeit auch REYNOLDS, Vigiles, 73. Zur Entwicklung der Begriffe vgl. A. NEUMANN, KlP 4, 1972, 1140-1141, s.v. principales und ders., KlP 2, 1967, 1376, s.v. immunes. Da die hier gewählte Untergliederung aber die gängigere und auch übersichtlichere ist, wurde sie angewandt; vgl. auch SABLAYROLLES, Libertinus miles, 175-243.

Zu den taktischen Chargen können zunächst der *vexillarius*, der *optio* und der *tesserarius* gezählt werden[598]. Wie es der Name verdeutlicht trug der *vexillarius* das *vexillum* einer *centuria* als Pendant zum *signifer* der Infanterie[599] und war aufgrund seiner Funktion auch in jeder *centuria* der erhaltenen *latercula* vertreten[600]. Der vom Tribunen oder *centurio* ernannte *optio*[601] scheint sodann auch in jeder *centuria* der auf uns gekommenen *latercula* auf; er war die rechte Hand und Stütze des *centurio*[602]. Als dritter Funktionsträger der taktischen Chargen ist der erwähnte *tesserarius* zu nennen, dessen Aufgabe es war, die Befehle des Feldherrn, die *tesserae*, an die Truppe weiterzugeben[603]. Er dürfte ebenfalls in jeder *centuria* diese Funktion übernommen haben[604].

Im Gegensatz zu diesen drei Dienstgraden sind als zweite Gruppe von *principales* höhergestellte Unteroffiziere, das heißt dem Stabe des Präfekten sowie des Subpräfekten zugehörende Chargen, zu nennen. Hierarchisch gesehen an der Spitze stand der *cornicularius*, der im Gefolge des Präfekten, des Subpräfekten oder der Tribunen die vergleichbare Funktion eines Kompaniefeldwebels bzw. eines Gehilfen einnahm[605]. Es ist nicht bekannt, wie viele *cornicularii* der *praefectus vigilum* in seinem Stab hatte. Einigen Inschriften zufolge dürften ihm aber nicht mehr als zwei zugewiesen gewesen sein[606].

---

[598] REYNOLDS, Vigiles, 74.

[599] CAPPONI/MENGOZZI, Vigiles, 63.

[600] CIL VI 1056; 1057; 1058; Ausnahme: In einer *centuria* in CIL VI 1058 fehlt die Nennung eines *vexillarius*.

[601] REYNOLDS, Vigiles, 75.

[602] CIL VI 1056; 1057; 1058.

[603] REYNOLDS, Vigiles, 75.

[604] CIL VI 1056; 1057 u. 1058 verzeichnen den *tesserarius* mit ein paar Ausnahmen in jeder *centuria*. Als Ursache für sein Nichtaufscheinen ist anzunehmen, dass die entsprechende Stelle zum genannten Zeitpunkt möglicherweise unbesetzt war.

[605] RAMIERI, Vigili, 9. CAPPONI/MENGOZZI, Vigiles, 63.

[606] REYNOLDS, Vigiles, 77. In den *latercula* CIL VI 1057.4 und CIL VI 1058.3 u. 4 werden nur jeweils ein bzw. zwei *cornicularii praefecti* erwähnt.

Ebenfalls kann nicht mit Sicherheit gesagt werden, wie viele *cornicularii* die *subpraefecti* bzw. die *tribuni* unter sich hatten[607].

Hierarchisch gesehen unter dem *cornicularius* stand der *commentariensis praefecti*, der wohl der Privatsekretär des Präfekten war[608]. Da er leider nur in einer Inschrift genannt wird, lässt sich allerdings nicht mehr über ihn sagen.

Sowohl der Präfekt wie auch sein Stellvertreter, der Subpräfekt, und die Tribunen hatten in ihrem Stabe *beneficiarii*. Von den unterschiedlichsten Aufgaben, die ihnen oblagen, lässt sich wahrscheinlich nur ihre Funktion als Kanzleibeamte näher festhalten[609].

Als Archivar[610] ist der *tabularius*[611] zu betrachten, der als solcher verschiedene Register betreute. Daneben existiert ein Funktionsträger mit der Bezeichnung *pr(inceps tabularii)? pr(aefecti)*[612]. Ohne eine exakte Definition geben zu können meint DOMASZEWSKI[613], dass es sich bei diesem Amt um eine besondere Form eines *beneficiarius* handle. SABLAYROLLES[614] hingegen ist von dieser Lösung nicht überzeugt; seinem Argument, dass in der *cohors V* aus dem Jahr 205 schon fünf *beneficiarii* genannt werden, und ein zusätzlicher nicht viel Sinn machte, ist wahrscheinlich mit Recht zuzustimmen.

---

[607] Als *cornicularius subpraefecti* scheint nur ein Funktionsträger in CIL VI 1058.7 auf. In CIL VI 1057.5 wird ein *cornicularius tribuni* genannt.

[608] REYNOLDS, Vigiles, 79; RAMIERI, Vigili, 9-11. In den erhaltenen *latercula* zu den *vigiles* werden sie nicht erwähnt; vgl. CIL VI 37295.

[609] *Beneficiarius praefecti*: 1056.2; CIL VI 1057.1 und 2; CIL VI 1058.1;3;4;5 (zwei Mal). *Beneficiarius subpraefecti*: CIL VI 1056.2 und 4; CIL VI 1057.2; CIL VI 1058.7. *Beneficiarius* [---]: CIL VI 1057.5 (zwei Mal); REYNOLDS, Vigiles, 80.

[610] E. BERNEKER, KlP 5 (1975) 476-478, s.v. tabellio.

[611] CIL VI 1057.3.

[612] REYNOLDS, Vigiles, 80-81.

[613] DOMASZEWSKI, Rangordnung, 9.

[614] SABLAYROLLES, Libertinus miles, 212.

Im Stab des Präfekten befanden sich weiters der *actarius*, ein Beamter für das Verpflegungswesen[615], der *librarius*, der die Unterhaltskosten für die Soldaten registrierte[616] sowie *exceptores*, Stenographen[617]. Was den *a quaestionibus praefecti*[618] betrifft, so war er - wie es sein Name besagt - dazu beauftragt, die Befragung von Verbrechern durchzuführen[619]. Diese Funktion steht damit weniger mit der Tätigkeit als „Feuerwehr", sondern vielmehr mit polizeilichen Aufgaben in Verbindung.

Ebenso unter die höheren Unteroffiziere zu rechnen sind noch der *imaginifer*[620], der Träger des Kaiserbildes, sowie der *op(tio) b(allistae) oder -allistarum)*[621], der auch als *op(tio) b(alnearius)*, als ein Aufseher über die öffentlichen Bäder, interpretiert werden könnte[622]. Da innerhalb der „Feuerwehr" möglicherweise *ballistae* zum Niederreißen brennender Gebäudeteile verwendet worden sein könnten, ist eine solche Interpretation als Geschützmeister, wie sie auch DOMASZEWSKI vertrat, allerdings wahrscheinlicher. Nach SABLAYROLLES[623] scheint jedoch auch diese Lösung als nicht vertretbar, da seiner Ansicht nach von den *vigiles* keine *ballistae* verwendet wurden. So sei der Interpretation als *optio ba(lneorum)* im Hinblick darauf, dass sie in ihrer Funktion als Polizei auch für die Sicherheit im Thermenbereich zuständig waren, wohl eher zuzustimmen, wenngleich auch das sehr unsicher sei. Eine bessere Lösung des

---

[615] CIL VI 1057.2; CIL VI 1058.3 u. 4. W. Sontheimer, KlP 1, 1964, 57, s.v. actarius.

[616] CAPPONI/MENGOZZI, Vigiles, 64; REYNOLDS, Vigiles, 81-82. W. H. GROSS, KlP 3, 1969, 626, s.v. librarius. Der in CIL VI 220 genannte *libr(arius) i(nstrumentorum) d(epositorum)* hatte möglicherweise die gleichen Aufgaben.

[617] CAPPONI/MENGOZZI, Vigiles, 64.

[618] CIL VI 1057.3 (2 Mal); CIL VI 1058.5.

[619] CAPPONI/MENGOZZI, Vigiles, 64.

[620] CIL VI 1056.3 und 4; CIL VI 1057.1 und 6 (zwei Mal); CIL VI 1058.1 und 2(?); A. NEUMANN, KlP 2, 1967, 1373, s.v. imaginifer.

[621] CIL VI 1057.4 u. 7; CIL VI 1058.4. DOMASZEWSKI, Rangordnung, 10.

[622] CAPPONI/MENGOZZI, Vigiles, 65.

[623] SABLAYROLLES, Libertinus miles, 215-217, 357 und 367 - 368.

Problems wäre nach SABLAYROLLES allerdings durch die Interpretation als *op(tio) ba(lteariorum)* gegeben, was auf die Ausrüstung der *vigiles* mit *baltei*, das heißt mit Riemen oder Seilen, bezogen werden könne. Ein Vergleich mit dem auch sonst immer wieder heranzuziehenden militärischen Bereich spricht jedoch mit großer Wahrscheinlichkeit für die Lesung als *op(tio ballistae)*, insbesondere weil Geschütze wohl häufig zur Niederschlagung von Bränden, die bereits größere Ausmaße angenommen hatten, verwendet wurden.

Auch die mit der Sigle „OPA" abgekürzte Dienstbezeichnung ist nicht mit Sicherheit zu identifizieren. Nach DOMASZEWSKI handelt es sich dabei um die Benennung des *optio a(rmamentarii)*[624]. Er hatte wahrscheinlich die Aufsicht über die Waffen (*armamenta*) über, wenngleich die Ergänzung *optio a(rmorum)*[625] wahrscheinlicher ist.

2.4.3 Immunes

Im Rang unter den *principales* standen *immunes*. Das waren jene Funktionsträger, die vom schweren Dienst ausgenommen waren und innerhalb des Korps zu speziellen Arbeiten herangezogen wurden. Zu diesem Rangbereich zählten Unteroffiziere aus dem Stab der Tribunen sowie verschiedene, unter anderem mit technischen Aufgaben betraute Personen.

---

[624] DOMASZEWSKI, Rangordnung, 10; CIL VI 1057.1

[625] SABLAYROLLES, Libertinus miles, 227-228.

Zu nennen sind hier zunächst zum Stab des Tribunen gehörende Amtsinhaber wie *beneficiarii tribuni*[626], *secutores*[627] und *exceptores tribuni*[628] sowie *codicillarii tribuni*[629].

Weiters scheinen auch kleinere Chargen der Präfekten und Subpräfekten zu den *immunes* zu zählen: Hier können zunächst der *ex(actus) pr(aefecti)*, bei dem es sich wohl um einen Schreiber handelt[630], und sodann der *l(ibrarius) s(ub)pr(aefecti)*, ein Rechnungsführer[631], genannt werden.

Daneben zählten zu dieser Gruppe von Spezialisten der *op(tio) ca(rceris)*[632], eine Art Gefängnisvorsteher, und der in der Hierarchie unter ihm stehende *karc(erarius)*[633], sowie der *op(tio) co(nvalescentium)*[634], der analog zum *optio valetudinarii* der *cohortes urbanae* wohl für gesundheitliche Belange zuständig war.

Für die „Feuerwehrfunktion" der *cohortes vigilum* von besonderer Bedeutung sind jene Funktionsträger innerhalb der *immunes*, welche für die Inbetriebnahme der „Feuerwehrgeräte" zuständig waren. Darunter sind zunächst der *unc(inarius) coh(ortis)*[635] sowie der *falc(iarius)*[636] zu nennen; waren diese beiden Chargen für

---

[626] CIL VI 1056.1; 2 (zwei Mal) und 3; CIL VI 1057.1 und 2 (zwei Mal);3 (zwei Mal);4;6 (drei Mal); CIL VI 1058.1;3;7(drei Mal).

[627] DOMASZEWSKI, Rangordnung, 13; CIL VI 1056; CIL VI 1057; CIL VI 1058; ob einige Zeichen, die wie ein S und E aussehen, auch als *secutor* aufgelöst werden können, ist fragwürdig. Vgl. etwa CIL VI 1057.1(zwei Mal).

[628] CIL VI 1057.7; CIL VI 1058.3; 6. H. STIEGLER, KlP 2, 1967, 476-477, s.v. exceptor.

[629] CIL VI 1056.2 (zwei Mal); CIL VI 1058.1;2 (drei Mal);3 (zwei Mal);4 (zwei Mal);5;6,7.

[630] CIL VI 1056.2; CIL VI 1058.7.

[631] CIL VI 1058.5. W. H. GROSS, KlP 3, 1969, 626, s.v. librarius.

[632] CIL VI 1057.2.

[633] CIL VI 1057.7; CIL VI 1058.2.

[634] CIL VI 1057.6. Vgl. CAPPONI/MENGOZZI, Vigiles, 66; DOMASZEWSKI, Rangordnung, 12.

[635] CIL VI 1056.2 (?);3; CIL VI 1057.7; CIL VI 1058.7 (zwei Mal); CIL VI 31075.

[636] CIL VI 31075.

den Umgang mit Einreißhaken verantwortlich, so oblag dem *sif(onarius)* die Bedienung der Pumpen[637], dem *aqu(arius)*[638] die Obsorge für die Wasserzufuhr und dem *emitul(i)arius* und dem *sebaciarius*[639] wahrscheinlich Tätigkeiten im Bereich der Wasserversorgung bzw. der Beleuchtung. Schließlich zählten auch noch verschiedene für einzelne Verwaltungsaufgaben zuständige Dienstposten zu diesem Rang wie *bucinatores*, Trompetenbläser, welche das Signal für die Wachablöse gaben[640], die mit kultischen Angelegenheiten beauftragten *victimarii*[641], ein *ho(rrearius) c(ohortis)*[642], der als Getreidewächter tätig war oder die mit der Bezeichnung *pr(aecones)* [643] benannten Ausrufer und der als Latrinenwärter tätige *cacus*[644].

Ebenso den *immunes* gehörten die für ihre Tätigkeit als „Feuerwehr" in ihrer Bedeutung nicht zu unterschätzenden *medici* an. Pro *cohors* gab es vier Ärzte[645], von denen die meisten ein griechisches *cognomen* tragen, was möglicherweise ein Indiz für ihren ursprünglich unfreien Stand darstellen könnte[646].

Nicht klar ist auch die Frage nach dem Wesen und der Existenz von *equites* und somit von berittenen Patrouillen innerhalb des Korps[647].

---

[637] CIL VI 1057.5 (zwei Mal); CIL VI 1058.6 (zwei Mal); CIL VI 31075.

[638] CIL VI 1056.1;4; CIL VI 1057.6; CIL VI 1058.5.

[639] Vgl. zu diesen beiden Dienstgraden Kap. II.2.2.1.

[640] CIL VI 1057.1(zwei Mal);4;6;7. CIL VI 1058.4;5;7.

[641] CIL VI 1056.3; CIL VI 1057.3; CIL VI 1058.3.

[642] CIL VI 1057.2(?).

[643] CIL VI 1057.1; CIL VI 1058.1.

[644] CIL VI 1058.7.

[645] Vgl. CIL VI 1059. CAPPONI/MENGOZZI, Vigiles, 68.

[646] CAPPONI/MENGOZZI, Vigiles, 68; REYNOLDS, Vigiles, 72-73.

[647] Vgl. CIL VI 3045: Genannt wird ein *sebaciarius*, der auch unter der Bezeichnung *eques factus* aufscheint. Es ist darüber hinaus bemerkenswert, dass sich auch unter den Graffiti im *excubitorium* von Trastevere die Darstellung eines Pferdes befindet. Siehe RAMIERI, Vigili, 10. CAPPONI/MENGOZZI, Vigiles, 68-69.

2.4.4 Milites gregarii

Von den *principales* und *immunes* zu unterscheiden sind die „gewöhnlichen" *vigiles* (mit der Bezeichnung *milites*), die anfänglich in der Zeit des Augustus freigelassener Herkunft sein sollten[648]. Jedoch aufgrund der mit dem Feuerlöschen stets verbundenen Gefahren wurden ihnen schon bald zahlreiche Privilegien gewährt. Dazu zählte die mit der Lex Visellia von 24 n. Chr. erlassene Bestimmung, ihnen nach sechsjähriger Dienstzeit bereits das Bürgerrecht zu verleihen[649].

Nach dem Zeugnis der beiden Juristen Ulpian und Caius wurde selbst diese sechsjährige Dienstdauer einige Zeit später durch ein *senatus consultum* auf drei Jahre reduziert[650]. Der genaue Zeitpunkt für diese Entwicklung ist allerdings nicht bekannt. Ebenso wie die Aufnahme von *ingenui* in die Mannschaft der *vigiles* dürfte sie jedoch spätestens im 2. Jahrhundert n. Chr. abgeschlossen gewesen sein[651]. Denn in den auf uns gekommenen Inschriften mit der Nennung von *milites* finden sich nur mehr wenige Personen, in deren Namensmaterial eine libertine Herkunft vermutet werden könnte[652]. Auch die erwähnten *latercula* mit der Nennung einzelner Chargen und *milites* der *cohortes I* und *V vigilum* zu Beginn des 3. Jahrhunderts n. Chr. verzeichnen nur mehr vereinzelt Personen mit einem Namensmaterial, das möglicherweise auf Freigelassene hinweisen könnte[653].

---

[648] Cass. Dio 55, 26; Suet. Aug. 25.

[649] Ulp. Fr. 3, § 5.

[650] Ebd., und Cai. Inst. 1,32b. REYNOLDS, Vigiles, 66-67, Anm. 4 meint, es bestünde die Möglichkeit, dass dieser Senatsbeschluss in die Zeit Trajans oder sogar schon Vespasians zu datieren sei, da die *vigiles* zu den genannten Zeitpunkten zugunsten der erwähnten Herrscher politisch besonders aktiv waren.

[651] Cass. Dio 55, 26 berichtet, dass es zu seiner Zeit bereits gang und gäbe war, den Weg in das Korps der *vigiles* nicht mehr nur für Freigelassene offen zu halten.

[652] Vgl. CIL VI 2980; 2982; 2990 (mit der ausdrücklichen Nennung als *libertus*); CIL VI 8073.

[653] Vgl. CIL VI 1056; 1057; 1058.

Vigiles eine „Berufsfeuerwehr"

Im Zusammenhang mit der Frage nach der Identität der *vigiles* ist auch eine Analyse der inschriftlich erwähnten Alters- sowie *stipendia*-Angaben und der *origo*-Angaben interessant. Einer Auswertung von RAINBIRD zufolge[654], der 20 Inschriften mit der Nennung des Eintritts- und des Todesalters untersuchte, erfolgte der Eintritt in das Korps mit durchschnittlich 21-22 Jahren. Der jüngste „Soldat" war ein 13jähriger Junge, der allerdings bereits mit 20 Jahren verstarb[655]. Ansonsten lag das durchschnittliche Todesalter bei 29 Jahren. Die Dienstdauer betrug demnach im Durchschnitt acht Jahre, was recht kurz ist. Während das Eintrittsalter jenem bei den anderen militärischen Einheiten entspricht, ist auch das Ausscheidungsalter mit 29 Jahren sehr niedrig. Das dürfte vor allem damit zusammenhängen, dass viele *vigiles* während ihrer Löschtätigkeiten aufgrund der mangelhaften Ausstattung (vgl. Kap. III.1 und III.2) verletzt oder gar getötet wurden.

Eine Analyse der Herkunft einzelner *vigiles* - soweit es aus den Inschriften ersichtlich ist - ergab, dass die meisten der 56 Erwähnungen den Raum Italien und Rom nennen (75%), wohingegen die westlichen Provinzen nicht vertreten sind. Eine beachtliche Zahl (12,5%) verteilt sich auf die afrikanischen Provinzen und ebensoviele auf die Donauprovinzen[656]. Dieses Ergebnis erstaunt jedoch nicht, bedenkt man, dass die meisten Mitglieder der *vigiles* aus der näheren Umgebung von Rom kamen. Fragen ließe sich nur, weshalb die *cohortes vigilum* bei Bedarf durch Afrikaner aufgefüllt wurden. Aufgrund mangelnder Datierungskriterien lässt sich leider kein zeitlicher Schwerpunkt einer solchen Rekrutierung ermitteln.

Zusammenfassend kann gesagt werden, dass der Aufbau des gesamten Korps durch eine starke militärische Komponente bestimmt war. Das zeigt sich in der Terminologie zu den einzelnen Unteroffizieren und Verwaltungsorganen ebenso

---

[654] RAINBIRD, Vigiles, 252-253.

[655] CIL VI 2983 (= 7845).

[656] Zur Analyse vgl. RAINBIRD, Vigiles, 254-257.

wie in der nach militärischem Vorbild geordneten Hierarchie und Untergliederung in *decuriae* und *centuriae*.

Gedacht waren die *cohortes vigilum* zunächst als ein Korps von Freigelassenen, die schon aus diesem Grunde nicht militärische Repräsentanten sein sollten. Die Aufgabe als „Feuerwehr" mit einer durchorganisierten Struktur brachte es jedoch bald mit sich, dass der militärische Aspekt zunehmend an Bedeutung gewann. Zudem war ihre Tätigkeit mit vielen Gefahren und Risiken verbunden, sodass der Dienst in einer solchen Einheit auch bereits in den Anfangsjahren durch viele Privilegien „verschönert" werden musste. Wurde ihnen zunächst bereits nach sechs Jahren das Bürgerrecht versprochen, so verkürzte sich diese Wartezeit bald auf drei Jahre. Wann dieser Übergang stattfand, sowie auch die Frage, ab wann *ingenui* allgemeinen Zutritt in das Korps bekamen, ist nicht bekannt. Dadurch dass nur eine geringe Anzahl von Inschriften datiert werden kann, lässt sich keine Aussage zu deren Analyse durchführen. Die meisten Inschriften verzeichnen jedoch Freigeborene unter den *principales* und den *immunes* sowie unter den gewöhnlichen *milites*[657].

Allgemein war der Dienst in einer der Kohorten jedoch von Bedeutung, da er oft als „Absprungbasis" für die Aufnahme in eine der angeseheneren *cohortes praetoriae* bzw. *urbanae* oder in eine Legion genutzt wurde.

---

[657] Zu den Freigelassenen unter den *principales* und *immunes* vgl. CIL XIV 4281: Genannt wird ein Freigelassener als *beneficiarius praefecti*; in CIL VI 2991 wird ein *centurio* als *libertus* des Septimius Severus erwähnt, in CIL VI 2997 ein *cornicularius subpraefecti* als Freigelassener Hadrians und in CIL VI 2981 ein *vexillarius* libertiner Herkunft.

III. SCHUTZKLEIDUNG, GERÄTE UND MITTEL ZUR BRANDBEKÄMPFUNG

1. Schutzkleidung der „Feuerwehren"

Über Bekleidungsvorschriften für die Mitglieder der zahlreichen „Feuerwehren" geben nur wenige Quellen Auskunft; dazu zählt zunächst vor allem die knappe Notiz in einer Digestenstelle[658], wonach der *praefectus vigilum* seine Patrouillen nachts <u>calceatus</u> zu versehen hat. Dieser Ausdruck kann auf ein Schuhwerk (*calceus,*) bezogen werden, das sowohl als zivile wie auch als militärische Fußbekleidung für Offiziere aus dem Senatoren- und Ritterstand diente und aus Leder gefertigt wurde. Es bedeckte den Fuß bis auf die Zehen vollständig (siehe Abb. 13) und war an der Innenseite zum Hineinschlüpfen mit einem von einer Lasche verdeckten Schlitz versehen[659]. Dadurch, dass es jedoch sehr viele unterschiedliche Typen dieses Schuhs gab, dürfte sein Aussehen variabel gewesen sein, weshalb es auch schwierig ist, die verschiedenen überlieferten *termini* (*calceus mulleus, c. patricius, c. senatorius,* gewöhnlicher *c.*) auf die entsprechenden archäologischen Überreste zu beziehen[660]. Prinzipiell konnte bis auf Sklaven jeder römische Bürger dieses Schuhwerk tragen, wobei sich der soziale Stand in der Ausfertigung, dem Material und der Verzierung des Schuhs widerspiegeln dürfte. Dem Typus des *calceus* gemein ist seine den ganzen Fuß,

---

[658] Dig. 1,15,3.

[659] KÜHNEL, Bildwörterbuch, 40-41; SANDER, Kleidung, 149. Vgl. A. MAU, RE III, 1899, 1340-1345, s.v. calceus; TLL 3,1, 1906, 132-133, s.v. calceus; FORCELLINI 2, 1861, 27, s.v. calceus; W. H. GROSS, KlP 1, 1964, 1012-1013, s.v. calceus. R. HURSCHMANN, DNP 2, 1997, 934, s.v. calceus.

[660] Vgl. dazu: A. MAU, RE III, 1899, 1340-1345, s.v. calceus; L. HEUZEY, DS I/2, 1887, 815-820, Abb. 1013-1023, s.v. calceus.

die Knöchel und das Bein bis zur Mitte der Wade bedeckende geschlossene Form. Eine strikte Unterscheidung der einzelnen *calcei* je nach Standeszugehörigkeit dürfte in der Spätantike nicht mehr vorgenommen worden sein.

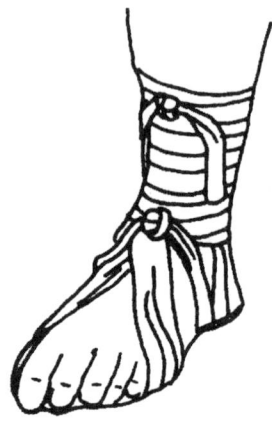

Abb. 13 *Calceus* (2. Viertel des 1. Jahrhunderts n. Chr.)

Bemerkenswert ist die bei Iuvenal[661] geäußerte Bezeichnung der *calcei senatorii* als *nigrae alutae*, womit das mit Alaun gegerbte und gefärbte Leder gemeint ist. Obwohl Alaun selbst auch seiner feuerresistenten Eigenschaft wegen bekannt ist (siehe weiter unten, Kap. III.2), scheint hierbei doch die Möglichkeit, mit diesem Naturprodukt die Schuhe zu färben im Vordergrund zu stehen. Es ist jedoch nicht auszuschließen, dass sich *praefecti vigilum* mit *calcei*, die möglicherweise auch in Alaun getränkt waren, deshalb kleiden sollten, weil die feuerabweisende Funktion dieser Substanz bekannt war.

---

[661] Iuv. 7,192.

Zusätzlich zu diesem Hinweis auf *calcei* des *praefectus vigilum* gibt es in der Benennung der *fabri tignuarii* aus Ostia als *numerus militum caligatorum*[662] ein weiteres Indiz für die Fußbekleidung der Zimmerleute. Es handelt sich dabei um *caligae*, das heißt um widerstandsfähige Sandalen römischer Soldaten und der niederen Offiziere bis zum Grad eines *centurio*, deren Sohle mit einer Stärke von ca. 8 mm aus drei Lagen Rindsleder bestand und mit 80 - 90 Eisennägeln (*clavi*) versehen war (vgl. Abb. 14)[663].

Abb. 14 *Caliga* (letztes Viertel d. 2. Jahrhunderts n. Chr.)

---

[662] CIL XIV 128; 160; 374.

[663] KÜHNEL, Bildwörterbuch, 41; FORCELLINI 2, 1861, 33, s.v. caliga; JUNKELMANN, Reiter Roms III, 128-129; Abb. 53 u. 54; 119. Zu ihrem Aussehen vgl. weiters: E. SAGLIO, DS I/2, 1887, 849-850, Abb. 1033-1036, s.v. *caliga*. Vgl. auch DOMASZEWSKI, Rangordnung, 2, Anm. 5: *Caligatus* ist die allgemeine Bezeichnung eines *miles*, der an Rang unter dem *evocatus* stand, wodurch der militärische Bezug im Namen der *fabri tignuarii* betont wird.

Zur weiteren Ausstattung von *fabri tignuarii* in ihrer Funktion als „Feuerwehr" zählten sodann Helme, wie sie in einem Relief auf einem Inschriftstein aus Rom belegt sind (siehe Abb. 15)[664].

Abb. 15 Altar der *fabri tignuarii* von Rom (= CIL VI 30982)

Bei einem Vergleich mit den Militärhelmen der Kaiserzeit[665] zeigt sich, dass diese Feuerwehrhelme keinem Typus exakt zugeordnet werden können. Im Unterschied zu den Helmen militärischer Provenienz scheinen sie gänzlich mit Leder überzogen gewesen zu sein und einen ebenfalls ledernen Nacken- und

---

[664] CIL VI 30982.
[665] Vgl. ANTIKE HELME, vor allem 327-374 und Katalogteil.

Wangenschutz besessen zu haben. Der Unterrand der halbkugelförmigen Kalotte ist in Form einer Wulst ausgebildet und vermittelt wie der Helm in seiner Gesamtheit einen weichen, nichtmetallenen Eindruck. Hierbei stellt sich allerdings die Frage, ob eine solche Darstellungsweise nicht vielmehr ein bescheidenes Ergebnis der beschränkten Abbildungsmöglichkeiten ist?

Bei einem Vergleich der Helme kommt am ehesten der Typus Montefortino/Canosa[666] dafür in Frage, wenngleich der Knauf weggelassen und die eingekerbten Wangenklappen modifiziert werden müssen. Die auf dem Relief wiedergegebenen Helme können aufgrund der zusätzlichen Inschrift allerdings erst an das beginnende 1. Jahrhundert n. Chr. datiert werden, wogegen die erhaltenen Helme des genannte Typus vielmehr aus den Jahrhunderten davor stammen.

Ansonsten ist weder dem archäologischem noch dem literarischen Material zu entnehmen, ob die „Feuerwehrmänner" auch durch einen entsprechenden Körperschutz geschützt wurden. Der auf einer Inschrift aus Aquileia dargestellte *dolabrarius* trägt nur eine einfache *tunica* (vgl. Abb. 16), woraus möglicherweise zu schließen ist, dass keine speziellen, feuerabweisenden Kleidungsstücke verwendet wurden. Ebenso kann der Darstellung eines *vexillarius* auf einem Inschriftstein aus Rom[667] kein Hinweis auf eine geeignete Ausrüstung entnommen werden. Da der Inschriftstein sehr verwittert ist, lässt sich nicht genau erkennen, welches Kleidungsstück er trägt; es scheint sich aber gleichfalls nur um eine *tunica* zu handeln.

Fragt man nach den Ursachen der mangelnden Überlieferung zur Bekleidung, so ist das wohl darauf zurückzuführen, dass die Mitglieder der verschiedenen Handwerkervereine - falls sie dargestellt werden - am ehesten in ihrer alltäglichen

---

[666] Vgl. die Helme dieses Typus bei JUNKELMANN, Helme, 59 und 94-99.
[667] CIL VI 2987. Darstellung des *vexillarius* bei CAPPONI/MENGOZZI, Vigiles, 135.

Berufskleidung abgebildet wurden. Dass auch *vigiles* wahrscheinlich bis auf die für sie erwähnte Ausrüstung mit entsprechendem Schuhwerk keine spezielle, feuerabwehrende Kleidung trugen, könnte vielleicht darauf zurückzuführen sein, dass ihnen auf den täglichen Rundgängen eine solche Bekleidung auf die Dauer allzu beschwerlich geworden wäre.

2. Geräte und Mittel zur Brandbekämpfung

Wesentlich günstiger ist die Quellenlage für Hinweise auf Löschgeräte und feuerhemmende Substanzen. Denn obgleich Erwähnungen von Brandbeschreibungen in literarischen Quellen fast gänzlich fehlen (vgl. Kap. I), gibt es genügend Informationen aus dem archäologischen und juristischen Material über verwendete Ausrüstungsgegenstände und Feuerlöschutensilien. Im literarischen Bereich sind als wichtigste Quelle zunächst Kriegsberichterstattungen zu nennen, da hier öfter von Bränden, welche im Laufe von kriegerischen Auseinandersetzungen ausbrachen, und den dabei vorgenommenen Löschtätigkeiten berichtet wird[668]. Wie die dafür vorgesehenen Löschmittel genau eingesetzt wurden, entzieht sich zwar oft unserer Kenntnis, kann aber unter anderem meist durch Analogieschlüsse zu den heutigen Brandbekämpfungsmöglichkeiten erschlossen werden.

Den wohl wichtigsten Bereich für eine Studie der Feuerwehrpraxis bilden allerdings die epigraphischen Zeugnisse. Aus der Benennung einzelner „Feuerwehrvereine" oder von Dienstgraden aus der Mannschaft der *vigiles* lässt sich bereits auf die Verwendung eines Hilfsmittels, auf das deren Bezeichnung letztendlich zurückgeht, schließen. Durch juristische Bestimmungen zur richtigen

---

[668] Vgl. etwa Caes. b.c. 2,10; 3, 44,6.

Aufbewahrung brandbekämpfender Mittel kann das gewonnene Bild sodann noch ergänzt werden.

Aus diesen genannten Quellen wird nun ersichtlich, dass zum Löschen meist Dinge des alltäglichen Gebrauchs verwendet wurden, die in Ermangelung von speziellen technologischen Einrichtungen so rasch wie möglich angewandt werden mussten. Zu den einfachsten Hilfsmitteln und zum Inventar (*instrumentum*) eines jeden Haushalts gezählten Geräten gehörten daher Eimer (*hamae*)[669]. Sie sind in erster Linie als Löschgeräte für die Eigeninitiative zu sehen, die ein jeder Bewohner im Brandfall schnell löschbereit haben sollte, um neu entstandene und somit noch kleine Brandherde schnell unter Kontrolle bringen zu können. So hört man etwa Plinius als Statthalter von Bithynien darüber klagen, dass beim Ausbruch eines Brandes in Nikomedien weder eine Feuerspritze (*sipo* !) noch ein Eimer (*hama*) oder sonstige Gerätschaften zum Löschen vorhanden waren[670]. In seinem Antwortschreiben gesteht hierauf der Kaiser Trajan der Stadt Nikomedien, wenn schon nicht die Einrichtung eines eigenen *collegium fabrum*, so doch die Beschaffung einiger Löschgeräte (es ist anzunehmen, dass darunter auch *hamae* waren), mit denen die Hausbesitzer dann selbst löschen könnten, zu[671]. So ist auch von Crassus bekannt, dass er sich eine eigene, größere Anzahl von Sklaven, welche mit Eimern ausgestattet nachts Wache halten sollten, für derlei Zwecke aufstellte[672].

---

[669] Vgl. Dig. 33,7,12,18. Vgl. TLL 6, 1942, 2520, s.v. *hama*; FORCELLINI 3, 1865, 262, s.v. hama; OLD, 785, s.v. hama.

[670] Plin. epist. 10, 33: *Est autem latius sparsum, primum violentia venti, deinde inertia hominum quos satis constat otiosos et immobiles tanti mali spectatores perstitisse. et alioqui nullus usquam in publico sipo, nulla hama, nullum denique instrumentum ad incendia compescenda.*

[671] Plin. epist. 10, 34.

[672] Iuv. 14, 305 - 310.

Wie nicht anders zu erwarten, benutzten auch *vigiles* Eimer zum Löschen. Laut einer Digestenstelle[673] war es die Aufgabe des *praefectus vigilum* und seiner Mannschaft, ihre nächtlichen Patrouillen mit Eimern und Brechäxten zu versehen. Evident wird eine solche Ausrüstung und Löschweise der *vigiles* auch bei Petronius[674], in dessen *satyricon* einige „Feuerwehrmänner", in der Meinung im Hause des Trimalchio sei ein Feuer ausgebrochen, mit ihren Äxten und Eimern (hier hinter der Bezeichnung *aqua* zu vermuten) beim geringsten Lärm herbeieilten und die Tür einbrachen. Wird in dieser Passage bereits das geringe Ansehen dieser Feuerwehrmannschaft deutlich, indem ihre Vorgangsweise als leichtgläubig und naiv dargestellt wird, so weist auch noch ihr Spitzname *sparteoli*[675] auf die Verachtung, mit der man ihnen begegnete, hin. Der Ausdruck *sparteoli* leitet sich von *spartum* (Pfriemengras) her, das höchstwahrscheinlich mit Pech bestrichen zu Eimern verarbeitet wurde[676]. Die „Feuerwehrleute" wurden demnach abwertend mit diesem Diminutiv gleichsam als „Eimerträgerchen" bezeichnet. Neben dieser Möglichkeit der Herstellung von Eimern aus *spartum* wurden allerdings wahrscheinlich auch Seile und Matten aus dieser Pflanze erzeugt[677]. Ob diese jedoch auch in der Praxis zur Rettung von Menschenleben bei

---

[673] Dig. 1,15,3.

[674] Petron.78.

[675] Schol. Iuv. 14,305; Tert. apol. 39,15.

[676] Vgl. RAINBIRD, Vigiles, 136.

[677] Vgl. KLOTZ II, 2460-2461, s.v. *spartum*: Diese Pflanze war besonders in Spanien verbreitet, wo sie jetzt *esparto* heißt und wahrscheinlich mit dem Pfriemengras gleichzusetzen ist. OLD, 1985, 1797, s.v. *spartum*; Varro, rust. 1, 2,3,6; Plin. nat. 24, 65. Über Spanien als Herkunftsland von *spartum* vgl. Mela 2,6,2 (= 2,86). Zur Herstellung von Seilen vgl. Plin. nat. 19,2. Vgl. auch SABLAYROLLES, Libertinus miles, 356 über die verschiedenen Verwendungs- und Verarbeitungsmöglichkeiten: Daraus konnten Kleider, Schuhe oder gar Seile hergestellt werden, mit denen man die Häuserfassaden hochklettern oder sich von einem Gebäude zum anderen schwingen konnte.

Geräte und Mittel zur Brandbekämpfung

Bränden verwendet wurden, ist zweifelhaft. Denn Iuvenal[678] berichtet, dass jemand, der im dritten Stockwerk wohnte, im Brandfall keine Chance hatte, den Flammen zu entkommen. Wie es die archäologische Situation belegt, dürfte es auch tatsächlich schwierig gewesen sein, bei Ausbruch eines Feuers eines der oberen Geschoße zu verlassen. Denn die Raumhöhe der Wohnungen der bis zu sechs Stockwerke zählenden Gebäude wurde meist nach den oberen Etagen hin niedriger (vgl. Kap. IV.1) und somit für Rettungsmaßnahmen noch schwerer zugänglicher, sodass es gesetzliche Bestimmungen gab, wonach stets ein mit Wasser gefüllter Kübel bereit stehen sollte. Hier dürften auch Seilen oder Matten nur sehr eingeschränkt angewendet worden sein. Wichtiger war es dagegen, ein Feuer im Anfangsstadium zu ersticken, wofür zunächst mit Wasser gefüllte Eimer ausreichten. Wasser konnte auf diesem Wege mittels Menschenketten weitergereicht oder auch auf Karren zu den Pumpen befördert werden[679]. Eine solche Vorgangsweise mittels der Bildung von Menschenketten dürfte bei den überlieferten Bränden für die Jahre 192 und 217 n. Chr. anzunehmen sein[680] (vgl. Kap. I, S. 37-38). Es ist beide Male jeweils von riesigen Feuersbrünsten die Rede, zu deren Eindämmung die Verwendung von Wasser, das mittels Kübel herbeigeschafft wurde, nicht mehr ausreichte. *Hamae* dürften demnach nur zur Bekämpfung kleiner, neu ausgebrochener Brände benützt worden sein oder der Wasserzufuhr der einzelnen *siphones* gedient haben[681]. Als Material der Eimer

---

[678] Iuv. 3,190-210.
[679] RAINBIRD, Vigiles, 135.
[680] Cass. Dio 73,24,1; 79,25,2.
[681] CAPPONI/MENGOZZI, 120.

kommt zusätzlich zum Pfriemengras Leder wie auch möglicherweise mit Pech bestrichenes Holz sowie Stroh in Betracht[682].

Neben den Eimern fanden vor allem verschiedene Typen von Äxten und Hacken weite Verbreitung. Großer Beliebtheit erfreute sich die als *dolabra* bezeichnete Form einer Brechaxt mit gebogenem Haken. Die Erwähnung dieses Gerätes ist insofern bemerkenswert, als es eine seltene Darstellung eines *dolabrarius* auf einem Grabstein aus Aquileia gib[683], der sich heute im Kunsthistorischen Museum in Wien befindet und einen Mann mit einer Axt dieses Typs, quer über die linke Schulter gelegt, zeigt (vgl. Abb. 16).

Wie auf dem Reliefstein zu erkennen ist, weist sich diese Axt durch einen langen Stiel aus, an dessen einem Ende eine dem Stiel parallellaufende Schneide sowie ihr gegenüberliegend eine meist in einem Haken ausgeformte Spitze angebracht sind[684]. Dem Namen nach ist es ein Handwerksgerät, das aus den soeben beschriebenen *duo labra* gebildet wird[685] und deren Kleinform die *dolabella* (eine Art Handbeil) ist[686].

---

[682] Vgl. den AUSSTELLUNGSKATALOG FEUERWEHREN, 8; 19, Kat. Nr. 136 und 26, Kat. Nr. 140: Dargestellt werden Leder- bzw. Strohkübel, die noch Ende des 19. Jahrhunderts bis in das 20. Jahrhunderts zum Löschen verwendet wurden. Vgl. auch Holzkübel aus römischer Zeit aus Silchester in: MC WHIRR, Roman Crafts, 52, Abb. 28 und ein ähnliches Stück aus Trimontium am Hadrianswall in: LIBERATI/SILVERIO, Organizzazione militari, 34, Abb. 12. CAPPONI/MENGOZZI, Vigiles, 120 meinen, dass auch Binsenkörbe, welche zudem noch den Vorteil einer leichteren Handhabung aufgrund ihres geringen Gewichtes hätten, für derlei Zwecke gebraucht wurden.

[683] CIL V 908 (= ILS 7246). Zu den *dolabrarii* vgl. auch CILV 5446 u. CIL XIII 7723.

[684] Vgl. A. MAU, RE V,1, 1903, 1274-1275, s.v. dolabra; E. SAGLIO, DS 2, 1892, 328-329, s.v. dolabra u. Abb. 2485-2488; TLL 5,1, 1919, 1818-1819, s.v. dolabra; DE II,3, 1922, 1929, s.v. dolabrarius.

[685] Isid. orig. 19, 19,11.

[686] Zu den Abbildungen und Axttypen vgl. WHITE, Agricultural implements, vor allem 61-64. Vgl. auch RAINBIRD, Vigiles, Abb. 12 a,b.

Geräte und Mittel zur Brandbekämpfung 175

Abb. 16 *Dolabrarius* auf einem Grabstein aus Aquileia (CIL V 908)

Eine *dolabra* konnte sowohl im militärischen wie auch im landwirtschaftlichen Bereich verwendet werden[687]. So wurden mit ihr etwa Mauern zur leichteren Eroberung einer Stadt niedergerissen[688]; auch gehörten sie zur regulären

---

[687] Vgl. zu den Belegstellen die nachfolgenden Anmerkungen. Als kleine Randbemerkung muss noch erwähnt werden, dass *dolabrae* auch von Metzgern als Arbeitsinstrument benutzt wurden: Dig. 33,7,18.

[688] Liv. 21,11,8: Hannibal lässt seine Männer die Stadtmauer von Sagunt mit *dolabrae* von unten aufreißen; dabei wurde die Spitze der Axt zwischen die nur mit Lehm verbundenen Steine gestoßen, wodurch anhand des Hakens das Mauerwerk leicht zerstört werden konnte. Vgl. auch Tac. hist. 3, 20,3; Tac. hist. 3, 27; Amm. 20,11,21; Curt. 9, 5,19; Niederreißen von Palisaden mit *dolabrae*: Liv. 9,37,8. Auf der Trajanssäule werden sie zum Fällen von Bäumen

Ausstattung der Legionssoldaten[689]. Daneben wurden sie in der Agrikultur zum Ausreißen von Wurzeln oder zum Auflockern der Erde[690], zum Niederreißen von Bäumen[691] wie auch zum Zerbrechen harter Gegenstände[692] benutzt. Für kleinere landwirtschaftliche Arbeiten, die mehr Gefühl erforderten, wurden hingegen *dolabellae* gebraucht[693].

Als *dolabrae* scheinen demnach alle Äxte bezeichnet worden zu sein, die eine ihrer beiden Schneiden in einer spitzen, zum Niederreißen gedachten Klinge ausgebildet hatten,[694] und sich somit gut für die Brandbekämpfung eigneten. Auch der *praefectus vigilum* sollte demnach bei seinen nächtlichen Rundgängen *dolabrae* mitführen[695].

Den gleichen Zweck zum Niederreißen und zur Eindämmung der Flammen durch Entzug des brennbaren Materials erfüllten „gewöhnliche" Äxte (*securres*)[696] sowie eine ihrer speziellen Ausformungen, die Doppelaxt (*bipennis*)[697]. Für solche Aufgaben konnten jedoch weiters ebenso Sägen verwendet werden, wie es auf

---

benutzt: COARELLI, Roma, 131, Bild 36; 133, Bild 53; 134, Bild 69; 136, Bild 73; 137, Bild 90;

[689] Veg. mil. 2, 25.

[690] Pallad. 2, 3,2; 3, 21,2; Colum. 2, 2,28.

[691] Curt. 8, 4,11.

[692] Tac. ann. 3, 45; Curt. 5, 6,5; 5, 6,14.

[693] Colum. 4, 24,4; 4, 24,5.

[694] Vgl. auch die Darstellung von *dolabrae* auf dem Altar CIL VI 30982 neben einem, vermutlich aber sogar zwei *bipennes* (siehe Abb. 15). Vgl. weiters die verschiedenen Beile im AUSSTELLUNGSKATALOG FEUERWEHREN, 19, Kat. Nr. 4,5,7.

[695] Dig. 1,15,3,4.

[696] Petron. 78.

[697] Vgl. die Abbildung zu CIL VI 30982 als Arbeits- und Brandbekämpfungsinstrument der *fabri tignuarii* von Rom.

Geräte und Mittel zur Brandbekämpfung

dem bereits oben erwähnten Inschriftstein der *fabri tignuarii* von Rom[698] (vgl. Abb. 15) belegt ist. Hier werden sowohl eine Kolben- als auch eine Bügelsäge als Geräte zur Brandbekämpfung dargestellt.

Ebenfalls als Arbeitsgeräte der *fabri* bekannte und von ihnen wahrscheinlich auch für das Eindämmen eines Feuers aufgrund ihrer besonderen Eignung verwendete Instrumente sind die bei Celsus[699] genannten Mauerbohrer (*terebrae*) sowie die Hämmer der Schmiede[700]. Als *terebrae* werden lange, eiserne Stangen mit zugespitztem Ende bezeichnet, die in verschiedensten Bereichen zum Bearbeiten eines Materials verwendet wurden[701].

Da Schmiede generell mit dem Feuer zu arbeiten hatten, stellt sich ebenfalls die Frage, ob auch andere von ihnen benutzte Geräte wie Zangen (*vulsellae*) oder Blasebälge (*folles*) bei der Brandbekämpfung herangezogen wurden[702]. Zangen könnten zum Ergreifen bereits in Flammen stehender Materialien und Blasebälge zum Herausschöpfen von Wasser aus Brunnen verwendet worden sein.

Eine den Äxten ähnliche Funktion für die Entfernung brennbaren Materials hatten sodann *unci* und *falces*, über deren Unterscheidung in der Forschung kaum Klarheit besteht[703]. Beide Begriffe tauchen im Zusammenhang mit den

---

[698] CIL VI 30982.

[699] Cels. 8,3.

[700] Z. B. Boeth. mus. 1,10.

[701] H. SCHROFF, RE V,A,1, 1934, 582-584, s.v. terebra; H. DE VILLEFOSSE, DS 5, 1919, 119-120, s.v. *terebra* u. Abb. 6808-6810; W. H. GROSS, KlP 5, 1975, 591, s.v. terebra; OLD, 1924, s.v. terebra; Vitr. 10, 13,3: Der Erfinder der *terebra* sei Diades gewesen. Zum Gebrauch im medizinischen Bereich vgl. Cels. 8,3,1; weiters wurden *terebrae* in der Landwirtschaft sowie als Kriegsgerät verwendet: vgl. Cato agr. 41, 3 und Vitr. 10,13,3.

[702] Zu den *vulsellae* vgl. Cels. 8,10,7. Zu den *folles* Vitr. 10,1,6; Aug. civ. 14, 24.

[703] Vgl. RAINBIRD, Vigiles, 141-150. SABLAYROLLES, Libertinus miles, 357 meint, mit dem Begriff *uncus* wurde ein kleineres Gerät in Hakenform bezeichnet im Unterschied zur *falx*. Solche *unci* würden heute noch von der „Feuerwehr" dazu verwendet, um Ertrunkene in Flüssen oder Teichen aufzuspüren.

„Feuerwehren" nur bei der Mannschaft der *vigiles* auf, wo die beiden Bezeichnungen *unc(...)* bzw. *falc(...)* wahrscheinlich jeweils als *unc(inarius)* und *falc(inarius)* aufzulösen sind[704]. Wie die bereits oben genannten verschiedenen Ausformungen von Äxten wurden auch diese haken- bzw. sichelähnlichen Geräte vornehmlich im militärischen Bereich eingesetzt, wo sie zum Herausbrechen einzelner Steine aus dem Mauergefüge zwecks der Erstürmung einer Stadt dienten[705]. Zudem konnten mit *falces*, die an Stangen befestigt waren, im Seekrieg die Seile der Segel feindlicher Schiffe durchschnitten und das manövrierunfähige Schiff somit leichter eingenommen werden[706]. Primär bezeichnet man als *falces* Geräte, die in der Landwirtschaft zum Einsatz kamen, zum Beispiel zum Schneiden der Weinreben[707].

Im wesentlichen dürfte es sich bei den *unci* und *falces* um den heutigen Einreißhaken oder Baum- beziehungsweise Astsicheln vergleichbare Geräte handeln (vgl. Abb. 17)[708].

---

[704] CIL VI 1056,3; 1057,7[2]; 1058,7[15 u. 16], 3744 = 31075.

[705] W. LIEBENAM, RE VI,2, 1909, 1977, s.v. falx; S. REINACH, DS II,2, 1896, 968-971, s.v. falx; Veget. 4,14. Caes. Gall. 3,14,5; 8,84,1; 7,86,5; 7,22,2; OLD, 674, s.v. falx.

[706] Veg. mil. 4,46; Cass. Dio 39,43,4-5.

[707] Colum. 4,25.

[708] Zu den *unci* vgl. E. POTTIER, DS 5,1919, 591, s.v. uncus; OLD, 2090, s.v. *uncus*; ebenso wie *falces* wurden jene im Bereich der Medizin (Cels. 7, 29) sowie zu militärischen Zwecken (Liv. 30,10,16-20; Curt. 4, 2,12; Caes., civ. 1, 57; Diod. 17, 44,4) gebraucht.

Geräte und Mittel zur Brandbekämpfung

Abb. 17 1 Einreißhaken (*uncus*), 2 Spitzäxte und 1 Brechaxt (*dolabra*)

Waren auch diese Geräte zum Niederreißen von Gebäuden nur mehr von geringem Nutzen, dann bediente man sich der auch im militärischen Bereich verwendeten Wurfgeschütze (*ballistae*), mit denen von der Ferne größere Mauerteile zum Einsturz gebracht werden konnten[709]. Obwohl sie nur im epigraphischen Quellenmaterial belegt sind,[710] dürften sie auch beim Brand 64 n.

---

[709] Vgl. generell dazu: LANDELS, Technik, 118-159.

[710] *Optiones ballistae* oder *ballistarum* werden genannt in: CIL VI 1057,4[6]; 1057,7[1]; 1058,4[4] und wahrscheinlich CIL VI 3744 = 31075. SABLAYROLLES, Libertinus miles, 367-368 meint, dass anstelle von *Op(tio) ba(llistae) op(tio) ba(lteariorum)* zu lesen sei (vgl. Kap. II.2.4.2; S. 159-160). Er begründet seine Theorie damit, dass *ballistae* als Steineschleudern zum Niederreißen von brennenden Gebäuden in Rom mit seinen engen Gassen nicht hätten verwendet werden können. Auch der Erklärungsversuch von REYNOLDS, Vigiles, 97, mit Hilfe von *ballistae* seien mit Essig gefüllte Schläuche auf Brandherde geschleudert worden, lässt sich quellenmäßig nicht belegen. Wurfgeschoße scheinen bei einem Großbrand meiner Meinung nach mit großer Wahrscheinlichkeit deshalb eingesetzt worden zu

Chr. - allerdings nicht zum Löschen von Feuer, sondern im Gegenteil für dessen Ausbreitung - eingesetzt worden sein[711].

Neben diesen speziellen Instrumenten waren es aber vor allem Alltagsgeräte, welche von allen Bewohnern für eine möglichst rasche Brandbekämpfung herangezogen werden sollten. Dazu zählen zunächst Leitern (*scalae*), die laut einer Digestenstelle[712] zum *instrumentum* eines Hauses gehören sollten. Obwohl sie als Löschgerät der *vigiles* nicht direkt belegt sind, ist dennoch anzunehmen, dass sie in Einzelfällen auch von ihnen verwendet wurden. Denn unter den „Freiwilligen Feuerwehrvereinen" existiert ein Verein, der nach den von ihnen produzierten (?) und verwendeten Leitern als *scalarii*[713] benannt ist (vgl. Kap. II.1.1.5, S. 60-61). Ihnen oblag wohl als Spezialeinheit unter den „Feuerwehren" die Rettung von Personen mittels Leitern. Dass bei den *vigiles* selbst der Gebrauch von Leitern nicht aufscheint, mag auch damit zusammenhängen, dass es in ihrem Interesse lag, anhand ununterbrochener Patrouillen Brände bereits beim ersten Aufflammen zu löschen. Dem Einsatz von Leitern kam wahrscheinlich im Unterschied zu den Löschmaßnahmen der „Freiwilligen Feuerwehren" somit nur periphere Bedeutung zu. Aus welchem Material diese Leitern waren, geht leider

---

sein, da nur so eine effiziente Maßnahme gegen ein rasantes Weitergreifen des Feuers ergriffen werden konnte. Das Argument, enge Gassen seien einem Einsatz von Wurfgeschoßen hinderlich, ist zu vernachlässigen, da auch bei zahlreichen Bränden in Großstädten mit engen Gassen der Neuzeit eine solche Vorgangsweise bei der Brandeindämmung bekannt ist.

[711] Suet. Nero 38,1. Wenngleich hier auch nicht zum Niederreißen bereits brennenden Materials verwendet, sondern unter der allgemeinen Bezeichnung „Kriegsmaschinen" (*machinae bellicae*) geführt, werden diese zum Abreißen von Getreidesilos herangezogen, welche sodann in Brand gesteckt wurden, um eine möglichst rasche Ausbreitung des Feuers zu gewährleisten.

[712] Dig. 33,7,12,18.

[713] CIL V 5446 (= ILS 7252); CIL VI 34013.

Geräte und Mittel zur Brandbekämpfung

aus den Quellen nicht hervor[714]; es dürften jedoch einfache Holzleitern gewesen sein.

Eine den Leitern ähnliche Funktion erfüllten möglicherweise die schemelartigen *scamni*, welche in den Inschriften unter der Bezeichnung der in Vereinen zusammengefassten *scabillarii* genannt werden (vgl. Kap. II.1.1.6, S. 61)[715]. Es handelt sich dabei wahrscheinlich um „Feuerwehrmänner", die Schemeln, Trittleitern, Hocker, Fußbänke und dergleichen zum Feuerlöschen benutzten.

Ebenfalls als Haushaltsgerät, das zum Löschen benutzt werden konnte, werden *scopae* genannt[716]. Es waren dies Besen, die aus Zweigen gefertigt wurden,[717] und mit denen möglicherweise kleine Brandherde mittels Sauerstoffentzug zum Erliegen gebracht werden sollten. Die „Feuerwehren" selbst scheinen von den *scopae* keinen Gebrauch gemacht zu haben, da es für ihre Löschtätigkeiten größerer Brände bereits nicht mehr sinnvoll gewesen wäre. Diese Besen waren somit höchstwahrscheinlich nur als Haushaltsgeräte zum schnellen Feuerlöschen in Eigeninitiative gedacht. Sie dienten dazu, noch kleine Flammen möglichst schnell zu tilgen[718].

---

[714] Zu den *scalae* vgl. G. NICOLE, DS IV,2, 1911, 1106-1109 u. Abb. 6146-6150, s.v. *scalae*.

[715] Zur Etymologie vgl. ERNOUT/MEILLET, Dictionnaire Etymologique, 599. WALDE/HOFMANN, Etymologisches Wörterbuch II 487-488. THEDENAT, DS IV,2, 1911, 1111-1113 s.v. scamnum.

[716] Dig. 33,7,12,18.

[717] REYNOLDS, Vigiles, 97. A. HUG, RE II,A,1,1921, 830 s.v. scopae E. SAGLIO, DS IV,2, 1911, 1122 u. Abb. 6185-6188, s.v. scopae.

[718] CAPPONI/MENGOZZI, Vigiles, 128.

Zu den *instrumenta* eines Hauses zählten sodann gleichfalls *formiones*[719]. Mit diesem *terminus* wurde jede kleine Flechtarbeit aus Binsen oder Schilf bezeichnet, aus denen dann Matten oder Körbe gefertigt werden konnten[720]. Diese ließen sich somit als Binsenkörbe für den Wassertransport wie auch als Matten für die Eindämmung von Brandherden oder für die Rettung von Personen gebrauchen[721].

Auch Stangen oder Stöcke (*perticae*) wurden als „Hausgerät"[722] wahrscheinlich zum Entfernen leicht entzündbaren oder bereits in Flammen stehenden Materials gebraucht. Aus Bambus, Rosen-, Kastanien- oder Weidenholz gefertigt, wurden sie vor allem in der Landwirtschaft zum Herunterschlagen von Früchten oder generell als Stöcke zum Anbinden von Pflanzen verwendet[723]. Im Bereich der Brandbekämpfung konnten sie möglicherweise auch zum Abstützen von Mauern, welche bereits vom Einsturz gefährdet waren, eingesetzt werden[724].

Eines der bekanntesten Löschmittel war jedoch jenes der Feuerpatschen (*centones*). Sie wurden sowohl im militärischen wie auch im landwirtschaftlichen Umfeld benutzt und gehörten ebenfalls zum Haushaltsgerät im Hinblick auf die Brandbekämpfung[725]. Als aus sehr widerstandsfähigem Material hergestelltes „Patchwork" standen sie zunächst grundsätzlich als Arbeitskleidung der Sklaven

---

[719] Dig. 33,7,12,18.

[720] KLOTZ II, 782, s.v. phormio. Zur Ansicht, dass damit eher Matten gemeint seien, vergleiche RAINBIRD, Vigiles, 180 und FORCELLINI 4, 1868, 661 s.v. *phormio*; hingegen TLL 6, 1926, 1101-1102 s.v. formio: Es handle sich dabei um aus Binsen geflochtene Tragkörbe. Ebenso OLD, 723 s.v. formio.

[721] Zur Theorie der Verwendung von Matten vgl. CAPPONI/MENGOZZI, Vigiles, 126.

[722] Dig. 33,7,12,18.

[723] Vgl. A. SCHULTEN, RE XIX,1, 1937, 1059-1060, s.v. pertica; FORCELLINI 4, 1868, 630-631, s.v. *pertica*; A. SORLIN DORIGNY, DS IV,1, 1907, 418-419, s.v. pertica.

[724] CAPPONI/MENGOZZI, Vigiles, 128.

[725] Vgl. OLD, 299 s.v. *cento*; Dig. 33,7,12,18.

in der Landwirtschaft im Gebrauch,[726] da diese *centones* nicht zuletzt deshalb, weil sie aus bereits zerrissenen und abgetragenen Stoffteilen gefertigt werden konnten, nicht viele Kosten verursachten. Im soldatischen Umfeld ließen sie sich im Kriegsfall zum Schutz von Geräten und auch von Soldaten einsetzen[727]. Auch für sie gab es, wie in Kap. II.1.1.2 ersichtlich wurde, einen eigenen Verein, das *collegium centonariorum*, welches *centones* herstellte und zum Löschen gebrauchte. Ob auch *vigiles* diese *centones* zur Brandbekämpfung benutzten, lässt sich aus den Quellen nicht sagen.

Nur in einer Digestenstelle[728] wird der Gebrauch von Schwämmen (*spongiae*) erwähnt. Dadurch dass diese ebenfalls wie die bereits erwähnten Objekte zum *instrumentum* eines Hauses zählten, ist anzunehmen, dass sie vorrangig der Bekämpfung von neu ausgebrochenen Bränden dienten. So könnten sie ähnlich den *centones* mit Wasser getränkt zum Löschen kleiner Brandherde gebraucht worden sein. Ob der allzu geringen Effektivität und Ergiebigkeit einer solchen Methode wird allerdings wohl eher anzunehmen sein, dass in Wasser oder Essig getränkte Schwämme zum Berieseln von Wänden oder anderen Gegenständen herangezogen wurden, welche auf diese Weise nicht Feuer fangen sollten[729].

Eng mit Schwämmen in Verbindung zu bringen ist die Erwähnung von Essig (*acetum*, ὄξος) als geeignete Substanz zum Löschen. Gilt er nach Informationen im juristischen Bereich ebenfalls als *instrumentum* eines Hauses, *quod*

---

[726] Colum. 1,8,9; Cato, agr. 59 und 135,10.

[727] Caes. civ. 3, 44,6: Soldaten ziehen sich aus *centones* oder Leder gefertigte Mäntel über, um gegen Geschosse geschützt zu sein. Caes. civ. 2, 10: Die Ziegeldächer werden zunächst mit Fellen bedeckt, sodann werden über jene noch *centones* als Schutz gegen Beschädigung durch Feuer oder Steine gelegt. Vgl. auch Veg. mil. 4,15: Eine Kriegsmaschine wird zum Schutz gegen Feuer mit Fellen oder *centones* überzogen; Vitr. 10,14,3.

[728] Dig. 33,7,12,18.

[729] CAPPONI/MENGOZZI, Vigiles, 128.

exstinguendi incendii causa paratur[730], so wird er auch von verschiedenen antiken Autoren mit dem Feuerlöschen in Zusammenhang gebracht. Aeneas Tacticus[731] etwa meint, dass ein Brandherd, welcher mit Essig gelöscht wird, nicht mehr Gefahr läuft, von neuem in Brand gesteckt werden zu können. Der Essig hätte demnach eine imprägnierende Wirkung. So wurden auch Kriegsmaschinen mit in Essig getränkten *centones* bedeckt, damit sie besser gegen die durch Kriegsgeschoße immer wieder verursachten Brandherde geschützt seien[732].

Besonders gerne dürfte Essig allerdings im Hinblick auf seine kühlende Wirkung verwendet worden sein[733]. Zur besseren Veranschaulichung dieser Gedanken kann eine Parallele zu heute gezogen werden, wo noch bei hohem Fieber mittels Essig versucht wird, die Temperatur zu senken. Wie bei so manchen Substanzen ist es jedoch auch den antiken Autoren zufolge ganz im Gegenteil möglich, durch Essig auch ein Feuer zu entfachen[734]. Ob die jeweilige Wirkung von der verwendeten Menge abhängt oder etwa von der Essigsorte entzieht sich meiner Kenntnis.

Von der chemischen Zusammensetzung her handelte es sich sowohl um speziell erzeugten Essig, als auch um verdorbenen Wein[735]. Der Essig der Antike war nämlich ungereinigter Weinessig, das heißt, er beinhaltete eine große Menge

---

[730] Dig. 33,7,12,18.

[731] Ain. Takt. 34,1. Vgl. dazu auch Plin. nat. 33,94, wonach Essig ein Feuer schneller lösche als Wasser.

[732] Vitr. 10,14,3; 8, 3,19.

[733] Gell. 17, 8,14; Macrob. 7, 6,12; Plin. nat. 2,132. J. Colin, RAC VI, 1966, 638, s.v. Essig

[734] Liv. 21, 37,2f; Plin. nat. 33,71; Vitr. 8,3,19.

[735] RAINBIRD, Vigiles, 172. Zur Essigherstellung aus Wein vgl. das älteste Rezept bei Cato, agr. 104 (= 113); Plin. nat. 23, 54 u. 14,131. A. GUTSFELD, DNP 4, 1998, 149, s.v. Essig. Zusätzlich zur Vergärung aus Wein ist auch eine Herstellung aus Früchten wie Datteln, Feigen, Birnen oder Äpfeln möglich. Vgl. dazu Colum. re rust. 12,17.

Geräte und Mittel zur Brandbekämpfung

Wasser neben dem reinen Essig. Seine Schärfe dürfte deshalb auch gering gewesen sein[736].

Wurde bisher in der Forschung die Information der antiken Quellen, dass mit Essig Brände gelöscht werden konnten, als Faktum hingenommen, so steht man dieser Ansicht seit den letzten Jahrzehnten eher skeptisch gegenüber[737]. Bei den Argumenten gegen eine Verwendung von Essig in der Brandbekämpfung geht man von der Überlegung aus, dass Wasser wahrscheinlich leichter zugänglich und in größeren Mengen vorhanden war als Essig, und dass bei einem Kontakt von Essig mit Feuer möglicherweise giftige Dämpfe freigesetzt werden könnten. So lag die Bedeutung des Essigs nach der Ansicht von RAINBIRD in seiner bakterienreduzierenden Eigenschaft und weiters auch in der Möglichkeit, die Selbstentzündung des damit getränkten Materials zu verhindern. Zudem behielt der Essig die jeweilige Substanz feucht und verhinderte so eine von außen verursachte Entfachung[738].

Beim Kontaktieren eines Chemikers[739] zu diesem Fragenkomplex wurde mir gesagt, dass das entstehende Kohlendioxid und Wasser bei einem Kontakt von Essig mit Feuer eine Brandlöschung nur begünstigen könne. Der Umstand, dass reine Essigsäure (Eisessig) einen Siedepunkt von 118° C hat[740], bietet auch bei der Brandbekämpfung einen Vorteil. Aufgrund dieser Überlegungen und dadurch, dass die Menschen der Antike ihre Erkenntnisse aus praktischen Erfahrungen und

---

[736] H. STADLER, RE VI, 1909, 689-692, s.v. Essig, MEYERS ENZYKLOPÄDISCHES LEXIKON 8,1973, 203-204, s.v. Essig u. 204, s.v. Essigsäure.

[737] Vgl. RAINBIRD, Vigiles, 171-180.

[738] Ebd., 178.

[739] Dieser Chemiker vom Chemieinstitut der Grazer Universität wollte namentlich nicht genannt werden.

[740] CHRISTEN/VÖGTLE, Organische Chemie, 220. Beim normalen Essig sinkt der Siedepunkt etwas, er ist aber dennoch noch immer höher als derjenige von Wasser.

Beobachtungen lernten, möchte auch ich den Essig als Löschmittel von Bränden sehen. Eine besondere Eigenschaft des Essigs könnte auch darin liegen, dass mit seiner Hilfe Brände größeren Ausmaßes effektiver bekämpft werden konnten[741]. Zudem lag der große Vorteil des Essigs darin, dass er allgemein verfügbar war; ein aus Wein vergorenes *acetum* dürfte in jedem Haushalt ohne großen finanziellen Aufwand lagernd gewesen sein, was gegenüber dem Wasser insofern einen Vorteil darstellte, als eine Bildung von Bakterien verhindert werden konnte[742].

Außer Essig können nach Plinius[743] auch Vogelleim (*viscum*) und Ei (*ovum*) als feuerresistente Substanzen herangezogen werden. Diese beiden Stoffe dürften ebenso wie Alaun (*alumen*)[744] vorwiegend dem Imprägnieren verschiedener Materialien gedient haben.

Weiters wurden sodann der Amiant (*amiantus*) und Asbest (*asbestus*), beides Bergflachsarten und Abkömmlinge von Augit bzw. Hornblende, zu feuerbeständigen Produkten verarbeitet[745]. Trotz ihrer feuerabweisenden Eigenschaft dürften diese beiden Produkte jedoch zur Brandbekämpfung kaum

---

[741] CAPPONI/MENGOZZI, Vigiles, 117.

[742] Vermischt mit Wasser, Most oder Wein war Essig auch ein beliebtes durstlöschendes Getränk bei der ärmeren Bevölkerung, aber auch bei Soldaten: A. GUTSFELD, DNP 4, 1998, 149, s.v. Essig; vgl. auch JUNKELMANN, panis militaris, 87. Zur fäulnisverhütenden Wirkung von Essig, der daher auch oft zur Konservierung von Speisen verwendet wurde, vgl. Plin. nat. 23,57.

[743] Plin. nat. 33,94. Zu Vogelleim als Imprägniermittel gegen Feuer vgl. auch Ain. Takt. 34.

[744] Vgl. Nies, RE I, 1894, 1296-1297, s.v. Alaun; MEYERS ENZYKLOPÄDISCHES LEXIKON, 1971, 605, s.v. Alaune; Gell. 15, 1; Amm. 20,11,13.

[745] Vgl. A. NIES, RE I,2, 1894, 1830, s.v. amiantos; Plin. nat. 14,1,4 (= 19,19); Strab. 10, 446.

Geräte und Mittel zur Brandbekämpfung

herangezogen worden sein. Decken aus Asbest, wie sie heute bei der „Feuerwehr" Verwendung finden, gab es wahrscheinlich keine[746].

Wie aus dieser Auflistung ersichtlich wird, wurden für das Löschen von Brandherden meist Alltagsgegenstände verwendet. Es wird so allerdings leicht verständlich, dass es nicht immer genügte, lediglich mit Eimern Wasser herbeizuschaffen und jenes in die Flammen zu gießen. Das Wasser musste mit etwas größerem Druck auch in höher gelegene Stockwerke transportiert werden können, wofür Pumpen (*sifones* oder *siphones*) eingesetzt wurden[747].

Als Erfinder einer solchen als Feuerspritze einsetzbaren Pumpe gilt Ktesibios, der im 3. Jahrhundert v. Chr. eine als *Ctesibica machina*[748] bezeichnete Wasserpumpe entwarf. Diese zweizylindrige Druckpumpe wurde dann in weiterer Folge einige Jahrhunderte später sowohl bei Vitruv wie auch bei Heron von Alexandria beschrieben[749]. Da die Schilderung über ihr Aussehen und ihre Funktion bei Heron ausführlicher ausfällt als bei Vitruv, soll zunächst dessen Beschreibung paraphrasiert werden. Vom Aufbau her (siehe Abb. 18) sieht dieser Pumpentypus demnach zwei bronzene Kolbenrohre (Stiefel) vor, deren innere Oberfläche für einen Kolben passend ausgeformt ist. Die Kolbenrohre selbst stehen durch ein Rohr am unteren Ende in Verbindung. Außerhalb der Stiefel, aber innerhalb dieses Rohres sind Klappventile angebracht, die sich nach der Außenseite der Stiefel öffnen können. Auf ihrem Boden weisen die Stiefel runde Löcher auf, die mit kleinen geschliffenen Scheiben bedeckt werden. Diese sind

---

[746] RAINBIRD, Vigiles, 165.

[747] Zur Etymologie vgl. Isid. orig. 20,6,9: Er meint, dass *siphones* im Osten des Reiches zum Feuerlöschen verwendet werden. Allerdings beweisen zahlreiche Funde, dass sie auch im westlichen Teil des *Imperium Romanum* Anwendung fanden. Zur Heranziehung als „Feuerwehrinstrument" vgl. Plin. epist. 10,33 u. 34.

[748] Vitr. 10,7,1.

[749] Vitr. 10,7 u. Heron, pneum. 1,28.

mittels kleiner Stifte am Boden der Stiefel befestigt. Direkt mit den Kolben sind senkrechte Kolbenstangen und mit diesen wiederum anhand zweier Bolzen ein Querbalken verbunden. Das Verbindungsrohr der beiden Stiefel steht mit einem anderen vertikalen Rohr in Kontakt, das sich nach oben zu einem Doppelarm verzweigt. Die dort eingefügten Rohre treiben die Flüssigkeit nach oben.

Die Anwendung dieses Gerätes sieht nach Heron folgendermaßen aus: Die Pumpe wird in einen Behälter mit Wasser gestellt, der Querbalken sodann auf und nieder bewegt, wodurch Wasser einerseits in den Stiefel angezogen, und dann beim Niederpressen der Kolben durch das Querrohr bei der Öffnung mit Druck herausgepresst wird. Bei diesem Vorgang öffnen und schließen sich die entsprechenden Ventile situationsbedingt. Auch die Richtung, in welche der Wasserstrahl spritzen soll, ist variabel, weil die Auslassleitung mit einer Vorrichtung versehen ist, die eine Schwenkung sowohl in horizontaler wie auch in vertikaler Richtung erlaubt.

Neben diesen beiden literarischen Hinweisen zum Aufbau und zur Funktion von Wasserpumpen bei Heron und Vitruv gibt es auch zahlreiche archäologische Überreste einiger Pumpen. Einige Fragmente dreier Kolbenpumpen wurden zum Beispiel in Trier, Bolsena und Silchester gefunden[750], von Pumpen anderer Bauart konnten ebenfalls achtzehn Stück geborgen werden[751]. Wichtig sind derartige Funde vor allem deshalb, weil sie eine ungefähre Größenzuschreibung und daher Effizienzberechnung erlauben. So dürfte eine Pumpe wie sie bei Vitruv oder bei Heron beschrieben wird und nach der Größenordnung der gefundenen Exemplare (vgl. etwa die Maße der weiter unten beschriebenen Pumpe von Valverde Huelva) ungefähr 13-14 Liter Wasser pro Minute geliefert haben. Diese Wassermenge ist

---

[750] Vgl. LANDELS, Technik, 94.

[751] WHITE, Technology, 178; siehe die bei WHITE angeführte Literatur zu den Pumpen. SCHIOLER, Piston Pumps, 17-18: Insgesamt konnten 21 Wasserpumpen gefunden werden.

Geräte und Mittel zur Brandbekämpfung   189

vergleichbar mit jener aus einem Gartenschlauch bei mittleren oder niedrigen Wasserdruckverhältnissen[752] und daher für die Brandbekämpfung in oberen Stockwerken denkbar schlecht geeignet. Einige dieser Pumpen dürften deswegen auch nicht unbedingt zum Löschen von Bränden, sondern vielmehr zum Absaugen von Wasser auf Schiffen verwendet worden sein[753].

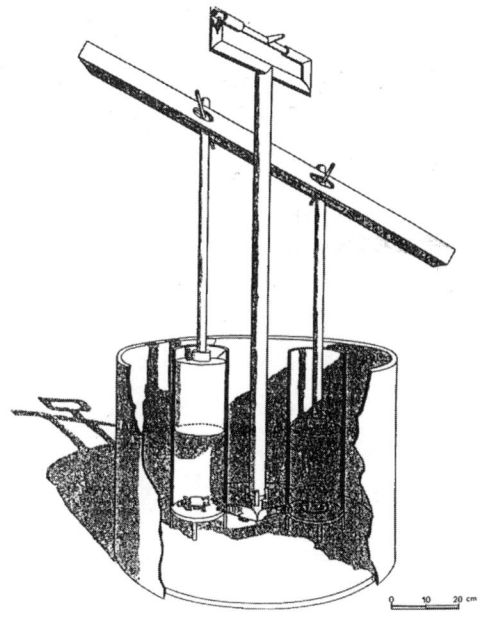

Abb. 18 Kolbenpumpe des Heron von Alexandria

Als Material der Pumpen kann entweder Holz mit gelegentlichen Ledereinsätzen oder Bronze genannt werden;[754] von den Bronzeteilen konnten einige Überreste gefunden werden. Eine der am besten erhaltenen Pumpen befindet sich heute im Museo Arqueologico von Madrid. Sie wurde 1889 im Bergwerk von Sotiel

---

[752] LANDELS, Technik, 95.
[753] LANDELS, Technik, 69.
[754] Zur exakten Materialzuordnung der 21 Pumpen vgl. Schioler, Piston Pumps, 18.

Coronado, in der Nähe von Valverde (Provinz Huelva) in Spanien gefunden, und wird kurz als „Pumpe von Valverde Huelva" bezeichnet. Bis auf die Ein- und Auslassventile entspricht sie der bei Heron beschriebenen Pumpenart[755] und kann auch in ihrer Größe mit dieser verglichen werden. Mit ihrer Höhe von 1,35 m, einer Breite von 0,41 m und einem Durchmesser der Kolben von 68 mm[756] gehörte sie wahrscheinlich zu den gängigsten Modellen dieser Art, welche als Spritze nicht gerade weitreichende Wirkung hatten.

Von etwas abweichender Bauart können vier auf dem Wrack eines römischen Handelsschiffes aus der Mitte des 1. Jahrhunderts n. Chr. gefundene Bronzepumpen genannt werden. Nicht nur die Ventile sind anderen Typs, sondern auch die auf einem rechteckigen Gehäuse ruhenden Zylinder[757]. Schließlich muss noch auf Reste eines Pumpensystems hingewiesen werden, welche 1971 bei St. Malo in der Bretagne gefunden wurden. Es handelt sich dabei um eine Acht-Zylinder Druckpumpe, von der weder die Kolben noch sonstige Hinweise zur Inbetriebnahme der Pumpe erhalten sind[758].

Für die Brandbekämpfung in Rom von Bedeutung ist der Fund einer Bronzepumpe im *excubitorium* der *cohors VII vigilum* in Trastevere, die heute im Antiquarium Comunale von Rom aufbewahrt wird (vgl. Abb. 19). Im wesentlichen funktioniert sie wie die bei Heron beschriebene Pumpe, mit der Ausnahme, dass die zwei Kolben im untersten Rohr mittels eines Metallstifts in horizontaler Richtung bewegt worden zu sein scheinen[759]. Dadurch, dass diese Pumpe im Zuge einer Ausstellung zu den antiken Aquädukten in Plastik rekonstruiert wurde, kann

---

[755] LANDELS, Technik, 96-97 u. Abb. 24.
[756] SCHIOLER, Piston Pumps, 22.
[757] LANDELS, Technik, 98-99 u. Abb. 25.
[758] Ebd., 99-100.
[759] RAMIERI, Vigili, 14-15 u. Abb. 4a, 4b; TALAMO/USAI, Pompa,117-118.

Geräte und Mittel zur Brandbekämpfung

man sich eine gute Vorstellung von ihrem Aufbau machen. Um sie in Betrieb zu nehmen, waren wahrscheinlich fünf bis sechs Mann notwendig, deren Pumpen für einen Strahl in der Höhe von zehn Metern ausgereicht zu haben scheint[760]. Da es wahrscheinlich keine zusammengenähten Schläuche für den Anschluss der Pumpen gab, mussten diese zur Gänze, sofern kein Brunnen in der Nähe war, in ein Wasserreservoir gestellt werden, das immer wieder mit Wasser angefüllt wurde[761]. Das dürfte allerdings einem effektiven Löscheinsatz eher im Wege gestanden als förderlich gewesen sein.

Abb. 19 Bronzepumpe mit ihrer Rekonstruktion aus dem *excubitorium* in Trastevere

---

[760] RAMIERI, a.a.O., 14.

[761] Ebd., 14-15. RAINBIRD, Vigiles, 111. SABLAYROLLES, Libertinus miles, 363: Die Pumpen wurden wahrscheinlich direkt in Zisternen, die auf Rädern montiert waren, mitgeführt.

Schläuche gab es nur in einfacher, unseren heutigen Schläuchen nicht ähnlich sehenden Gestalt, da sie der Länge nach nicht verbunden waren. Für ihre Herstellung existierte ein eigenes *collegium*, nämlich das der *utric(u)larii*, welche aus Ziegen-, Schweine- oder Rinderhaut gefertigte <u>*uteres*</u> (Schläuche) herstellten und zu den „Freiwilligen Feuerwehren" gehörten. Wie bereits im Kap. II.1.1.4., S. 58-60 erwähnt, konnten die besagten *uteres* mit verschiedenen Flüssigkeiten gefüllt werden und so unter anderem auch mit Wasser[762]. Zu diesem Zwecke wurden die Extremitäten dieser von den Tieren abgezogenen Häute abgebunden, wobei der Hals als Öffnung zum Ausgießen der Flüssigkeit diente (vgl. Abb. 20).

Abb. 20   Sarkophag mit Relief vom Kindheitsmythos des Dionysos

Die mit Wasser gefüllten *uteres* konnten auch auf Wägen zum Brandort transportiert und somit zum Auffüllen der Wasserreservoirs für die Pumpen eingesetzt werden.

---

[762] Vgl. zum Abfüllen mit Wasser: Sall. Iug. 91,1; Petron. 34.

Geräte und Mittel zur Brandbekämpfung

Wie zu zeigen versucht wurde, waren die meisten Brandbekämpfungsmittel und -gegenstände ursprünglich nicht eigens zum Löschen gedachte Instrumentarien. Es waren dies vielmehr meist einfache Haushaltsgeräte (Eimer, Leitern, Besen, Binsenkörbe, Seile, Stangen, Feuerpatschen, Schwämme, Essig) die nicht nur von den „Feuerwehrmännern", sondern auch vom gemeinen Hausbewohner zum Löschen benutzt werden sollten. In die gleiche Kategorie der kleinen, fast alltäglich gebrauchten Dinge, die auch zur Brandbekämpfung eingesetzt wurden, zählten Schemel, Schläuche aus Tierhäuten sowie von Handwerkern wie Schmieden, Zimmerleuten oder Maurern verwendete Geräte (Äxte und Hacken, Sägen, Mauerbohrer, Hämmer, Zangen, Blasebälge, Einreißhaken). Daneben waren dann noch eigene Substanzen zum Imprägnieren verschiedener feuergefährdeter Materialien wie Vogelleim, Ei oder Alaun in Gebrauch. Auch Amiant oder Asbest scheinen zu feuerbeständigen Materialien verarbeitet worden zu sein, obgleich die Hinweise darauf fehlen.

Auffällig ist auch die starke Parallele zum Militärwesen. Die meisten Dinge, die zum Niederreißen von Mauern dienten, wurden sowohl im militärischen Umfeld wie auch bei einem Brandeinsatz benutzt (neben den oben erwähnten Hacken, Sägen und Äxten waren dies vor allem schwerere Geschütze).

Erst die seit dem 3. Jahrhundert v. Chr. literarische bezeugten und dann später auch archäologisch nachweisbaren Pumpen stellten hier einen entscheidenden, wenn auch noch immer nur bescheidenen Fortschritt dar. Mit ihnen konnte Wasser bereits in Höhen transportiert werden.

Der Brandschutz dürfte somit zunächst wohl bei jedem einzelnen Bewohner gelegen haben. Hatte sich ein Feuer einmal ausgebreitet, konnten auch die „Feuerwehren" mit ihrer bescheidenen Ausrüstung nur mehr wenig ausrichten.

IV. URSACHEN VON BRANDAUSBRÜCHEN

Nach der Beschreibung der Brandbekämpfungstechniken sollen in diesem Kapitel die Faktoren, welche eine Entstehung und eine Ausbreitung von Feuersbrünsten förderten, besprochen werden. Dafür können folgende Bereiche genannt werden: Fragen des Hausbaus und der Baumaterialien, Verschulden der Hausbewohner durch unachtsames Hantieren mit Feuer und Kerzenlicht sowie Probleme mit der Wasserversorgung.

Der geographische Bereich der Untersuchung wird auf Rom (mit Querverweisen auf die repräsentativeren Ausgrabungen von Ostia und Pompeji) eingeschränkt, da eine Betrachtung dieses Themas imperiumsweit zu umfassend wäre und daher an den genannten Orten beispielhaft beleuchtet werden soll.

1. Hausbau und Wohnverhältnisse

Bei einer Betrachtung der Wohnmöglichkeiten in Rom muss zunächst die Frage gestellt werden, ob allgemeine, das heißt generalisierende Aussagen, zum Hausbau und der Haustypologie an den genannten Orten möglich sind. Ähnlich unseren privaten, den Wohnzwecken dienenden Gebäuden gab es höchstwahrscheinlich auch im antiken Rom eine Vielzahl unterschiedlich aussehender Wohnhäuser, die in der modernen Forschung der Klassifizierung halber in die beiden Haustypen der *domus* und der *insula* eingeteilt werden.

Eine genaue Analyse der Wohnhaustypen wird vor allem dadurch erschwert, dass nur wenige Wohnhäuser aufgrund moderner Überbauungen archäologisch erforscht werden konnten, und zudem im günstigsten Falle nur das Erdgeschoss erhalten blieb. Eine Ausnahme stellt Pompeji dar, wo zwei Drittel der Stadt von Privatgebäuden eingenommen wurden, die heute noch zu sehen sind[764]. War die *domus* ein aus verschiedenen, hallenartigen Räumen nach einem Innenhof hin ausgerichtetes Wohnhaus, das sich in horizontaler Richtung entwickelte und im

---

[764] Vgl. COARELLI, Pompeji, 46.

Regelfall eine *familia* beherbergte, so wird mit dem Ausdruck *insula* ein Miethaus mit verschiedenen Apartments oder Wohnungen (*cenacula*) in mehreren Stockwerken bezeichnet, das sich mit seinen Öffnungen nach den Straßen hin orientierte[765]. Sieht man von den unterschiedlichen Ausformungen dieser beiden Typen ab, so kann man dennoch sagen, dass das Wohnen in einer *domus* vorwiegend der Aristokratie vorbehalten war, wohingegen die „einfache" Bevölkerung in den *insulae*, welche meist im zentralen, urbanen Bereich lagen, wohnten[766].

Ähnlich den heutigen Verhältnissen in Rom waren *domus*-Anlagen im Norden und im Osten - den Randbereichen Roms - konzentriert[767]; die Masse des Volkes wohnte dagegen vor allem in den Miethäusern westlich des Marsfeldes um den Circus Flaminius sowie an den nach dem Zentrum orientierten Hängen des Quirinal, des Viminal und des Esquilin, der Subura, dem Velabrum mit dem Forum Boarium und dem Forum Holitorium[768]. Die Anzahl dieser Miethäuser dürfte aufgrund der ständig steigenden Einwohnerzahl im Laufe der Jahrhunderte zugenommen haben. Exakte Angaben zur Bevölkerungsstatistik sind aus den antiken Quellen jedoch nicht ersichtlich. Die Schätzungen der modernen Autoren differieren in so krasser Weise voneinander (1,200.000 nach GIBBON, 1 -

---

[765] Vgl. CARCOPINO, Rom, 43.

[766] Dass man hier differenzieren muss, zeigt das Beispiel Pompeji: Während die politisch führende Klasse in luxuriös ausgestatteten, vornehmen Häusern mit einer Grundfläche von 2950 bis 450m² wohnte, konnten sich Freigelassene, kleine Kaufleute, oder Handwerker immerhin ebenfalls ein eigenes Haus mit Ausmaßen von 350-120m² leisten. Kleine Wohnräume im Anschluss an Läden (*pergulae*), die sich gelegentlich nur auf das Halbgeschoß beschränkten, waren hingegen den ärmsten Bewohnern der Stadt vorbehalten. Die Verteilung der drei Wohnhaustypen auf das Stadtgebiet zeigt sodann, dass es zwar eine Konzentration der Häuser, welche der Aristokratie vorbehalten waren, auf die *regio VI* gab, im Grunde genommen aber alle drei Wohnmöglichkeiten in allen Regionen zu finden sind. Vgl. COARELLI, Pompeji, 46-50.

[767] KOLB, Rom, 425.

[768] Ebd., 431-432. Die in den obersten Stockwerken gelegenen, immer enger und kleiner werdenden Räume waren wohl den ärmsten Bevölkerungsschichten vorbehalten: Vgl. auch LIEDTKE, Rom, 707.

Hausbau und Wohnverhältnisse 197

2,000.000 nach FRIEDLÄNDER, 250.000 nach LOT)[769], dass man sich fragen muss, worauf diese Unterschiede in der Berechnung zurückzuführen sind. Primär basiert ein solch weitgestreutes Ergebnis auf den unterschiedlichen Methoden, welche zur Berechnung angewandt wurden. Demnach werden einerseits Datenangaben bei antiken Schriftstellern untersucht und zum anderen Berechnungen anhand von Truppenstärken, topographischen Gegebenheiten und des Getreideverbrauchs durchgeführt[770]. Bei all diesen herangezogenen Methoden muss allerdings bedacht werden, dass jede der Berechnungen unvollständig ist, da das Quellenmaterial keine exakten Schlussfolgerungen zulässt. Auch der Vergleich mit modernen Bevölkerungsverhältnissen und Analogieschlüssen zur Antike kann nur hypothetische Zahlen liefern, da sich die Situation von heute nicht bedenkenlos auf die Antike übertragen lässt.

Aufgrund dieser Überlegungen versuchte PACKER in den 60er Jahren anhand eines Vergleichs mit dem besser erforschten Ostia, eine annähernde Bevölkerungszahl für Rom zu eruieren[771]. Nach einer eingehenden Analyse der archäologischen Überreste Ostias meinte er, dass die Bevölkerungszahl dort im Unterschied zu den bisherigen Forschungsergebnissen nur bei 27.000 Einwohnern gelegen haben dürfte; daraus schloss er wiederum, dass auch für Rom die angenommene Bevölkerungsdichte auf unter eine Million Einwohner reduziert werden müsse[772]. Doch auch diese Überlegungen sind nur auf Hypothesen aufgebaut, wenngleich sie eine große Akzeptanz und daher einen gewissen Wahrscheinlichkeitsgrad besitzen; somit sind alle Berechnungen der Einwohnerzahl und in weiterer Folge des verfügbaren Wohnareals nur als ungefährer Maßstab zu nehmen[773]. Leider sind auch der *Forma Urbis*, dem

---

[769] Vgl. MAIER, Bevölkerungsgeschichte, 321-322.

[770] Ebd., 323.

[771] PACKER, Housing and Population, 80-95.

[772] Ebd., 87.

[773] Nach CARCOPINO, Rom, 39 bleibt bei einer Schätzung von 1,200.000 Bewohnern und einer bebaubaren Fläche von 2000 ha nur 6m² Wohnfläche für jeden einzelnen. Dass die Berechnungen der Bevölkerungszahl wie auch des verfügbaren Wohnareals beträchtlich

Marmorstadtplan aus severischer Zeit, keine sicheren Angaben über das Aussehen und die Größe der *insulae* zu entnehmen, da viele eingezeichnete Gebäude nur schwer interpretiert werden können[774]. Ebenso unsicher sind die Angaben, die aus den Regionenverzeichnissen aus der Mitte des 4. Jahrhunderts n. Chr., dem *Curiosum* und der *Notitia* der Stadt Rom, zur Anzahl der Wohnhäuser gegeben werden[775]. In diesen beiden Listen sind die bedeutendsten Gebäude neben einem statistischen Überblick über besondere Merkmale jeder Region genannt; darunter findet sich auch die Nennung von 1.790 *domus* sowie 46.602 *insulae* für alle 14 Regionen von Rom.

Da hier vor allem die Anzahl von 46.602 Miethäusern für Rom übertrieben scheint, wollte man in der modernen Forschung zunächst die Interpretation des angeführten *terminus* einer *insula* als Miethaus in diesem Zusammenhang anzweifeln. Dieser Begriff sollte plötzlich einen Stockwerk oder gar nur eine Türöffnung bezeichnen. Erst später wurde deutlich, dass es in diesen Verzeichnissen generell Unregelmäßigkeiten in der Verteilung der *insulae* auf die einzelnen Regionen gibt - die *regio* II wird darin mit 514 *insulae* per *vicus* bedacht, die *regio* XIV mit nur 56; die Zahlen der *insulae* für die Regionen XII und XIII scheinen gar identisch zu sein - sodass der Gesamtzahl von 46.602 Miethäusern keine große Glaubwürdigkeit zugesichert werden kann. Eine Zahl von 25.000 *insulae* - wie sie HERMANSEN[776] in den 70er Jahren berechnete - ist hingegen realistischer. Ausgehend von dieser *insula*-Zahl lässt sich jedoch ebenfalls keine exakte Bevölkerungszahl ermitteln, da weder die Haushöhe der *insulae*, noch ihre Größe und Einwohnerzahl bekannt sind.

Ungefähre Anhaltspunkte zum Aspekt der ständig steigenden Überbevölkerung und den daraus resultierenden Problemen mit dem Wohnraum geben

---

schwanken, zeigt eine andere Kalkulation von KOLB, Rom, 427, wonach einer Million Einwohnern nur 900 ha Wohnfläche zur Verfügung stand.

[774] PACKER, Housing and Population, 81.

[775] Vgl. zu diesen beiden Listen und den Problemen damit: HERMANSEN, Regionaries, 129-168.

[776] Ebd. 129-168.

Hausbau und Wohnverhältnisse 199

glücklicherweise immer wiederkehrende Notizen bei antiken Autoren und bei Juristen[777]. So ist bekannt, dass man dem ständigen Wohnraummangel in Rom dadurch Herr zu werden versuchte, indem die Straßen eng gehalten und die Häuser in die Höhe gebaut wurden. Während im 3. Jahrhundert v. Chr. die *insulae* allem Anschein nach nur drei Stockwerke aufwiesen[778], gibt es sowohl archäologische wie auch literarische Zeugnisse für eine Ausdehnung auf vier bis sechs Stockwerke in der Kaiserzeit. Tacitus[779] zum Beispiel berichtet für 69 n. Chr., dass einige Häuser - wenn vielleicht auch nur symbolisch gemeint - Kapitolshöhe erreichten. Tatsächlich lassen sich Berechnungen zufolge Haushöhen von circa 24 Metern bei einer Zimmerhöhe von maximal vier Metern und sechs Stockwerken rekonstruieren[780]; die Höhe der meisten Häuser dürfte sich jedoch auf vier bis fünf Stockwerke (demnach auf eine Höhe von circa 16m) beschränkt haben[781].

Eine solche Haushöhe wird auch vielfach archäologisch bezeugt[782]. Die *insula* in der Aurelianischen Mauer südlich der Porta Tiburtina in der Via di Porta Labicana beispielsweise, von der heute noch die Fassade erhalten ist, wies vier Stockwerke in Ziegelbautechnik auf[783]. Eine andere *insula* am Abhang des Kapitols aus der 1. Hälfte des 2. Jahrhunderts n. Chr., die teilweise unter der zu S.

---

[777] Vgl.etwa Vitr. 2,8,17; Sen. benef. 4,6,2; ders.: ira 2,35,5; Iuv.3,190-202. Zu den Juristenstellen vgl. weiter unten.

[778] CARCOPINO, Rom, 44; Liv. 21,62.

[779] Tac. hist. 3,71.

[780] HOMO, Rome, 620 meint, mit dem Zitat bei Tacitus müsste mindestens eine Haushöhe von 30 Metern gemeint sein. Auch die Notiz bei Mart. 7,20, wonach der Schlemmer Scantra nach der Heimkehr von seinen Gelagen noch 200 Stufen bis zu seiner Wohnung zu erklimmen hat, lässt bei einer Stufenhöhe von 0,15m/Stufe auf 30m schließen.

[781] KOLB, Rom, 432. Bei Iuv. 3,190-202 ist die Rede von drei Etagen. Martial wohnt ebenso in einer *insula* im dritten Stockwerk auf dem Quirinal: Mart. 1,117,6; 5,22,4; 6,27,1-2; 1,108,3. Es muss allerdings auch erwähnt werden, dass die Stockwerkhöhe der meisten Häuser nach oben hin abnahm. Die Wohnungen der letzten Stockwerke waren somit manches Mal nur mehr bis zu 3 Meter hoch.

[782] Vgl. dazu: KOLB, Rom, 432-433; PACKER, Housing and Population, 80-81.

[783] NASH, Bildlexikon II, 91, Abb., 781.

Maria in Aracoeli führenden Treppe eingebaut wurde, ist heute nur mehr ab dem dritten Stockwerk zu sehen. Das unterste Stockwerk liegt circa zehn Meter unter dem heutigen Niveau[784]. Reste zweier weiterer Miethäuserfassaden sind in der Kirche SS. Giovanni e Paolo eingebaut. Beide Fassaden sind in der Mauer, die am Clivus Scauri verläuft, zu sehen[785]. Die westliche von beiden hatte über die ersten zwei Stockwerke reichende Arkaden, wogegen die dritte und die vierte Etage, von denen heute keine Überreste mehr vorhanden sind, auf diesen ruhten. Das östliche Gebäude scheint aus Läden im Erdgeschoss und mehreren Wohnräumen im noch ersichtlichen zweiten Stockwerk zu bestehen. Beide Gebäude, von denen das westliche in das 2. Jahrhundert n. Chr. und das östliche in das darauffolgende Jahrhundert datiert werden können, waren ursprünglich bis zu vier Stockwerke hoch aus Ziegelsteinen errichtet. Neben diesen erwähnten drei Hausresten sind dann weiters die Piazza Colonna mit dem Bereich um die gegenwärtige Galleria Colonna sowie die Via Nova in Forum Romanum-Nähe zu nennen, die ebenfalls teils aus Läden, teils aus Wohnbereich bestehende Gebäude aufweisen[786]. Insula-Reste gibt es schließlich auch noch im Bereich der Trajansmärkte entlang der Via Biberatica, deren Funktion als Läden schon durch den Namen der Straße (von latein. *bibere*) erkennbar ist[787].

Missstände im Bau und die Errichtung von 20-30 Meter hohen Gebäuden waren auf die zunehmende Bevölkerungsdichte zurückzuführen[788], sodass von seiten des Gesetzgebers immer wieder Höhenbeschränkungen für Häuser erlassen wurden. Bereits in der Zeit der Republik wurden Maßnahmen zur Reduzierung der Haushöhen ergriffen (etwa 165 v. Chr. durch Rutilius Rufus[789]), welche dann

---

[784] Ebd. I, 506-507, Abb. 623 u. 624.

[785] Ebd. I, 357-361, Abb. 433-434.

[786] Vgl. GATTI, NSc, 1917, 9-20 u. NASH, Bildlexikon II, 123, Taf. 836.

[787] Vgl. COARELLI, Roma, 144.

[788] Vgl. für die beginnende Kaiserzeit etwa die Notiz bei Vitr. 2,8,17. Für die ausgehende Zeit der Republik kann die Aussage über die Höhe der Häuser, die schmalen Gassen und die schlecht ausgebauten Straßen bei Cic. leg. agr. 2,96 herangezogen werden.

[789] Zitiert bei Suet. Aug. 89.

Hausbau und Wohnverhältnisse

in der Kaiserzeit abermals von Augustus, Nero und Trajan wiederaufgenommen wurden. All diese Vorkehrungen sind dabei als Antwort auf gravierende Brände sowie immer wieder vorkommende Hauseinstürze zu betrachten. So steht die von Augustus vorgeschriebene Reduzierung der Haushöhen auf 70 Fuß (= 20,69m) wahrscheinlich mit den zahlreichen Bränden in seiner Regierungszeit und der darauffolgenden Installierung der *vigiles* 6 n. Chr. im Zusammenhang[790]. Wie dieses Gesetz weiters zeigt, dürfte das Höhenmaß von 20m für die Häuser zu Beginn der Kaiserzeit überschritten worden sein. Es stellt sich nun die Frage, was mit den bereits gebauten Häusern passierte. Wie insbesondere die weiterhin erlassenen gesetzlichen Bestimmungen verdeutlichen, gab es immer wieder das Problem mit den allzu hohen Gebäuden[791]. Höchstwahrscheinlich bezogen sich die gesetzlichen Maßnahmen zur Einschränkung der Haushöhen nur auf die Neubauten, wogegen die Altbauten davon ausgenommen wurden.

Die Miethausbesitzer scheinen sich jedoch aufgrund eines größeren Eigennutzens nur teilweise an dieses augusteische Gesetz gehalten zu haben. Neben den alten, bereits bestehenden, eine Höhe von 20m überschreitenden Gebäuden wurden wahrscheinlich vereinzelt auch weitere, neue, bei weitem höhere *insulae* errichtet, sodass nach Tacitus[792] Nero abermals nach dem großen Brand von 64 n. Chr. neben Maßnahmen zur Verbreiterung der Straßen ein Gesetz zur Beschränkung der Haushöhen erließ. Für eine teilweise neue Baugesetzgebung war das ein günstiger Moment, da große Teile Roms in Schutt und Asche lagen, und somit ein Neuaufbau mit einer allgemeinen Haushöhenreduzierung in Angriff genommen werden konnte. Es ist anzunehmen, dass es sich bei dieser Maßnahme um die Wiederholung der bereits unter Augustus durchgeführten Einschränkung auf 70 Fuß handelt. Auch die Ansicht

---

[790] Strab. 5,3,7. Bei Suet. Aug. 30 und Cass. Dio 55,26 wird nur die Installierung der *vigiles* erwähnt, Maßnahmen zur Reduzierung der Haushöhen werden nicht genannt.

[791] Strab. 16,2,23 berichtet, dass die Häuser von Tyros allerdings fast noch höher gewesen sind als diejenigen Roms.

[792] Tac. ann. 15,43.

einiger moderner Autoren[793], dass sich die genannten Bestimmungen von seiten der Kaiser nur auf die Fassaden bezöge, ist hinsichtlich der erhaltenen Fassadenfragmente, welche durchwegs auf eine Höhe von über 20 Meter hinweisen, abzulehnen.

Hauseinstürze verbunden mit Immobilienspekulation waren weiterhin gang und gäbe, sodass Iuvenal[794] in der 2. Hälfte des 1. Jahrhunderts n. Chr. klagt, die Stadt stütze sich nur mehr auf dünne Stempel, welche die einsturzgefährdeten Mauern tragen sollten. Die Haushöhe wurde schließlich unter Trajan auf 60 Fuß (17,74m) beschränkt[795]. Doch auch diese Vorkehrung war nicht die letzte ihrer Art, da in den nachfolgenden Jahrhunderten die literarischen Quellen abermals wiederholt von mehrere Stockwerke hohen Häusern sprechen, welche höher, als die erwähnten gesetzlichen Maßnahmen es vorschreiben, gewesen sein dürften[796]. So wird etwa die herausragende Höhe der *insula Felicles* gerühmt, die wie einer der modernen Wolkenkratzer erscheinen musste[797].

An dieser Stelle ist es aufschlussreich, einen Vergleich mit den Haushöhen in Konstantinopel zu ziehen. Das Problem, die große Zahl der Menschen auf engem Raum unterzubringen, bestand auch dort und äußerte sich ebenfalls in gesetzlichen Maßnahmen zur Einschränkung der Haushöhen. Nachdem 469 n. Chr. ein großer

---

[793] Vgl.etwa HERMANSEN, Ostia, 218. Im Gegensatz dazu meint RAINER, Baubestimmungen, 223-224: Die Effizienz wie auch die Folgen der gesetzlichen Höhenbeschränkungen seien ungewiss. Diese kaiserlichen Erlässe seien wohl auf populistische Bestimmungen nach Katastrophen zurückzuführen.

[794] Iuv. sat. 3,190-202. Zu den aufgrund der erforderlichen Haushöhe schwachen Mauern kann auch in vielen Fällen eine kleine Standfläche für die *insulae* angenommen werden, welche sich nach den - allerdings nicht zuverlässigen - Berechnungen aus der Forma Urbis auf ca. 300-400 m² belief. Vgl. CARCOPINO, Rom, 55.

[795] Aur. Vict. epit. 13,13.

[796] Gell. 15,1,2. Vgl. auch Aristeid. or. 14, p. 324 ed. DINDORF, der sogar meint, wenn man alle Stockwerke auf dem Boden ausbreiten würde, dann erstreckte sich die Hausreihe bis nach Hadria an der oberen Adria.

[797] CARCOPINO, Rom, 46. Tert. adv. Val. 7.

Hausbau und Wohnverhältnisse 203

Brand in Konstantinopel ausgebrochen war, wurde die Maximalhöhe von Kaiser Zenon auf 100 Fuß (= 29,57m) festgesetzt[798].

In allen Fällen brandbegünstigend mussten die meist aus Holz errichteten Gebäude wirken[799]. Wenn auch das Erdgeschoß mit seinen Treppen meist noch aus Stein gebaut war, erreichte man die oberen Stockwerke doch häufig nur mittels hölzerner Treppen[800]. Das kann in anschaulicher Weise am Beispiel von Ostia beobachtet werden. Hier sind nur wenige Häuser erhalten, die zwischen dem Erdgeschoß und dem ersten Stock eine Betondecke (*concameratio*) eingeschoben hatten. In den meisten Fällen besaßen sie hölzerne Plafonds sowie aus Holz gezimmerte Treppen. Nur wenige Gebäude dürften wenigstens zum Teil aus Tuff oder Beton bestanden haben, wie dies etwa für den Caseggiato del Temistocle in Ostia belegt ist[801].

Für Rom bestätigen wiederum literarische Erwähnungen diesen Eindruck: Nach Vitruv[802] waren viele der *insulae* in Rom in Fachwerkbauweise (*opus craticium*) ausgeführt, sodass er sich wünschte, „dasselbe sei nicht einmal erfunden worden", da die Bauweise zwar schneller vor sich gehe und auch billiger sei, die Häuser aufgrund des Baumaterials (Holz, Schilf und Stuck) aber wie Fackeln brennten und zudem der Verputz auch leicht Risse bekäme. Vitruv[803] berichtet sodann noch, dass Ziegelmauerwerk in Rom nicht verwendet werden durfte, da es nach den Staatsgesetzen aufgrund des Raummangels nur erlaubt war, mit einer Mauerdicke von 1 ½ Fuß (0,44m) zu bauen und eine Ziegelbauweise eine Mauerstärke von mindestens zwei bis drei Ziegelbreiten[804] erfordert hätte, um die

---

[798] Cod. Iust. 8,10,12.

[799] Vgl. Herodian 7,12,5-7.

[800] KOLB, Rom, 438.

[801] Vgl. PACKER, Insulae, 50.

[802] Vitr. 2,8,20.

[803] Vitr. 2,8,16.

[804] Nach Vitr. 2,3,3 betrug die Ziegellänge einer griechischen oder lydischen Ziegelart 1 ½ Fuß (0,44m). Es ist fragwürdig, ob diese Ziegellänge auch hier angewendet werden kann.

darüber liegenden Stockwerke zu tragen. So baute man die Häuser allem Anschein nach zum Teil mit dünnen Steinpfeilern, Mauern aus zu schmalen, gebrannten Ziegeln und Bruchsteinmauern in den unteren Stockwerken und mit hölzerner Architektur im oberen Bereich in die Höhe[805].

Daher ist die Aussage Ulpians auch leicht verständlich, dass kein Tag in Rom vergehe, ohne dass mehrere Brände ausbrächen[806]; als Beispiel und vorbildhaft wird dagegen im *Bellum Alexandrinum*[807] Alexandria gerühmt, wo die Häuser ohne Gebälk und Holz aus festem Gemäuer und Gewölbe gebaut seien, und Brandausbrüchen somit leichter standhalten könnten. Der Frage, ob das der Realität entsprach, kann an dieser Stelle allerdings nicht nachgegangen werden.

Entscheidend bei der Wahl des Baumaterials dürfte immer wieder die Kostenfrage gewesen sein: Holz wurde als billigeres Baumaterial den Ziegeln und dem Beton vorgezogen, sodass sich vor allem Vitruv Gedanken machte, welche Holzarten weniger auf Feuer ansprächen. Die Tanne zum Beispiel gerät laut Vitruv durch ein heftiges Feuer relativ schnell in Brand, wohingegen die Lärche, die jedoch - seiner Meinung nach - nur in den Städten der Poebene und des Adriatischen Meeres bekannt seien, dem Feuer standhalten könne[808]. Für Rom stand das Lärchenholz nach Vitruv aufgrund allzu hoher Transportkosten als Baumaterial allerdings scheinbar nicht zur Verfügung; es wurde nur auf dem Po von Larignum, das seiner Ansicht nach von dieser Holzsorte ihren Namen trägt, nach Ravenna befördert und auch in Fanum, Pisaurum, Ancona und anderen

---

[805] Vgl. Iuv. 3,190-202.

[806] Dig.1,15,2.

[807] Bell. Alex. 1.

[808] Vitr. 2,9,6 u. 14. Bei einem Vergleich der Heizwerte verschiedener Holzsorten liegt die Lärche bei einem Raummeter mit 20%igem Wassergehalt an mittlerer Stelle: Während Kiefer und Fichte einen niedrigeren Heizwert von 1481 kWh/rm bzw. 1271 kWh/rm aufweisen, liegen Buche und Eiche mit 1784 kWh/rm über dem Heizwert der Lärche (1602 kWh/rm). Die Angaben sind einer Broschüre der Landeskammer für Land- und Forstwirtschaft (Heizen mit Holz, Dezember 1990) entnommen. Die Tanne zum Beispiel, von der Vitruv meint, dass sie schnell in Brand gerate, hat laut dieser Broschüre einen geringeren Heizwert als die Lärche. Vitruv scheint daher mit seinen Aussagen nicht ganz zuverlässig zu sein.

Städten dieser Gegend verwendet[809]. Überzeugt erklärt Vitruv, dass diese Holzart auch für den Hausbau in Rom besser wäre, da viele Brände vermieden werden könnten, „wenn das Bretterwerk an den Dachvorsprüngen rings um die Häuserblocks aus diesem (Baumaterial) gefertigt wäre", da gerade dort das Übergreifen von Bränden von Haus zu Haus dadurch abgehalten werden könnte. Im Grunde genommen dürfte es allerdings relativ gleichgültig gewesen sein, welches Holz zum Bauen verwendet wurde, da sämtliche Holzsorten dem Feuer nicht standhalten können.

Erst später im 3. Jahrhundert n. Chr. versuchte man zum Beispiel in Ostia diesem Problem dadurch Herr zu werden, dass die Gesimse aus Ziegeln hergestellt wurden und steinerne Kragsteine die Enden der Dachsparren umgaben. In weiterer Folge wurde das Dach dann komplett aus Stein- und Dachziegeln errichtet[810]. Architekturbeispiele dieser Art haben sich in Rom in der Apsis der Kirche S. Saba[811] sowie beim Pantheon oder in der antiken Nordmauer von S. Croce in Gerusalemme erhalten[812].

Interessant ist, dass Juristen sich aufgrund dieser brandgefährdeten Bauweise Gedanken machten, ob es jemandem gestattet sein soll, das Haus des Nachbarn niederzureißen, wenn dieses das eigene Haus durch Feuer bedrohe.

---

[809] Vitr. 2,9,16.
[810] HERMANSEN, Ostia, 215.
[811] Ebd., 215, fig. 135.
[812] NASH, Bildlexikon II, 175, Abb. 901 u. II, 385, Abb. 1171.

Celsus[813] sagt, dass derjenige, der das Haus niederreißt, das Recht dazu haben soll, egal ob das Feuer bereits das Nachbarhaus erreicht hat oder gelöscht wurde, bevor jenes Feuer fing. Zu einer konträren Ansicht gelangt Servius[814], wenn er meint, dass ein Privatmann, der das Nachbarhaus abreißt, nur dann der Haftung aus der Lex Aquilia entgehe, wenn das Feuer das zerstörte Haus tatsächlich erreicht. Einzig und allein ein Beamter dürfe das Gebäude niederreißen, auch wenn das Feuer das Gebäude noch nicht erreicht hat.

Ob eine andere Möglichkeit, Häuser oder zumindest Teile davon mit Alaun zu bestreichen, genutzt wurde, wie es Aulus Gellius als Wunschdenken einem Augenzeugen eines größeren Hausbrandes in Rom in den Mund legt, ist nicht bekannt und wohl auch unwahrscheinlich[815].

Unter den Gesetzen, die Nero 64 n. Chr. erließ, war auch eine Bestimmung, dass die Häuser aus besonders feuerresistentem vulkanischen Albaner- und Gabinergestein, erbaut werden sollten[816]. Allerdings dürfte dieses Gesetz aufgrund der Kostenfrage nur auf einige öffentliche Gebäude angewandt worden sein. Demnach wurde bereits beim Augustusforum als Abgrenzung zum dahinterliegenden Viertel, der Subura, eine 30 Meter hohe Quadermauer aus Peperino von Gabii und Travertin errichtet, deren Konsistenz heute vor allem im Bereich hinter dem Mars Ultor - Tempel gut zu sehen ist (vgl. Abb. 21)[817].

---

[813] Dig. 9,2,49,1.

[814] Dig. 43,24,7,4.

[815] Gell. 15,1,2. Dass Alaun zum Imprägnieren gegen Feuer verwendet wurde, ersieht man auch aus Amm. 20,11,13. Vgl. Kap. III.2, S. 187.

[816] Tac. ann. 15,43.

[817] COARELLI, Rom, 108. Ders., Roma, 118 mit einer Rekonstruktion des Forumbereichs.

Hausbau und Wohnverhältnisse

Eine solche Mauer dürfte Tacitus in seiner Schilderung des Brandes von 64 n. Chr. vor Augen gehabt haben, wenn er sagt, dass die Häuser weder durch Brandmauern abgeschirmt, noch die Tempel mit Mauern umgeben waren, wodurch sich der Brand ungehindert ausbreiten konnte[818].

Um ein allzu schnelles Übergreifen eines Brandes auf das benachbarte Haus zu verhindern, gab es auch bereits seit dem Zwölftafelgesetz Bestimmungen, dass ein bestimmter Abstand (*ambitus*) zwischen zwei Gebäuden eingehalten werden müsse. Betrug er in den Zwölf Tafeln noch fünf Fuß (= 1,47m)[819], so erließ Nero nach dem Brand von 64 n. Chr. abermals ein Gesetz, wonach ebenfalls ein Abstand, dessen Maße nicht bekannt sind, zwischen zwei Häusern liegen sollte[820].

In dieselbe Richtung zielt eine Gesetzgebung Konstantins aus dem Jahr 326 n. Chr., dass im Umkreis von 100 Fuß von öffentlichen Getreidelagern keine Gebäude errichtet werden sollen, da die Getreidelager besonders brandgefährdet waren[821]. 398 n. Chr. wurde sodann eine ähnliche gesetzliche Maßnahme getroffen, wonach die öffentlichen Getreidespeicher an vier Seiten von den privaten Gebäuden isoliert und im Bedarfsfalle sogar Gebäudeteile niedergerissen werden sollten[822]. Und wiederum heißt es in einer anderen Gesetzesstelle aus dem Jahre 406 n. Chr., dass in einem Umkreis von 15 Fuß (4,43m) keine privaten Gebäude an öffentliche grenzen sollten[823].

---

[818] Tac. ann. 15,38,2-3: *neque enim domus munimentis saeptae vel templa muris cincta aut quid aliud morae interiacebat*. Aus welchem Material die *munimenta* waren, wird in dieser Stelle nicht gesagt.

[819] Tafel 7,1. Von jedem Gebäude ausgehend betrug der *ambitus* 2 ½ Fuß.

[820] Bei Tac. ann. 15,43,5. Vgl. auch KOLB, Rom, 446; VETTERS, Bauvorschriften, 479 meint, dass der Zwischenraum von fünf auf zehn Fuß erweitert worden sei.

[821] Cod. Theod. 15,1,4.

[822] Cod. Theod. 15,1,38.

[823] Cod. Theod. 15,1,46.

Abb. 21 Brandschutzmauer beim Augustusforum

Schmale, gewundene Straßen dürften zudem auch das Übergreifen von Bränden begünstigt und effektive, schnelle Löschmaßnahmen behindert haben[824]. Diese Straßenverhältnisse wurden irrtümlicherweise - entgegen den Erkenntnissen aus der heutigen archäologischen Forschung - in der Antike auf den raschen, planlosen Wiederaufbau Roms nach dem Gallierbrand zurückgeführt[825] und all die Versuche Neros, nach dem Brand Roms von 64 n. Chr. ein geregeltes Straßensystem zu schaffen, fruchteten wenig: Die Straßen behielten bis zum Ausgang der Kaiserzeit im großen und ganzen ihre ursprüngliche Konzeption bei.

Zu dem Problem der schlecht angelegten Straßen kamen noch weitere ungünstige Straßenverhältnisse. Nicht nur, dass jene viel Schmutz und für den Verkehr ungeeignete enge Windungen aufwiesen, in den engen Gassen boten auch noch viele Straßenhändler ihre Waren feil, was eine zusätzliche Erschwernis für

---

[824] CARCOPINO, Rom, 76. Vgl. auch Tac. ann. 15,38.

[825] Tac. ann. 15,43. Vgl. zur Glaubwürdigkeit dieser Aussage Kap. I, S. 23-24.

das Passieren mit sich brachte[826]. Auf diese Zustände hin erließ bereits Cäsar ein Gesetz, wonach der Straßenverkehr in Rom tagsüber bis auf wenige Ausnahmen, die sich auf Arbeiten im öffentlichen Bereich bezogen, verboten und auf die nächtliche Zeit beschränkt werden sollte[827].

Obwohl es in den Straßen anscheinend bereits so bedrückend eng war, traf Nero nach dem Brand von 64 n. Chr. zusätzliche Maßnahmen, wonach an die Front der *insulae* Portiken gebaut werden sollten. Tacitus[828] sagt darüber nichts weiter, als, dass diese dem Schutz der *insulae* dienten, und dass Nero selbst für ihre Finanzierung aufgekommen wäre, wohingegen Sueton[829] schreibt, Nero habe den Anbau von Portiken an die *insulae* wie auch an einzelne *domus* deshalb finanziert, damit von den flachen Dächern dieser Vorhallen aus Brände besser bekämpft werden könnten. Da die Häuser aber zuerst am Giebel Feuer fingen und ihre Höhe auch drei bis vier Stockwerke betrug, nutzte eine *porticus*, die zwei bis drei Stockwerke (ca.8-15m) unter dem tatsächlichen Giebel lag, wenig[830]. Zudem wäre die Gefährdung durch das Löschen vom Balkon aus wegen der vom Giebel herabstürzenden Dachteile extrem groß gewesen. Die Wasserzufuhr für die *siphones* wäre überdies in diesem Fall auch unmöglich geworden. Bei einer Betrachtung des archäologischen Materials zu den Portiken wird die Annahme, dass man von jenen aus nicht löschen konnte, bestätigt. Die meisten von ihnen aus Rom und Ostia sind nämlich direkt in die Hausfassaden eingebaut, sodass sie mit dieser eine Linie bilden und somit keinerlei Balkon aufweisen können[831].

---

[826] Iuv. 3,236-238; Mart. 7,61. Vgl. auch Mart. 12,57: Rom sei tagsüber zu laut, um zu arbeiten und nachts zu laut, um schlafen zu können.

[827] CIL I² 593 (= ILS 6085) 56-65.

[828] Tac. ann. 15,43: (...) *additisque porticibus, quae frontem insularum protegerent*.

[829] Suet. Nero 16: *Formam aedificorum urbis novam excogitavit, et ut ante insulas ac domos porticus essent, de quorum solariis incendia arcentur* (...).

[830] Vgl. HERMANSEN, Ostia, 218. Ders. Neros Porticus, 159-176. Vgl. zur selben Ansicht auch PHILLIPS, New City, 304.

[831] HERMANSEN, Ostia, 219 u. 220-221 fig. 136-138.

HERMANSEN kam schließlich zu der Überzeugung, dass jene Portiken, die nicht in die Hausfassade eingebaut waren, alleine dem Schutz der Bewohner dienen mussten[832]. Da bei Bränden das Dach zunächst brand- und sodann auch bald einsturzgefährdet war, sollten sie den darunter Schutz Suchenden eine Abschirmung vor den herabstürzenden Gebäudeteilen bieten[833].

Für zahlreichen Brände entscheidend mitverantwortlich waren die Heiz- und die Beleuchtungsweise. Es gab drei Möglichkeiten der Beheizung: Die wahrscheinlich am weitesten verbreitete war jene mittels Kohlenbecken; daneben gab es noch die Kaminfeuerung und die Hypokaustenheizung[834]. Da das Heizen mittels Kaminfeuerung nur in Einfamilienhäusern funktionierte und sich auch die Hypokaustenheizung auf die Miethäuser nicht anwenden ließ, gab es für die *insulae* nur die Möglichkeit der Verwendung von Kohlenbecken. Von diesen Kohlenbecken haben sich aus Pompeji und anderen Orten einige Exemplare unterschiedlichen Materials erhalten; ein Nachteil bei dieser Heizmethode war, dass die Wärmeausstrahlung sehr gering war, und sehr viel Rauch, Ruß und Flugasche entstand. Mit dieser Wärmeabstrahlung konnten allenfalls Hände oder Füße notdürftig gewärmt werden[835]. Der Funkenflug und die herabfallenden, glühenden Kohleteilchen wirkten jedoch äußerst brandbegünstigend[836]. Licht wurde in den Räumen durch Öllampen und Kerzen erzeugt, wobei auch bereits in den Häusern der ärmeren Bevölkerung neben Kerzen billigere Öllampen in Verwendung standen[837], die häufig bei Unachtsamkeit den Ausbruch von Bränden fördern konnten.

---

[832] Ebd., 223.

[833] Vgl. die Beschreibungen der in der allgemeinen Verwirrung umherirrenden Menschen in den blockierten Straßen beim Brande Roms 64 n. Chr. bei Tac. ann. 15, 38 und Cass. Dio 62, 16,1-7, der auch sagt, dass die Menschen in den Häusern Schutz suchten. Ob damit auch die Portiken gemeint sein könnten, geht aus der Notiz selbst nicht hervor.

[834] WEEBER, Alltag, 177-179.

[835] Ebd., 177-179.

[836] Ebd., 178.

[837] Vgl. Mart. 12,32,12; A. Hug, RE XIII,2, 1927, 1566-1613, s.v. *lucerna*.

Wasserversorgung

Zusammenfassend lässt sich sagen, dass die Haushöhe, das Baumaterial, weiters die Heizung mittels Kohlenbecken und offenen Herden sowie die Beleuchtung durch Kerzen entscheidende Faktoren waren, welche eine Brandausbreitung begünstigen konnten. Die meist großzügig mit Holz ausgestatteten Häuser wiesen Höhen von bis zu 20m und fallweise sogar darüber auf, weswegen sich durch dieses leicht entzündliche Baumaterial Brände rasch ausbreiten konnten und mit den zur Verfügung stehenden Geräten auch nicht effektiv zu löschen waren. Gesetzliche Maßnahmen zur Reduzierung der Haushöhen oder zur Einhaltung von Mindestabständen zwischen Häusern fruchteten nur wenig, da die Einwohnerzahl Roms ständig stieg und somit stockhohe Häuser in engen Gassen dicht aneinander gebaut werden mussten, um die Bevölkerung aufnehmen zu können. Die in den schmalen Gassen mit ihren hohen Gebäuden auftretende Kaminwirkung, welche die Intensität von ausgebrochenen *incendia* um ein Vielfaches steigern musste, darf hier ebenfalls nicht unterschätzt werden. Schließlich muss noch darauf hingewiesen werden, dass - wie im nächsten Kapitel zu zeigen sein wird - das für Privatzwecke zur Verfügung stehende Wasserangebot nicht in die obersten Stockwerke der *insulae* gelangte, was ein zusätzliches Hindernis beim Löschen von Bränden darstellte.

2. Die Wasserversorgung

Wasserleitungen (zum Teil als Aquädukte ausgebaut) sind für viele Städte des Reiches bekannt[838]. Da eine Untersuchung der Wasserversorgung imperiumsweit

---

[838] Vgl. Zu Tarragona: TÖLLE-KASTENBEIN, Wasserkultur, 72; zu Segovia siehe FRONTINUS-GESELLSCHAFT (Hg.), Mitteleuropa, 219; die Wasserleitung von Nemausus wurde ausführlich besprochen bei HAUCK, Aqueduct; zu Ephesos vgl. FRONTINUS-GESELLSCHAFT (Hg.), Pergamon, 180; TÖLLE-KASTENBEIN, Wasserkultur, 72-73; zu Karthago vgl. TÖLLE-KASTENBEIN, Wasserkultur, 72. Weiters vgl. zu Pergamon: FRONTINUS-GESELLSCHAFT (Hg.), Pergamon; zur 95,4 km langen Wasserleitung nach Köln vgl. MÜLLER (Hg.), Welt der Römer, 238-242. Nach MÜLLER, ebd. 240 sollen jedem Einwohner von Köln sogar 1200 l Wasser täglich zur Verfügung gestanden haben (zu dieser Wassermenge vergleiche die Berechnungen für Rom S. 233-234). Zur großzügigen Ausstattung von Augst mit Brunnen und einer 6,5 km langen Wasserleitung vgl. FURGER, Augusta

zu weit führen würde und andererseits solch eine Analyse für dieses Thema wenig sinnvoll wäre, da die Quellenlage für Brandbekämpfungsmöglichkeiten und für eine Aussage über die Häufigkeit von Brandausbrüchen nur mangelhaft ist, soll auch dieser Themenbereich auf Rom und Pompeji beschränkt werden. Das hat auch den Vorteil, dass für diese Regionen zusätzlich zur Archäologie die bereits besprochenen literarischen und epigraphischen Dokumente zur Verfügung stehen, welche eine weiter gefasste, realienkundliche Betrachtungsweise erlauben.

2.1 Quellenfrage und wassertechnische Überlegungen

Neben der Erforschung der archäologischen Überreste kann als wichtigste Quelle für die Organisation des Wasserwesens in Rom die Studie Frontins mit dem Titel *De aquaeductu urbis Romae* genannt werden. Dieser übernahm 97 n. Chr. - wie er in seinem Werk selbst sagt[839] - das Amt eines *curator aquarum* und schrieb diese Abhandlung hauptsächlich für seine Nachfolger als Grundlage einer richtigen Amtsführung. Insbesondere muss hierin sein Versuch, Missstände zu beseitigen und Verbesserungen für eine gerechtere Wasserverteilung zu erzielen, erwähnt werden[840]. Er selbst nennt darunter unter anderem Betrügereien der Verwaltungsbeamten, unachtsame Vergeudung von kostbarem Wasser oder ein verbotenes „Anzapfen" der Wasserleitungen. Als die in seiner Amtszeit durchgeführten Verbesserungen führt er im Gegensatz dazu an: Eine gerechtere Verteilung des Wassers auf alle Stadtbezirke, die Ausdehnung von Konzessionen auf Privatleute sowie die vermehrte Errichtung von Wasserbehältern, Brunnenbecken und dergleichen[841].

Raurica.

[839] Frontin., aqu. 1.

[840] Zu den Neuerungen vgl. Frontin. aqu. 87-93. Vgl. auch allgemein: A. KAPPELMACHER, RE X,1, 1918, 591-606, s. v. Iulius (Frontinus; Nr. 243) und Kl. SALLMANN, DNP 4, 1998, 677-678, s.v. Frontinus.

[841] Durch eine 1979 entstandene deutsche Übersetzung dieser Studie wurde die Beschäftigung mit wassertechnischen und -rechtlichen Fragestellungen wesentlich erleichtert: Vgl.

Wasserversorgung

Bereits gegen Ende der Zeit der Republik hatte der *praefectus fabrum* Cäsars, Vitruv, das achte Buch seines Werkes über die Architektur Wasserversorgungsfragen gewidmet. Darin kann man über die Auffindung von Wasserquellen, die Qualität unterschiedlicher Quellwasser sowie über technische Fragen zur Anlage von Wasserleitungen lesen. Wichtig ist vor allem das sechste Kapitel, das von der Anlage von Wasserleitungen, Brunnen und Zisternen und den Vorteilen und Nachteilen verschiedener Materialien für die Herstellung von Rohren handelt.

Den epigraphischen Zeugnissen können sodann meist Informationen zum administrativen Bereich entnommen werden. Darunter sind zum Beispiel zu nennen: Der Bezug auf Restaurierungsarbeiten an einem Aquädukt, Bleirohre mit Inschriften einzelner Funktionsträger oder *cippi* zur Abgrenzung eines Areals im Aquäduktbereich[842].

Gesetze und Erlässe schließlich, welche sich in den juristischen Texten erhalten haben, geben einen wertvollen Einblick in altertumskundliche Überlegungen wie zum Beispiel Maßnahmen gegen Missbrauch und Vergehen bei der Wasserentnahme. Historisch gesehen scheinen die Anfänge einer leistungsfähigen Wasserversorgung in Rom auf die republikanisch-hellenistische Zeit zurückzugehen. Frontin berichtet, dass man sich bis 441 Jahre nach der Gründung der Stadt (312 v. Chr.) mit der Entnahme von Wasser aus dem Tiber, den Schöpfbrunnen oder den Quellen begnügte[843]; so scheint es, dass erst im ausgehenden 4. Jahrhundert v. Chr. mit der Anlage von Wasserleitungen begonnen wurde, die dann in weiterer Folge sukzessive ausgebaut und verbessert wurden. Dabei mussten einige Überlegungen technischer Art beachtet werden: Denn vom Ursprung des Wassers bis zum Endpunkt der Entnahme oder der Zuleitung zu den Zielpunkten gab es verschiedene Stationen. Das Wasser wurde

---

HAINZMANN, Frontinus.

[842] Der Aufsatz von ZANOVELLO, Acquedotti befasst sich eingehend mit dem Aussagewert von inschriftlich erwähnten Wasserversorgungsfragen.

[843] Frontin. aqu. 4.

zunächst entweder einer Quelle, Flüssen, Seen oder Talsperren entnommen und dann in einer Gefälleleitung in unterirdischer und teilweise oberirdischer Führung mittels Stollen oder Schächten zu einem Verteilerbecken (*castellum*) geleitet[844]. Damit vor allem in einer hügeligen Stadt wie Rom auch die höchst gelegenen Stellen noch mit Wasser versorgt werden konnten, war es notwendig, dass das Wasser die Stadt an einem höher gelegenen Punkt erreichte, von wo es dann weiterverteilt werden konnte. Diese Verteilerstellen wurden Verteilerbecken (oder *castella*) erster Ordnung genannt und lagen meist in der Nähe der späteren Aurelianischen Stadtmauer[845]. Das weitere Wasserleitungssystem sah dann entweder ein sich in Form eines Stammbaumes verzweigendes Leitungsnetz vom Verteilerbecken erster Ordnung aus oder aber eine Leitung zu *castella* zweiter Ordnung innerhalb des Stadtgebietes vor. Dadurch, dass bei einem einfachen, stammbaumähnlich aufgebauten Leitungssystem keine größere Steigung oder Geländeschwankung für einen reibungslosen Wasserfluss existieren durfte, scheint ein Funktionieren der Wasserverteilung nur mittels weiterer *castella* sichergestellt gewesen zu sein[846]. Archäologisch konnte ein solches Wasserleitungssystem nur in Pompeji nachgewiesen werden. Hier fand man neben einem Hauptkastell einige auf das gesamte Stadtgebiet verteilte *castella* zweiter Ordnung[847]. Verteilerbecken erster Ordnung sind sodann nur in Nimes[848] und Rom belegt. Zu dem *castellum* aus Rom ist allerdings zu sagen, dass es nur in einem Stich von

---

[844] Vgl. TÖLLE-KASTENBEIN, Wasserkultur, 43-44; GARBRECHT, Wasserversorgungstechnik, 28. Siehe auch BRUUN, Water Supply.

[845] Vgl. Vitr. 8,6,1: „Kommt die Leitung an die Stadtmauer, so soll man ein Wasserschloss errichten und mit dem Wasserschloss verbunden zur Aufnahme des Wassers einen aus drei Wasserkästen bestehenden Waserbehälter."

[846] Auch die Aussage bei Vitr. 8,6,7, dass derartige *castella* alle 24,000 Fuß (70,97m) errichtet werden sollten, deutet auf eine größere Verteilung hin. Als Grund dafür gibt er selbst an, dass - falls an irgendeiner Stelle des Kanals ein Schaden entstehe - dieser leichter behoben werden könne. Die Errichtung von Zwischensammelanlagen hatte allerdings bestimmt auch den Zweck, Problemen bei einem allzu hügeligen Gelände vorzubeugen.

[847] TÖLLE-KASTENBEIN, Wasserkultur, 145-146.

[848] Vgl. zu den Überresten des *castellum* in Nimes mit einer Abbildung: VENZKE, Aquädukt, 84. Zu den technischen Daten vgl. HAUCK, Castellum.

Piranesi aus dem Jahre 1760 erhalten ist, wonach es bei einem Brand zerstört wurde. Es lag nahe der Aurelianischen Mauer nördlich der Porta Maggiore und nahm das Wasser aus der Aqua Claudia auf[849]. Überreste von Nebenverteilern ließen sich dagegen nur in Rom feststellen. Hier wurde ein *castellum* zweiter Ordnung der Aqua Marcia (vgl. S. 221-222) gefunden.

Ein mögliches Funktionieren solcher Verteilerbecken wird uns bei Vitruv[850] überliefert; der exakte Verteilungsmodus ist jedoch nicht ganz verständlich und wurde in der Forschung auch immer wieder konträr beurteil. Nach den Ausführungen Vitruvs sollen im Wasserschloß (*castellum*) drei Wasserkästen (*inmissaria*) mit drei Rohrleitungen so angelegt werden, dass das Wasser bei Überlaufen aus den beiden äußeren Behältern in den mittleren fließt. Dieser wiederum ist für die Versorgung der Brunnen zuständig, wogegen der zweite Wasserkasten die privaten Bäder und erst der dritte die Privathäuser mit Wasser versorgen soll. Eine solche Anordnung sei seiner Ansicht nach deswegen zu empfehlen, weil die Wasserversorgung der öffentlichen Brunnen stets gewährleistet sein sollte. Aufgrund dieser Schilderung wird in der modernen Literatur zumeist angenommen, dass die Anschlüsse am *castellum* in vertikaler Reihenfolge von oben nach unten so eingerichtet waren, dass bei Wasserknappheit zuerst die Wasserzufuhr für die Privathäuser ausfiel, sodann bei noch größerer Wassernot die Versorgung der Bäder, Thermen und Theater gefährdet war, und erst im Falle äußersten Wassermangels die Wasserzufuhr zu den öffentlichen Trinkbrunnen nicht mehr gegeben war[851].

Das archäologische Quellenmaterial bestätigt ein solches Verteilungsschema allerdings nicht. So hat das in Pompeji ausgegrabene *castellum* drei Auslaufrohre auf gleicher Höhe, für die ein solcher Wasserverteilungsmodus daher nicht

---

[849] TÖLLE-KASTENBEIN, Wasserkultur, 144.; vgl. NASH, Bildlexikon I, 37, Abb. 29.

[850] Vitr. 8,6,1-2.

[851] GARBRECHT, Wasserversorgungstechnik, 26-27; W. KRENKEL, LdAW II, 1965, 3259-3260 mit Abb. 253, s.v. Wasserversorgung.

zuzutreffen scheint (vgl. Abb. 22). GARBRECHT[852] meint, dass diesen drei Öffnungen beim Verteilungsbecken von Pompeji möglicherweise noch drei Überläufe vorgeschaltet waren, anhand derer bei Wassermangel eine Bevorzugung bzw. eine Vernachlässigung der einzelnen Destinationen erreicht hätte werden können. Eine solche Annahme wie auch die Meinung, dass mit der bei Vitruv genannten Dreiteilung am *castellum* möglicherweise nur eine Unterteilung der Stadt in Versorgungsbezirke gemeint sein könnte, innerhalb derer dann erst die Verteilung des Wassers über eine Anzahl von Hochbehältern erfolgte[853], können allerdings nicht nachgewiesen werden.

Die Überlegung, dass bei einer Verteilungsweise nach dieser bei Vitruv beschriebenen Art von den drei Verteilerrohren eine direkte Verbindung zu den jeweiligen Abnehmern erfolgen müsste, zeigt, dass ein solches Schema für eine Stadt mit der Größenordnung Roms sicherlich nicht angewandt wurde. Wenn ein solches System funktionieren sollte, „müsste jeder einzelne Stadtteil mit drei Hauptsträngen und gegebenenfalls nachfolgenden *castella* zweiter Ordnung ausgestattet worden sein"[854].

Was bei dem Vitruvzitat allerdings zum Ausdruck kommt, ist die Bedeutungszumessung der einzelnen Wasserabnehmer. An erster Stelle lag mit Sicherheit der öffentliche Sektor, dessen Wasserversorgung gewährleistet werden musste; der Wasserzuleitung zu privaten Abnehmern hingegen wurde nur marginale Bedeutung zugemessen.

---

[852] GARBRECHT, Wasserversorgung, 27. Durch den Fund von Resten mehrerer Wasserhähne in Pompeji scheint die Annahme berechtigt, dass der Wasserzufluss hier je nach Bedarf reguliert werden konnte: Vgl. dazu den Artikel von HODGE, *In Vitruvium Pompeianum*.

[853] GARBRECHT, Wasserversorgung, 27.

[854] TÖLLE-KASTENBEIN, Wasserkultur, 148.

Wasserversorgung

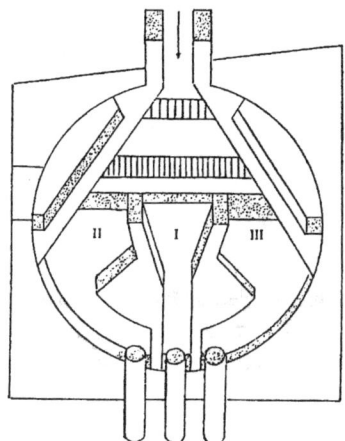

Abb. 22 Wasserverteiler aus Pompeji

2.2. Wasser für Rom

Die erste Fernwasserleitung, die Aqua Appia, wurde 312 v. Chr. von Appius Claudius Caecus und Caius Plautius Venox begonnen. Sie wurde allerdings nur nach Appius Claudius benannt, da sein Amtskollege aus der *gens* Plautia nach 18 Monaten des Censorenamtes die Amtsgeschäfte niederlegte, und somit Appius Claudius das Werk alleine vollendete. Nach einer über 400jährigen Wasserversorgung durch die Wasserentnahme aus dem Tiber, zahlreichen Brunnen (*putei*) oder in der Stadt vorkommenden Quellen und der Speicherung von Regenwasser in Zisternen[855] wurde jetzt zum ersten Mal - vielleicht nach

---

[855] HAINZMANN, Stadtrömische Wasserleitungen, 77.

griechischem Vorbild - Wasser aus weiter entfernten Gebieten nach Rom geholt (vgl. Abb. 23).

Die Leitungen wurden zunächst größtenteils unterirdisch angelegt und erst später streckenweise mit Aquäduktbögen ansehnlicher Länge geführt. Eine Überlegung für diese unterirdische Kanalleitung dürfte bestimmt auch darin bestanden haben, dass jene in Kriegszeiten weniger Gefahr liefen, beschädigt zu werden als die oberirdischen. So waren bei der Aqua Appia von der gesamten Länge von 16,55 km nur 88,8m auf oberirdischem Wege mittels Aquäduktbögen in der Nähe der Porta Capena ausgebaut[856]. Ihren Usprung nahm diese Leitung im *Ager Lucullanus* zwischen dem 7. und dem 8. Meilenstein der Via Praenestina circa 15 km außerhalb der Stadt (siehe Abb. 23).

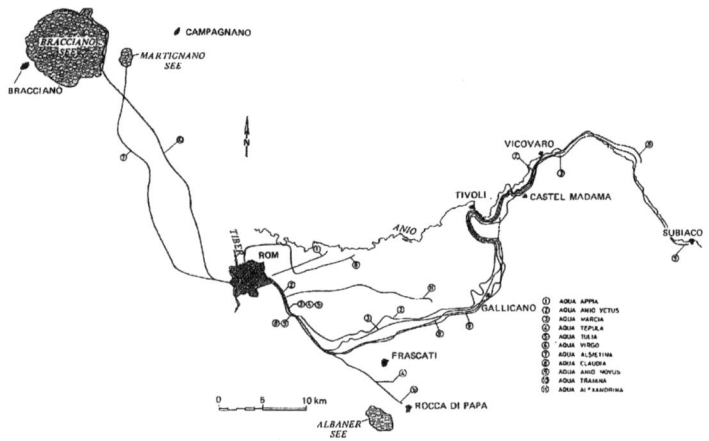

Abb. 23 Ursprung und Verlauf der Fernwasserleitungen Roms

In Rom selbst verlief die Aqua Appia von der Porta Praenestina kommend zunächst südlich um den Mons Caelius herum und dann in nordwestlicher Richtung bis zum Wasserschloss am Fuße des Clivus Publicius, „bei den

---

[856] Frontin. aqu. 5. Vgl. zu den Aquädukten Roms auch MUCCI, acquedotti.

Wasserversorgung

sogenannten Salinen, an der Porta Trigemina"[857] (vgl. Abb. 24). Beim Tempel der Spes vetus (im östlichen Stadtbereich in der Umgebung der Porta Praenestina) wurde ihr später eine Hilfsleitung, die Appia-Augusta, angeschlossen, und zwar - wie Frontin bemerkt - zur ihrer Verstärkung[858]. Zur Zeit Frontins dürfte sie sieben Regionen mit recht niedrigem Niveau über dem Meeresspiegel versorgt haben, da die Aqua Appia zu den am tiefsten gelegenen Wasserleitungen Roms zählte. Es handelt sich dabei um die II., VIII., IX., XI., XII., XIII. und XIV. Region des südlichen, süd-östlichen bzw. des zentralen Stadtgebietes (das heißt die Regionen Caelius, Forum Romanum, Circus Flaminius, Circus Maximus, Piscina Publica, Aventinus und Transtiberim)[859]. Ausbesserungsarbeiten fanden sowohl 144 v. Chr. durch Quintus Marcius Rex als auch später durch Agrippa statt. Die letzte uns bekannte Restaurierung erfolgte unter Augustus wahrscheinlich gleichzeitig mit dem Anschluss der Appia-Augusta[860].

Die zweitälteste Wasserleitung, die Aqua Anio Vetus, wurde vierzig Jahre nach Fertigstellung der Aqua Appia errichtet (272 v. Chr.)[861]. Den Namen trägt sie vom Fluss Anio, von dem sie auch ihr Wasser bezog. Nachdem sie nordöstlich von Tibur ihren Ursprung genommen hatte, führte sie in einer Gesamtlänge von 63,59 km mit 327.85 m oberirdischer Teilstrecke nach Rom[862]. Auch für die Aqua Anio Vetus wurde eine Nebenleitung gebaut, der Specus Octavianus[863]. Er sollte das Gebiet um die Via Nova mit Wasser versorgen[864]. Der Verlauf der Hauptleitung erreichte das Stadtgebiet Roms zunächst ebenfalls wie die Aqua Appia bei der Porta Praenestina, bog dann aber in Richtung Nordwesten ab und mündete

---

[857] WERNER, Wasser, 62; HAINZMANN, a.a.O., 79-80; Frontin. aqu. 5.
[858] Frontin. aqu. 5.
[859] WERNER, Wasser, 62.
[860] Frontin. aqu. 7, 9 und 125.
[861] Frontin. aqu. 6.
[862] Ebd. 6.
[863] Ebd. 21.
[864] Ebd. 21 und HAINZMANN, a.a.O., 86-87.

schließlich in der Nähe der Porta Esquilina (zwischen der heutigen Via Mazzini und der Via Principe Umberto) in das Wasserschloss[865]. Sie brachte das Wasser vor allem in die nordöstlichen Stadtregionen und war durch insgesamt 35 Verteilerbehälter auf folgende Regionen aufgeteilt: Porta Capena, Isis et Serapis, Templum Pacis, Esquiliae, Alta Semita, Via Lata, Forum Romanum, Circus Maximus sowie Transtiberim[866]. Obwohl das aus ihr bezogene Wasser seiner minderen Qualität halber nicht sonderlich geschätzt wurde[867], sind dennoch immer wieder Ausbesserungen bis in hadrianische Zeit bekannt[868].

Abb. 24 Wasserleitungen in Rom

---

[865] HAINZMANN, a.a.O., 87.

[866] WERNER, Wasser, 62-63.

[867] Frontin. aqu. 92.

[868] HAINZMANN, a.a.O., 86.

Als der Wasserbedarf mit diesen zwei Wasserleitungen nicht mehr gedeckt werden konnte, - schon in der Zeit zwischen 184 und 179 v. Chr. scheint es einen Wassermangel gegeben zu haben, was die Quellen mit der Erwähnung von nicht ausgeführten Wasserleitungsprojekten bestätigen[869] - wurde 144 v. Chr. der *praetor urbanus* Quintus Marcius Rex mit der Einrichtung einer weiteren Wasserleitung, der Aqua Marcia, beauftragt[870]. Ihr Ursprung lag beim 36. Meilenstein der Via Valeria oder beim 38. Meilenstein der Via Sublacensis, wobei ihre genaue Quelle nicht mehr zu eruieren ist, da in diesem Gebiet auch andere Quellen entsprangen[871]. Mit ihrer Länge von 91,26 km und davon einer oberirdischen Strecke von nennenswerten 10,03 km floss sie in Tibur vorbei. Bei der Porta Praenestina trat sie in das Stadtgebiet ein, wobei ihre Aquäduktbögen noch teilweise bei der Porta Maggiore zu sehen sind[872]. Von dort aus verlief sie über die Porta Tiburtina nach Nordwesten in Richtung Porta Viminalis und legte den letzten Weg bis zum Wasserschloss auf einem Aquädukt zusammen mit der Aqua Iulia und der Aqua Tepula zurück[873]. Die an der Nord-Ecke der Diokletiansthermen freigelegten *castella* können als die Wasserschlösser für die genannten drei Wasserleitungen der Bauphase in diokletianischer Zeit identifiziert werden[874].

Mittels 51 Verteilerbehältern wurde das Wasser von diesen drei Leitungen in alle Regionen bis auf die II., XI., XII. und XIII. Region (d. h. die Regionen Caelimontium, Circus Flaminius, Circus Maximus, Piscina publica) geliefert[875]. Von den vielen Zweig- und Nebenleitungen sind auch noch einige Überreste

---

[869] Nach Plut. Cato mai. 19 erging in diesen Jahren eine Bestimmung, wonach jene Wasserleitungen, die für die Öffentlichkeit bestimmtes Wasser in Privathäuser und Privatgärten leiteten, entfernt werden sollten; HAINZMANN, a.a.O., 90.

[870] Frontin. aqu. 7.

[871] HAINZMANN, a.a.O., 93; Frontin. aqu. 7.

[872] NASH, Bildlexikon I, 48, Abb. 43; I, 49, Abb. 44; I, 50, Abb. 45.

[873] HAINZMANN, Stadtrömische Wasserleitungen, 95.

[874] Ebd., 98.

[875] WERNER, Wasser, 65.

erhalten, von denen zum Beispiel auch ein Verteilerbecken zweiter Ordnung noch knapp außerhalb der Servianischen Stadtmauer auf der Piazza dei Cinquecento der Aqua Marcia zugesprochen wird[876]. Ebenso führte der Rivus Herculaneus, eine Nebenleitung, zur Porta Capena, eine zweite Nebenleitung leitete Wasser auf den Aventin und eine dritte zu den Caracallathermen. Einzelne Zweigleitungen können dann noch zusätzlich für die Wasserversorgung des Kapitols und des Palatin genannt werden[877]. Da die gute Qualität des Wassers aus der Aqua Marcia[878] bekannt war[879], wurde sie bis in die Spätantike immer wieder restauriert[880]. Aufgrund eines in der Sommerzeit auftretenden Wassermangels wurde ihr unter Caracalla eine Hilfsleitung mit der Bezeichnung Aqua Augusta (auch Forma Augusta genannt) zugeführt, für die im ausgehenden 4. Jahrhundert n. Chr. unter Arcadius und Honorius die Bestimmung erlassen wurde, dass aus ihr kein Wasser für private Zwecke abgeleitet werden solle[881]. Doch nicht nur der Trinkwasserqualität halber erlangte die Aqua Marcia Bedeutung, sondern vor allem wegen ihrer ausgedehnten Bogenführungen.

Wie bereits erwähnt wurde die Aqua Marcia teilweise auf einer gemeinsamen Strecke mit der Aqua Tepula und der Aqua Iulia geführt. Die Aqua Tepula selbst wurde 125 v. Chr. erbaut[882]. Sie nahm ihren Ursprung beim 10.Meilenstein auf der Via Latina und führte mit einer Länge von 17,145 km auf das Kapitol[883]. In augusteischer Zeit wurde ihr Verlauf dann zum Teil mit jenem der Aqua Iulia zusammengelegt. Mit ihrem lauwarmen Wasser von 17° C hatte sie über 14

---

[876] NASH, Bildlexikon I,51, Abb. 46.

[877] HAINZMANN, a.a.O., 99-100.

[878] Frontin. aqu.13; 89; 93; Plin. nat. 31,24-25 (41-42); Strab. 5,3,13; Vitr. 8,3,1.

[879] Frontin. aq. 91; 92: Erst Trajan verfügte ihre ausschließliche Verwendung als Trinkwasserleitung.

[880] HAINZMANN, a.a.O., 101.

[881] Ebd., 103; Cod. Theod. 15,2,8.

[882] Frontin. aqu. 8.

[883] Ebd., 8; HAINZMANN, a.a.O., 107.

Wasserversorgung

Verteilerbehälter vor allem die nördlich und nordöstlich gelegenen Stadtregionen IV, V, VI und VII (das heißt die Regionen Templum Pacis, Esquiliae, Alta Semita, Via Lata) zu versorgen[884].

Erst ein Jahrhundert später wurde unter der Ädilität des Agrippa 33 v. Chr. im Rahmen eines umfangreichen Bauprogrammes erneut mit der Einrichtung einer fünften Wasserleitung begonnen. Ihren Namen erhielt sie nach der *gens* Iulia als Aqua Iulia, wobei sie im großen und ganzen dem Lauf der Aqua Tepula folgte, sich mit dieser im Oberlauf vereinte und sich erst beim 6. Meilenstein der Via Latina wieder von ihr trennte[885]. Mit einer Gesamtlänge von 22,81 km, wovon 10,35 km oberirdisch geführt wurden[886], versorgte sie mit 17 Verteilerbecken die sechs im nördlichen Bereich gelegenen Stadtregionen III, V, VI, VIII, X und XII (das heißt die Regionen Isis et Serapis, Esquiliae, Alta Semita, Forum Romanum, Palatium und Piscina Publica)[887].

Der Wasserbedarf schien in dieser Zeit dermaßen gestiegen zu sein, dass Agrippa kurze Zeit später (19 v. Chr.) mit dem Bau der Aqua Virgo begann[888]. Sie entsprang beim achten Meilenstein auf der Via Collatina ähnlich der Aqua Appia innerhalb des Ager Lucullanus und führte auf einer Strecke von 20,86 km, wovon nur 1,83 km oberirdisch angelegt waren, von Norden her beim Muro Torto in die Stadt. Von dort aus führte sie südwärts über den Pincio in Richtung Fontana di Trevi und dann in Richtung Westen bis sie am Marsfeld ihr Wasserschloss erreichte[889]. Ihr besonders klares und frisches Wasser[890] war mittels 18 Wasserbehältern vor allem für die tiefer gelegenen Regionen im Nordwesten

---

[884] WERNER, Wasser, 62 und 66.

[885] Ebd., 66.

[886] Frontin. aqu. 9. NASH, Bildlexikon I, 47, Abb. 42: Ein Bogen der Aqua Iulia ist noch in der Via Filippo Turati zu sehen.

[887] HAINZMANN, a.a.O., 113; WERNER, a.a.O., 66.

[888] Frontin. aqu. 10. NASH, Bildlexikon I, 55, Abb. 51: Reste von einigen Bögen der Aqua Virgo wurden 1887 unter dem Hof des Palazzo Sciarra gefunden.

[889] HAINZMANN, a.a.O., 114-116; WERNER, a.a.O., 66-67.

[890] HAINZMANN, a.a.O., 117, Anm. 3.

Roms gedacht. Dazu zählten die drei Regionen VII, IX und XIV (Via Lata, Circus Flaminius und Transtiberim)[891]. Ihre qualitative - wenn auch nicht quantitative - Bedeutung für die Wasserversorgung lässt sich auch an den bis in konstantinischer Zeit durchgeführten Restaurierungen ersehen[892].

Zu einer weiteren Wasserleitungseinrichtung kam es, als Augustus mit der Einrichtung der Naumachia Augusti eigens dafür Wasser nach Rom leiten ließ. Zu diesem Zwecke wurde die Aqua Alsietina (oder auch Augusta genannt) von ihm geplant, um auf 32,79 km Länge mit einer oberirdischen Aquäduktkonstruktion von 529,48 m das Wasser aus dem Alsietinersee (heute Martignano-See) vom Westen der Stadt kommend direkt in das nahe der Naumachie gelegene Wasserschloss zu bringen. Im Bedarfsfalle - bei Wasserüberschuss für die Naumachie und Wassermangel einiger Brunnen jenseits des Tiber - wurde auch Wasser für den Bereich von Trastevere aus der Alsietina verwendet[893].

Von besonderer Bedeutung für das Wasserleitungswesen war die Regierungszeit des Kaisers Claudius. Rom wurde damals mit zwei neuen Wasserleitungen ausgestattet. Zunächst ließ Claudius die bereits 38 n. Chr. begonnene Leitung der Aqua Claudia fertigstellen, welche 52 n.Chr. eingeweiht wurde. Gespeist wurde sie mit Wasser aus den Quellen *Fons Caeruleus* bzw. *Curtius*, wobei sie auf 68,86 km Gesamtlänge mit unübertroffener 14,15 km langer oberirdischer Bogenführung nach einer kurzen gemeinsamen Wasserführung mit der Aqua Anio Novus wie die meisten Wasserleitungen bei der Porta Praenestina die Aurelianische Stadtmauer und auch ihr *castellum* erreichte[894].

---

[891] WERNER, a.a.O., 62 und 70.

[892] HAINZMANN, a.a.O., 117. NASH, Bildlexikon I, 56, Abb. 52: Die Restaurierung des Aquädukts durch Claudius bezeugt eine Inschrift (CIL VI 1252), die über dem mittleren Bogen in der Via del Nazzareno noch zu sehen ist.

[893] Ebd., 119-120; WERNER, a.a.O., 70, Front. aqu. 11. NASH, Bildlexikon I, 35, Abb. 27: 1926 wurde zwischen dem Viale XXX Aprile und der Via Giacomo Medici auf dem Ianiculum ein Stück der Aqua Alsietina entdeckt.

[894] Frontin. aqu. 13 und 14; HAINZMANN, a.a.O., 121-122; WERNER, a.a.O., 70-71. Vgl. zu den Überresten der Aqua Claudia: NASH, Bildlexikon I, 37, Abb. 29; I, 38, Abb. 30 und 31;

Wasserversorgung

Eine der bedeutendsten Nebenleitungen war der Arcus Neroniani oder auch Caelimontani genannt, welcher auf fast zwei Kilometer Länge sowohl den Aventin als auch den Caelius mit Wasser versorgte. Das wiederum konnte er, da er und die noch zu besprechende Aqua Anio Novus die beiden höchstgelegenen Leitungen hatten. Diesen beiden Wasserleitungen - der Aqua Claudia und der Aqua Anio Novus - gelang es dadurch auch als einzigen von den elf Aquädukten alle 14 Regionen mit Hilfe von Nebenleitungen zu versorgen. Die Aqua Claudia nahm dafür zumindest 92 Verteilerbehälter in Anspruch und wurde aufgrund ihrer Bedeutung auch immer wieder bis in das 5. Jahrhundert n. Chr. restauriert[895]. Auch war es noch um 400 n. Chr. nach einem Edikt der Kaiser Honorius und Arcadius verboten, Wasser aus der Aqua Claudia für private Zwecke abzuleiten; ein Zuwiderhandeln wurde mit dem Einzug der mit diesem Wasser widerrechtlich bewässerten Güter bestraft[896].

Die zweite Wasserleitung claudischer Zeit ist die Aqua Anio Novus, deren Bau ebenfalls zwischen 52 und 54 n. Chr. in Angriff genommen wurde. Auf 86,81 km Länge führte sie mit einer oberirdischen Leitung von 13,9 km direkt in das Wasserschloss, das sie mit der Aqua Iulia teilte. Im Unterlauf wurde sie mit der Aqua Claudia in einem gemeinsamen Aquädukt geführt[897].

Die letzten beiden Aquädukte, welche unter Trajan bzw. Caracalla errichtet wurden, jedoch von Frontin nicht mehr beschrieben werden konnten, sind die Aqua Traiana und die Aqua Alexandrina. Auf einer Strecke von 57 km Länge verlief die im Jahre 109 n. Chr. in Betrieb genommene Aqua Traiana zum größten Teil unterirdisch. Ihr Wasserschloss lag auf dem Ianiculum; das eigentliche Ziel der Leitung muss allerdings in der Nähe der Chiesa S. Cosimato zur Versorgung

---

I, 39, Abb. 32; I, 40, Abb. 33 und 34; I, 42, Abb. 36; I,43, Abb. 37; I, 44, Abb. 38; I, 45, Abb. 39; I, 46, Abb. 40 u. 41.

[895] WERNER, Wasser, 71.

[896] Cod. Theod. 15,2,9; vgl. HAINZMANN, Stadtrömische Wasserleitungen, 127.

[897] HAINZMANN, a.a.O., 129; Frontin. aqu. 15.

des gesamten transtiberischen Gebietes gewesen sein[898]. Vom intraurbanen Verlauf der Aqua Alexandrina schließlich, die wahrscheinlich zugleich mit den Thermae Alexandrinae, für deren Versorgung sie gedacht war, 226/27 n. Chr. in Betrieb genommen wurde, ist nicht viel bekannt. Wie einige Reste dieser Wasserleitung außerhalb der antiken Stadtmauer belegen, dürfte sie auch von Osten her - vielleicht bei der Porta Praenestina - das Stadtgebiet erreicht haben[899].

In den nachfolgenden Jahrhunderten wurden wahrscheinlich nur mehr die bestehenden Wasserleitungen ausgebessert und ausgebaut, wie es das Beispiel der Aqua Marcia-Iovia bezeugt, die durch Diokletian zur Versorgung der Diokletiansthermen verlängert wurde (daher die zusätzliche Benennung als Iovia). Eine andere Möglichkeit war die Errichtung von Nebenleitungen, deren Namen allerdings öfter keinem Bauwerk zugeordnet werden können. Zu nennen sind etwa die Aqua Caerulea, die Aqua Ciminia, die Aqua Aurelia, die Aqua Damnata, die Aqua Drusia sowie die Aqua Severina[900].

War das Wasser mittels dieser Wasserleitungen in die Stadt geleitet, dann wurde es zu den öffentlichen Wasserversorgungsstellen wie den Laufbrunnen (*lacus*) und Springbrunnen (*salientes*) oder den Nymphäen weitergeleitet; gelegentlich wurden auch Bäder oder Naumachien damit gespeist. Ihre genaue Lage kann jedoch aufgrund der nur lückenhaften archäologischen Erforschung Roms zumeist nicht festgestellt werden.

---

[898] HAINZMANN, a.a.O., 138-139; WERNER, a.a.O., 76.

[899] HAINZMANN, a.a.O., 141-142; WERNER, a.a.O., 76.

[900] HAINZMANN, a.a.O., 142-144. GARBRECHT, Wassserversorgungstechnik, 33.

Wasserversorgung

Fernwasserleitung	Gebaut	Länge (in km)	Quellgebiet	Qualität
Appia	312 v. Chr.	17,6	Tal des Anio	Ausgezeichnet
Anio Vetus	272 v. Chr.	64	Fluss Anio	Trübes Wasser, schlecht
Marcia	144-140 v. Chr.	91,2	Quellen im Anio-Tal	Ausgezeichnet
Tepula	126 v. Chr.	18,4	Quellen in den Albaner Bergen	Warmes Quellwaser
Iulia	33 v. Chr.	22,8	Quellen in den Albaner Bergen	Ausgzeichnet, kalt
Virgo	21-19 v. Chr.	20,8	Quellen im Anio-Tal	Unbekannt
Alsietina	10-2 v. Chr.	32,8	Martignano-See	Trüb, untrinkbar
Claudia	38-52 n. Chr.	68,8	Quellen in der Nähe der Marcia-Quellen	Ausgezeichnet
Anio Novus	38-52 n. Chr.	86,4	Fluss Anio	Trüb, schlecht
Traiana	109-117 n. Chr.	59,2	Quellen in der Nähe des Sabatiner-Sees	Unbekannt
Alexandrina	226 n. Chr.	22,4	Quellen am Sasso Bello	Unbekannt

Abb. 25 Übersicht über die Fernwasserleitungen in Rom

Während uns Plinius[901] von der Errichtung von 700 *lacus* und 500 *salientes* durch Agrippa berichtet, nennt Frontin[902] für seine Zeit nur 591 *lacus*. Entweder liegt

---

[901] Plin. nat. 36, 24 (121).
[902] Frontin. aqu. 78.

hier ein Irrtum einer der beiden Autoren vor oder diese unterschiedlichen Angaben sind auf eine Reduzierung der Brunnenzahl - möglicherweise aufgrund eines Senatsbeschlusses - zurückzuführen[903]. Die Möglichkeit eines Irrtums scheint mir jedoch wahrscheinlicher. Im 4. Jahrhundert n. Chr. soll es dann elf Thermen, 15 Nymphäen, vier Naumachien, 850 kleinere Bäder sowie ca. 1350 Brunnen gegeben haben[904].

Damit diese Wasserbenützung nicht missbraucht wurde, und die Aquädukte auch instandgehalten werden konnten, wurde seit der beginnenden Kaiserzeit ein eigener Beamtenstab mit der Fürsorge beauftragt. Die Ablöse der vorher dafür zuständigen Censoren und kurulischen Ädilen[905] ging schrittweise vor sich: Zunächst wurden jene unter Agrippa durch eine Anzahl von 240 Sklaven mit der Bezeichnung *aquarii*[906] ersetzt, welche dann von Augustus 12 v. Chr. übernommen und in eine Mannschaft von „öffentlichen Sklaven" (*familia publica*) umgewandelt wurde[907].

Ein Jahr später wurde die *cura aquarum* ins Leben gerufen, deren Bekleidung Augustus in die Hand dreier Personen senatorischer Herkunft legte; von ihnen führte einer, der schon das Konsulat bekleidet hatte, den Vorsitz[908]. Ihre Amtszeit war zeitlich nicht befristet, sodass einige von ihnen eine maximale Dienstzeit von 23 Jahren erreichen konnten[909]. Eine weitere Änderung in der Organisation zur

---

[903] HAINZMANN, a.a.O., 27, Anm. 2; vgl. auch Frontin. aqu. 104.
[904] GARBRECHT, Wasserversorgungstechnik, 37.
[905] HAINZMANN, a.a.O., 36-40.
[906] Frontin. aqu. 98.
[907] ECK, Frontin 66.
[908] Frontin. aqu. 99. HAINZMANN, a.a.O., 45.
[909] HAINZMANN, a.a.O., 46. Zur Liste der Kuratoren, welche bis zur Übernahme der Wasserkuratel unter Frontin dieses Amt bekleideten, vgl. Frontin. aqu. 102 und HAINZMANN, a.a.O., 47-50, der auch die nach Frontin bekannten Kuratoren anführt. Als

Wasserverwaltung trat bereits wenige Jahrzehnte später unter Claudius ein. Dem Kurator wurde nun ein *procurator aquarum* mit einer Hilfsmannschaft von 460 Personen, *familia (aquariorum) Caesaris* oder kurz abermals *aquarii* genannt, zur Seite gestellt. Der *procurator* selbst war zunächst freigelassener, dann ritterlicher Herkunft und wurde unter anderem mit der Überwachung der Arbeit an den Wasserkastellen, der Einteilung und der Anweisung des Personals sowie der Signierung der bronzenen Verbindungsrohre betraut [910].

Die Zahl der Subalternbeamten (*aquarii*), hingegen setzte sich aus Aufsichts- und Verwaltungsbeamten zusammen. Es zählten dazu *silicarii* (Handwerker, die für die Straßenpflasterung zuständig waren), *tectores* (sie hatten für die Herstellung des wasserdichten Verputzes in den Wasseranlagen zu sorgen) oder allgemeine Handwerker mit der Bezeichnung *opifices*[911]. Dazu kamen unter anderen Leiter des Archivs (*tabularii*), Führer des Amtstagebuches (*a commentariis aquarum*) und Aufseher über die Leitungen (*supra formas*)[912].

Aus dem in Kap. IV.2.1 Gesagten über den Aufbau der Wasserkastelle und der Aussage von Frontin[913], dass die Wasserkuratoren dafür Sorge tragen sollten, dass sämtliche Brunnen Tag und Nach fließen, was auch Strabon[914] bestätigt, ist die Annahme berechtigt, dass in der Zeit der Republik und auch noch in den ersten

---

gute Zusammenfassung zu diesem Amt und den Problemen einer Zuordnung auf Funktionsträger im 2. Jahrhundert n. Chr. vgl. den Anfang der 90er Jahre des vorigen Jahrhunderts verfassten Artikel von BRUUN, curatores. Es hat den Anschein, dass dieses Amt im 2. Jahrhundert n. Chr. in dieser Form nicht mehr existierte.

[910] Frontin. aqu. 105; ECK, Frontin, 67 und 70. HAINZMANN, a.a.O., 55-60.

[911] ECK, a.a.O., 71.

[912] Zur ausführlichen Aufzählung aller für die Wasserorganisation zuständigen Funktionsträger vgl. A. W. van BUREN, RE VIII,A,1, 1955, 483, s.v. Wasserleitungen.

[913] Frontin. aqu. 94 und 104.

[914] Strab. 5,3,8. Wasser sei für Rom in solchen Mengen vorhanden, sodass fast jedes Haus Zisternen, Brunnen oder Anschlüsse an die Wasserrohre habe.

Jahrzehnten der Kaiserzeit der gesamte Wasservorrat vorwiegend der Öffentlichkeit zugute kommen sollte. Private Interessen wurden dagegen vernachlässigt. Erst mit der Übernahme der Wasserkuratur durch Frontin scheint sich die Möglichkeit für einen privaten Zugang zu den Wasservorräten etwas verbessert zu haben. Allerdings war die Konzession für einen Privatanschluss an eine Wasserleitung von der kaiserlichen Zustimmung abhängig[915]. Für diese wurde ein langwieriges Verfahren eingeleitet, das zunächst die Konzession des Kaisers mit ihrer Fixierung in einer *epistula a principe* beinhaltete. Sodann musste dieses Zulassungsschreiben dem *curator* übergeben werden, der wiederum den *procurator aquarum* mit der weiteren Durchführung beauftragte[916]. Grundsätzliche Voraussetzung, um in den Genuss eines solchen *beneficium* - wie die Genehmigung des Kaisers bezeichnet wurde - zu kommen, war ein persönlicher Kontakt mit dem Kaiser oder eine besonders einflussreiche Position.

ECK, der sich vor allem mit den inschriftlichen Nennungen der Wasserbezugsberechtigten auseinandersetzte, kam zum Ergebnis, dass von den mehr als 300 Personen, deren Name bekannt ist, 55% sozial eingeordnet werden können; demnach sind 80% dem Senatorenstand, 9% dem *ordo equester* und 11% fast ausschließlich den kaiserlichen Freigelassenen zuzurechnen[917].

Auch Martial beklagt sich, dass sein Landhaus Wassermangel leide, obwohl es in der Nähe eines Aquädukts lag[918]. Der Anschluss an das Wassernetz wurde nur spärlich konzessioniert, sodass Missbräuche und ein unrechtmäßiges Anzapfen von Wasserrohren keine Seltenheit waren. Viele der Subalternbeamten konnten für den Anschluss bestochen werden, oder bessterten ihr Gehalt auf andere illegale

---

[915] Frontin. aqu., 94 und 103.
[916] HAINZMANN, a.a.O., 63. Frontin. aqu. 105.
[917] ECK, Frontin, 73.
[918] Mart. 9,18.

Weise auf. Frontin[919] berichtet dazu Folgendes: „Wenn das Wasserbezugsrecht einem neuen Besitzer übertragen wird, so bringen sie (die Leitungstechniker) im Wasserbehälter eine neue Öffnung an, lassen aber zugleich die alte Öffnung bestehen, um daraus Wasser zum Verkauf abzuziehen." Öfter wurden Leitungen, die für den öffentlichen Wasserbedarf gedacht waren, durch Techniker, welche sogar ironischerweise „Vorsteher der Einstiche" (*a punctis*) genannt wurden, angebohrt, um inoffiziell privaten Abnehmern den Wasserbezug zu ermöglichen.

Da die Gebührenabrechnung nach der Größe der Anschlussrohre erfolgte, standen, um ihrer missbräuchlichen Verbiegung und Vergrößerung vorzubeugen, Bronzerohre (*calices*) dafür in Verwendung[920]. Ansonsten waren die Leitunsrohre aus Ton, Stein, Kalkstein oder aus anderen Metallen wie Blei[921]. Nach Vitruv[922] sind allerdings Tonrohre den Bleirohren vorzuziehen, und zwar einerseits deshalb, weil das Wasser daraus gesünder und nicht bleivergiftet sei und zum anderen auch besser schmecke. Jedoch nicht nur Leitungstechniker zweigten Wasser aus den öffentlichen Leitungen zum Privatgebrauch ab, sondern auch einzelne Grundbesitzer bohrten die an ihrem Grundstück vorbeiführenden Leitungen an, um eine Bewässerung ihrer eigenen Güter kostenlos zu erzielen[923]. Die ständigen Mahnungen, das Wasser solle nicht bedenkenlos verschwendet werden, fruchteten wenig, denn sowohl Kaufläden als auch Speisezimmer und sogar Bordelle waren gelegentlich mit Laufbrunnen ausgestattet[924].

---

[919] Frontin. aqu. 114 und 115.
[920] GARBRECHT, Wasserversorgung, 31.
[921] TÖLLE-KASTENBEIN, Wasserkultur, 80-81. Vgl. zu den unterschiedlichen Materialien auch HODGE Aqueducts, 106-115.
[922] Vitr. 8,6,10-11.
[923] Frontin. aqu. 75.
[924] Ebd., 76.

Um möglicherweise privaten Wasserabnehmern beim Nichtnachkommen ihrer Zahlungspflicht die Wasserzufuhr zu drosseln, wurden öfter auch Absperrmechanismen in die Leitungen eingebaut. Wenn diese auch literarisch weder bei Frontin noch bei Vitruv erwähnt werden, gibt es dennoch zahlreiche Beispiele solcher Funde[925]. Doch nicht nur dem Absperren von Wasser dienten derartige Armaturen. Besonders wertvolle Stücke aus Silber galten sogar als Zeichen des Wohlstandes (vor allem in der späteren Kaiserzeit), sodass es den Anschein hat, dass sie nur mehr repräsentativen Zwecken dienten[926]. Interessant scheinen in diesem Zusammenhang die Funde von seltenen Auslaufarmaturen mit zwei Rohrleitungsanschlüssen für offenbar kaltes und warmes Wasser zu sein, die im römischem Provinzgebiet in Rottweil, Breitfeld und in St. Vith (Belgien) gefunden werden konnten[927].

Für die *insulae* in den Städten bedeutet diese strikte Abgrenzung in eine öffentliche und in eine private Wasserverteilung, dass die Wasserzufuhr nur knapp war. Wenn Wasser in einige, wenige *insulae* geleitet wurde, dann erreichte es nur die Parterrewohnungen, sodass die oberen Stockwerke von der Wasserzufuhr abgesperrt blieben. In Ostia etwa wurden keine Rohre entdeckt, die das Wasser in die oberen Geschoße transportiert hätten[928]. Die Leitung von Wasser in die oberen Stockwerke war zudem wahrscheinlich auch ein technisches Problem. Um vier Etagen eines Hauses mit Wasser zu versorgen, genügte die Hebung mittels Pumpen bei weitem nicht mehr. Das Gesetz vom Gleichstand von Flüssigkeiten in kommunizierenden Röhren funktionierte auch nur dann, wenn das Wasser mit

---

[925] GARBRECHT, Wasserversorgungstechnik, 31. GOCKEL, Bilddokumente, 207 Abb. 86a und 86b.

[926] Vgl. dazu: GOCKEL, Bilddokumente, 207.

[927] Ebd., 207. Frontin. aqu.4.

[928] CARCOPINO, Rom, 65-66.

einem riesigen Druck von einem vorherigen Gefälle in den Rohren in die Höhe gepumpt wurde[929].

Welche Wassermenge nun tatsächlich in Rom zur Verfügung stand, entzieht sich allerdings unserer Kenntnis. Obwohl Frontin genaue Zahlen der Abflussmessung gibt, ist man in der modernen Forschung zu unterschiedlichen Ergebnissen gelangt. Die Gründe dafür liegen zum einen in der unterschiedlichen Methode, den Wasserfluss zu berechnen, da Frontin die Berechnung nach *quinaria* (einer Querschnittsfläche der Rohre von 6,8m² nach Vitruv bzw. von 4,2m² nach Frontin) heranzieht, in der modernen Forschung hingegen die Berechnung des auf die Zeit bezogenen Volumens (m³/s) gebräuchlich ist. Zum anderen steht ein solch unterschiedliches Ergebnis der modernen Forschung mit den - sehr weit gefassten - Schätzwerten einer täglich zur Verfügung stehenden Wassermenge von 450.000m³ bis 1,000.000m³ im Zusammenhang, die aus den Angaben Frontins hinsichtlich der Wassergeschwindigkeit errechnet werden können[930].

Nach einer erneuten Untersuchung unter Berücksichtigung verschiedener technischer und physikalischer Gegebenheiten betragen die Schätzwerte von FAHLBUSCH für die tägliche Wassermenge Ende des 1. Jahrhunderts n. Chr. 520.000m³ bis 635.000m³. Aus dem von ihm errechneten täglichen Pro-Kopf-Volumen von 520 - 635 l (bei 1,000.000 Einwohnern[931]) wäre den einzelnen Bewohnern Roms eine beachtliche Menge Wasser zur Verfügung gestanden. Bei dieser Berechnung darf allerdings nicht übersehen werden, dass die größte

---

[929] Zu den Wasserhebungstechniken vgl. GARBRECHT, Wasserversorgungstechnik, 20; TÖLLE-KASTENBEIN, Wasserkultur, 75.

[930] Zur Abflussmessung vgl. FAHLBUSCH, Abflußmessung, 130-144. Frontin selbst nennt eine zur Verfügung stehende Gesamtmenge von 560.720 m³/Tag (Kap. 78).

[931] Zur Problematik der Bevölkerungsanzahl in Rom vgl. Kap. IV.1.

Wassermenge dem öffentlichen Bereich zugute kam, und Privatpersonen daher nur eingeschränkt vom großzügigen Wasservorrat profitierten[932].

Zusammenfassend kann angenommen werden, dass das für Rom zur Verfügung stehende Wasserpotential nicht zu unterschätzen ist. Insgesamt standen elf Aquädukte, Hunderte an Springbrunnen und etliche Laufbrunnen zur Verfügung. Lediglich bei der Verteilung dieses Wasserquantums wurde dem öffentlichen Sektor ungleich mehr Bedeutung beigemessen. In den *insulae* scheint das Wasser nur die untersten Stockwerke erreicht zu haben und musste sodann mittels Kübel in die oberen Etagen gebracht werden. Nach der Meinung von ROBINSON sah die Wasserverteilung in der Praxis so aussah, dass vom gesamten Wasserquantum der Kaiser etwa ein Sechstel für sich in Anspruch nahm, Privatpersonen circa ein Drittel bezogen und der Rest für die Öffentlichkeit (öffentliche Gebäude, Brunnen, Latrinen usw.) bestimmt war[933]. Demnach wäre für den öffentlichen Sektor ungefähr die Hälfte der zur Verfügung stehenden Wassermenge reserviert gewesen.

Zur Frage, inwieweit die Brandbekämpfung mit dieser Wasseraufteilung bewerkstelligt werden konnte, ist zu sagen, dass wohl meist das reichlich zur Verfügung stehende öffentliche Wasser verwendet wurde, ansonst aber der Grundsatz galt, jeder solle in seiner Wohnung einen mit Wasser oder Essig gefüllten Kübel bereit gestellt haben [934].

---

[932] Auch bei einem Vergleich mit dem heutigen Wasserkonsum in einigen europäischen und amerikanischen Städten, der in Spitzenzeiten täglich bei 250 l/pro Einwohner liegt (vgl. dazu WERNER, Rom, 39), scheint ein wie hier errechnetes Wasserangebot nicht mehr so auffallend übertrieben; wenn dann weiters die bevorzugte Verteilung auf den öffentlichen Sektor miteinkalkuliert wird, verringert sich der Betrag entscheidend.

[933] ROBINSON, Rome, 103.

[934] Dig. 1,15,3,5.

V. ZUSAMMENFASSUNG

Mit dieser Studie soll in vier Abschnitten gezeigt werden, mit welchen Maßnahmen man Brandgefahren im Imperium Romanum (beschränkt auf die westliche Imperiumshälfte) zu begegnen suchte. Dazu wurden zunächst in einem Kapitel die literarisch verzeichneten *incendia*, welche vorwiegend für die Hauptstadt Rom belegt sind, analysiert. In weiteren Schritten wurden die antiken „Feuerwehren" in den Provinzen als auch in der *urbs* selbst untersucht, um schließlich die Möglichkeiten des Löschens bzw. der Ursachen für immer wieder ausbrechende Brände zu besprechen. Der Schwerpunkt des Quellenmaterials liegt im Bereich der lateinischen Epigraphik, da insbesondere für die antiken Löschmannschaften zahlreiche Inschriften erhalten sind, welche vor allem über deren Organisation und Verbreitung informieren.

Den antiken literarischen Quellen ist zunächst zu entnehmen, dass es in Rom oft zum Ausbruch von größeren Bränden kam. Verzeichnet werden 44 Feuersbrünste für den Zeitraum von vier Jahrhunderten (frühe Kaiserzeit bis in die Spätantike), was jedoch bei weitem nicht der Gesamtanzahl an Bränden entsprechen dürfte; diese war mit Sicherheit um einiges höher. Denn die Brände, die zum Beispiel in der Subura, dem „Armenviertel" Roms, entstanden oder in ihrer Ausdehnung eher lokal blieben, wurden von der antiken Literatur nicht erfasst. Bedenkt man, dass es gerade dort aufgrund der eng aneinandergebauten Holz- und Fachwerkbauten, in denen hauptsächlich durch das Verbrennen von Holz und Öl Wärme und Licht erzeugt wurde, immer wieder zu größeren Schadfeuern gekommen sein muss, dann ist einer solchen Annahme ein hohes Maß an Gewissheit zuzuschreiben. Genannt werden von den antiken Autoren stets nur jene Brände, bei denen öffentliche Gebäude beschädigt wurden.

Die Tatsache, dass nicht alle Ausbrüche von Bränden einen quellenmäßigen Niederschlag fanden, lässt sich nicht nur für Rom, sondern selbstverständlich in noch höherem Maße für die Provinzstädte annehmen. Hier werden nur vereinzelt von den antiken Literaten Feuersbrünste erwähnt; dagegen kann aufgrund der Vielzahl von Inschriften mit der Nennung von „Feuerwehren" indirekt auf die

Häufigkeit solcher Ereignisse geschlossen werden, was ja auch aus allgemeinen Überlegungen nicht anders zu erwarten ist. Jene „Feuerwehren" waren unserer „Freiwilligen Feuerwehr" vergleichbare Institutionen in Form von Vereinen, welche nur im Falle eines Brandes Löschdienste versahen. Es waren dies acht Kollegien, welche entweder in enger Verbindung zusammenarbeiteten oder unabhängig voneineinander am Löschen beteiligten waren. Der bedeutendste und regional auch am weitesten verbreitete war jener der Handwerker (*fabri*), welche ihre Handwerksgeräte (Äxte, Sägen, Zangen etc.) zur Brandbekämpfung verwendeten; in enger Kooperation mit ihnen oder vielfach sogar in einem einzigen Verein zusammengeschlossen standen die Flickteppichhersteller (*centonarii*), die für die Niederschlagung neu ausgebrochener Flammen in Wasser oder Essig getränkte „Feuerpatschen" verwendeten. Die im Kult der Magna Mater als „Baumträger" tätigen *dendrophori* schließlich wurden ebenfalls öfter mit den zuvor genannten zwei Kollegien vereint. Als *tria collegia* oder *collegia splendidissima* genossen jene ein hohes Ansehen, weshalb es ihnen auch gelang, einflussreiche Persönlichkeiten als Patrone zu gewinnen.

Ebenso sollten dann weiters die Produzenten von Schläuchen aus Tierhäuten, welche nach dem Gerben an den Extremitäten zusammengebunden wurden, sodass der Hals als Ausgussmöglichkeit diente, Äxte- und Leiterhersteller, wie auch Produzenten von Schemeln (?) sich am Löschen beteiligen. Die nur in einer Inschrift aus Rom genannten *subrutores cultores Silvani* schließlich waren - wie es ihr Name verrät - wohl am Niederreißen bereits ausgedehnterer Brandherde beteiligt.

Bezeichnend für alle diese „Feuerwehrvereine" ist ihr starker Bezug zum militärischen Bereich. Dafür spricht nicht nur ihre Gliederung in Dekurien und gegebenenfalls sogar Zenturien, sondern auch die Benennung einzelner Funktionsträger nach militärischen Dienstgraden. Als Erleichterung für einen gut funktionierenden Brandeinsatz mittels einer straffen Organisation gedacht, ist eine solche Struktur auch gut verständlich. So gibt es neben dem „Feuerwehrhauptmann" (*praefectus*) spezielle Kommandanten von Unterabteilungen (*centuriones* bzw. *decuriones*) oder - ebenfalls parallel zum militärischen Bereich - beispielsweise Fahnenträger (*vexillarii*).

Die meisten der circa 700 Inschriften mit der Nennung solcher Vereine verteilen sich allerdings auf Italien sowie auf die Provinzen Gallia Narbonensis und Dacia. Andere Provinzen wie Noricum, Britannien oder Germanien lassen in den epigraphischen Zeugnissen dagegen nur eine geringe Präsenz solcher „Feuerwehren", die sich immerhin im gesamten Westteil des Imperiums von republikanischer Zeit bis in das 4. Jahrhundert n. Chr. nachweisen lassen, erahnen. Ab diesem Zeitpunkt scheint es dann keine eigenen „Feuerwehrvereine" mehr gegeben zu haben, sondern *collegia* verschiedenster Profession dürften in weiterer Folge diese Aufgabe übernommen haben. Der genaue Zeitpunkt dieser Entwicklung ist jedoch unbekannt.

In Rom, Ostia und Portus scheint man dagegen aufgrund der Bedeutung dieser Städte andere Vorkehrungen zur Brandbekämpfung getroffen zu haben: Zusätzlich zu den auch in den soeben genannten Örtlichkeiten schon länger bestehenden oben genannten „Freiwilligen Feuerwehren" schuf Augustus 6 n. Chr. als Antwort auf die in seiner Regierungszeit häufig ausgebrochenen Brände und zur Beseitigung solcher Missbräuche, wie sie mit den Namen von C. Licinius Crassus und M. Egnatius Rufus verbunden werden können, für Rom eine aus 7000 Mann bestehende „Berufsfeuerwehr". Sie hatte den Vorteil, als permanente „Feuerwehr" zu gelten. Für diese sieben *cohortes vigilum* wurde ebenfalls eine militärisch-orientierte Durchstrukturierung gewählt, was wohl auf ihre Aufgabe zurückzuführen ist: Polizeiliche Kompetenzen wie auch ein stetes Wachen, Brände bereits in ihren Anfangskeimen zu bekämpfen, ließen eine solche Vorkehrung als vorteilhaft erscheinen. Zur Minderung ihrer Position sollten sie sich - bis auf die Leitungsfunktionen - allerdings ausschließlich aus Freigelassenen zusammensetzen.

Stationiert waren sie in Hauptkasernen (*castra*) und Wachstationen (*excubitoria*), von denen jeweils eine für zwei Regionen zuständig sein sollte. Da die Quellensituation jedoch sehr schlecht ist, lassen sich nur drei dieser *castra* ungefähr lokalisieren: Es sind dies die Kasernen der ersten Kohorte in der *regio*

VII, jene der vierten auf dem Aventin (*regio XII*) und jene der fünften auf dem Caelius (*regio II*). Besser erhalten sind die Reste des *excubitorium* der *cohors VII* in Trastevere. Nicht nur architektonische Besonderheiten mit der Anlage von Nischen zeichnen diesen Bau aus, sondern darüber hinaus die einzigartige Ausstattung mit Mosaiken und Graffiti. Von besonderem Interesse sind diese Wandkritzeleien, weil sie einerseits einen Einblick in die Freizeitaktivitäten der dort Wache haltenden und teilweise - wie aus diesen Aufzeichnungen zu ersehen ist - leicht gelangweilten „Soldaten" geben, und andererseits darin Namen von Funktionsträgern erkennen lassen, die ansonsten nicht bekannt sind.

Auch die Kaserne in Ostia in der Nähe des Theaters zeigt noch heute gut erkennbare Überreste: Möglicherweise seit claudischer Zeit, mit größerer Sicherheit allerdings unter Domitian, unter dem die Kaserne wahrscheinlich errichtet worden war, wurde aus Rom ein Detachement, das alle vier Monate wechselte, hierher beordert, um der vor allem durch die Kornlagerung begünstigten Brandgefahr begegnen zu können. Von der Niederlassung der *vigiles* in Portus hingegen gibt es kaum Spuren. Allein eine Konzentration von mehreren Inschriftfunden mit ihrer Nennung ermöglicht eine ungefähre Lokalisierung.

Den in dieser Untersuchung analysierten 281 Inschriften zufolge blieb die Verbreitung von Inhabern des Amtes eines *praefectus vigilum* jedoch nicht nur auf diese drei genannten Orte beschränkt, sondern lässt sich auch in einigen Provinzstädten erkennen. Die Städte, in denen er genannt wird, verteilen sich auf Oberitalien und auf die Provinz Gallia Narbonensis (mit den beiden Städten Nemausus und Lugdunum). Das vermehrte Auftreten von Inschriften in Nemausus lässt dabei vermuten, dass - im Unterschied zu den Städten Oberitaliens und zu Lugdunum, wo mit der Nennung eines Präfekten wahrscheinlich nur auf eine in Rom ausgeübte Tätigkeit Bezug genommen wird - hier doch eine Organisation dahinter steht. Aufgrund des - zumindest den Quellen zufolge - offenkundigen Fehlens von *vigiles* in Nemausus selbst, kann man annehmen, dass dort möglicherweise die örtlichen „Freiwilligen Feuerwehrvereine" unter dem Kommando des *praefectus vigilum* für die Brandbekämpfung zuständig waren.

Zusammenfassung

Zeitlich gesehen sind *vigiles* in Rom vor allem bis zum beginnenden 4. Jahrhundert n. Chr. inschriftlich bezeugt, wonach - ähnlich der Entwicklung bei den „Freiwilligen Feuerwehren" - wohl Mitglieder verschiedener Vereine die Aufgabe der Brandbekämpfung auch in der Hauptstadt selbst übernahmen.

Fragt man nach den Ursachen dieser immer wieder auftretenden Brandkatastrophen, dann kann in erster Linie die nur mangelhafte Heiz- und Beleuchtungsweise in den meist aus Holz gebauten Häusern angeführt werden. Geheizt wurde in erster Linie mit Kohlenbecken, deren Glut durch die Erzeugung eines Funkenfluges leicht einen Brand verursachen konnte. Ein unachtsamer Umgang mit Kerzen trug das Seine dazu ebenfalls bei.

Wasser zum Löschen war zwar genug vorhanden: Elf Thermen, einige Nymphäen und Naumachien sowie etliche Brunnen und Bäder ließen Wasser in Rom Tag und Nacht fließen. In Privatwohnungen gelangte dieses allerdings nur ausnahmsweise. Spärliche Konzessionen an Privatpersonen und technische Probleme bei der Versorgung der oberen Etagen der *insulae* mit Wasser ließen hier nur ein geringes Wasserangebot zu.

Deshalb war es wichtig, dass die Bewohner Brandherde im Anfangsstadium zu ersticken suchten. Die bei Plinius (epist. 10,33 u. 34) für die Stadt Nikomedien erwähnte Ablehnung einer neu einzurichtenden „Feuerwehr" durch Trajan mit dem Argument, dass die Eigentümer der vom Feuer erfassten Gebäude doch selbst Eimer und Pumpe in die Hand nehmen sollten, spricht ebenso dafür wie Bestimmungen in den Digesten (33,7,12,18). Demnach sollte jeder Hausbewohner die notwendigsten Löschgeräte in seinem Hause griffbereit haben. Darunter waren mit Essig oder Wasser zu tränkende Flickenteppiche (*centones*), Leitern, Stangen, Schwämme, Eimer, Pumpen, Besen und Matten (vielleicht auch Körbe) aus Binsen.

War ein Feuer erst einmal zu einem größeren Brand ausgeartet, half nur mehr das Niederreißen der umliegenden Gebäude mit verschiedenen Axt- oder Hackentypen sowie der Einsatz von *ballistae*. Die normalerweise übliche Beteiligung der umstehenden Personen - wie es Tacitus (ann. 13,57,3) für einen Brand in Köln schildert, wo man bereits mit Knüppeln und befeuchteten

Kleidungsstücken die Flammen bekämpfen musste, und auch ein öfter belegter Einsatz der Soldaten waren hier nicht mehr effektiv. Hier konnte man vielfach nur mehr durch ein Beten zu Iuppiter Pluvialis auf Hilfe hoffen.

ANHANG 1
Geographische und zeitliche Verbreitung der „Feuerwehrvereine"
(geordnet entsprechend der CIL-Nummern)

Provinz/Region	Ort	Verein	Quellenzitat	Datierung
Hispania Baetica	Hispalis	centonarii	CIL II 1167	138-161 n. Chr.
			AE 1987, 496	145 n. Chr.
		fabri subidiani (!)	CIL II 2211	349 n. Chr.
	Corduba	fabri subediani (!)	AE 1983, 530	247 n. Chr.
Hispania Tarraconensis	Tarraco	fabri	CIL II 4316	1. Hälfte des 2. Jh. n. Chr.
		centonarii	CIL II 4318	
	Barciano	fabri	CIL II 4498	
	Burgos	fabri	AE 1985, 585	
Macedonia	Dyrrachium	fabri tignuarii	CIL III 611	
	Tomi	archidendrophorus	CIL III 763	
Dacia	Mikhaza	utricularii	CIL III 944	
	Apulum	fabri	CIL III 975	2. Hälfte des 2. Jh. n. Chr.
			CIL III 984	2. Hälfte des 2. Jh. n. Chr.
			CIL III 1016	209-211 n. Chr.
			CIL III 1043	
			CIL III 1051	205 n. Chr.
			CIL III 1082	Ende des 2. Jh. n. Chr.
			CIL III 1083	Ende des 2. Jh. n. Chr.
			CIL III 1210	2. Hälfte des 2. Jh. n. Chr.
			CIL III 1212	2. Hälfte des 2. Jh. n. Chr.
			CIL III 1215	
			CIL III 7767	
		centonarii	CIL III 1174	198-211 n. Chr.
			CIL III 1208	2. Hälfte des 2. Jh. n. Chr.

		fabri et centonarii	CIL III 1207	2. Hälfte des 2. Jh. n. Chr.
			CIL III 1209	2. Hälfte des 2. Jh. n. Chr.
		fabri et dendrophori	CIL III 1217	2. Hälfte des 2. Jh. n. Chr.
	Sarmizegetusa	fabri	CIL III 1424	2. Jh. n. Chr.
			CIL III 1431	
			CIL III 1493	2. Jh. n. Chr.
			CIL III 1494	
			CIL III 1495	3. Jh. n. Chr.
			CIL III 1497	138-161 n. Chr.
			CIL III 1501	
			CIL III 1504	
			CIL III 1505	
			CIL III 1507	
			CIL III 7900	
			CIL III 7905	
			CIL III 7910	
			CIL III 12584	
			CIL III 12589	
			CIL III 12593	
			CIL III 13779	3. Jh. n. Chr.
			CIL III 13787	2. Jh. n. Chr.
			AE 1911, 33	
			AE 1912, 76	2. Hälfte des 1. Jh. n. Chr.
			AE 1914, 107	
			AE 1933, 247	3. Jh. n. Chr.
			AE 1977, 676	
		collegia	AE 1957, 196	2. Hälfte des 2. Jh. n. Chr.
		fabri (?)	CIL III 1398	
			CIL III 7960	2. Hälfte des 1. Jh. n. Chr.
	Deva	fabri	AE 1903, 64	2. Hälfte des 2. Jh. n. Chr.
	Pons Augusti	utriclarii	CIL III 1547	
	Tibiscum	fabri	CIL III 1553	

Anhang 1

	Drobeta	fabri	CIL III 1583	
Dalmatia	Narona	fabri	CIL III 1829	
	Salona	fabri	CIL III 2026	2. Hälfte des 2. Jh. n. Chr.
			CIL III 2087	
			CIL III 8819	
			CIL III 8824	
			CIL III 8837	
			AE 1925, 59	
			AE 1989, 606	
		collegium fabrum Veneris	CIL III 1981	335-337 n. Chr.
		collegium Veneris (= fabri?)	CIL III 2106	
			CIL III 2108	
		centonarii	CIL III 8829	
			CIL III 8842	
			CIL III 8843	
		dendrophori	CIL III 8823	
		fabri tignuarii	CIL III 8841	
		fabri et centonarii	CIL III 2107	
			AE 1922, 39	2. Jh. n. Chr.
			CIL III 12835	
	Asseria	fabri et centonarii	CIL III 9942	
	Doclea	fabri	AE 1905, 47	
	Gromiljak	fabri	AE 1958, 67	3. Jh. n. Chr.
	Epetium	fabri	CIL III 14231	
Pannonia superior	Brigetio	centonarii	AE 1944, 110	217 n. Chr.
	Savaria	fabri et centonarii	AE 1965, 294	
			AE 1965, 296	
			AE 1990, 803	
	Carnuntum	fabri	CIL III 11255	Ende des 2. Jh. n. Chr.
			AE 1968, 422	219 n. Chr.
		veterani centonarii	CIL III 4496a	
	Vindobona	fabri	CIL III 4557	
	Igg	dendrofori, centonarii	CIL III 10738	

	Siscia	centonarii	CIL III 10836	2./3. Jh. n. Chr.
		dendrophori	CIL III 10858	
	Poetovio	fabri tignuarii	AIJ 367	
	Emona	fabri	CIL III 3893	
Pannonia inferior	Aquincum	fabri	CIL III 3438	2./3. Jh. n. Chr.
			CIL III 3580	201 n. Chr.
			CIL III 10475	2./3. Jh. n. Chr.
			AE 1933, 110	
			AE 1937, 202	
		centonarii	CIL III 3583	
			AE 1934, 118	228 n. Chr.
			AE 1937, 194	
		veterani centonarii (?)	AE 1967, 367	2. Jh. n. Chr.
		fabri et centonarii	CIL III 3554	2. Jh. n. Chr.
			CIL III 3569	2. Jh. n. Chr.
		dendrophori	AE 1969/70, 483	
	Üröm	centonarii (von Aquincum?)	AE 1937, 140	
	Cibalis	fabri, centonarii	CIL III 10253	
	Stuhlweissenburg	centonarii (von Aquincum?)	CIL III 10335	210 n. Chr.
	Ulcisia castra	fabri et centonarii	AE 1939, 8	
			AE 1939, 9	
	Osejek	subaediani	AE 1913, 137	
Noricum	Cetium	fabri	CIL III 5659	2. Hälfte des 2. Jh./ 1. Hälfte des 3. Jh. n. Chr.
	Obervellach	centonarii	STEINER I, 4049	
	Flavia Solva	centonarii	AE 1966, 277	205 n. Chr.
	Virunum	subediani (!)	PICCOTTINI, Handwerkerkollegium, 111-124	Ende des 2. Jh. n. Chr.
Moesia superior	Ratiaria	fabri	CIL III 8086	198-211 n. Chr.

Anhang 1   245

				CIL III 12650	
		Stojnik	centonarii	IMS I, 121	
		Guberevci	fabri	CIL III 14543	
Moesia inferior		Carsum	centonarius	CIL III 7493	
		Gergina	dendrophori	CIL III 7516	
		Novae	dendrofori (!)	AE 1929, 120	
		Oescus	fabri	AE 1987, 893	192 n. Chr.
				CIL III 14211(2)	
				CIL III 14416	nach 161 n. Chr.
		Troesmis	dendrophori	CIL III 7505	2. Hälfte des 2. Jh. n. Chr.
Italia Regio I		Nola	centonarii	CIL X 1282	
		Puteoli	dendrophori	CIL X 1786	196 n. Chr.
				CIL X 1790	
			scabillarii	CIL X 1642	139 n. Chr.
				CIL X 1643	140 n. Chr.
				CIL X 1647	161 n. Chr.
				AE 1956, 137	
		Cumae	dendrophori	CIL X 3699	251 n. Chr.
				CIL X 3700	
		Suessula	dendrophori	CIL X 3764	
		Capua	centonarii	CIL X 3910	2. Jh. n. Chr.
		Ager Falernus	centonarii	CIL X 4724	367 n. Chr.
		Venafrum	fabri	CIL X 4855	
		Casinum	fabri	CIL X 5198	
		Verulae	dendrophori	CIL X 5796	197 n. Chr.
		Signia	dendrophori	CIL X 5968	
		Velitrae	fabri tignuarii	CIL X 6585	1. Jh. n. Chr.
				SOLIN/VOLPE, Suppl. It. N.S. 2, 1983 51-52, Nr. 14	1. Jh. n. Chr.
			collegia	AE 1987, 230	
		Antium	fabri	CIL X 6675	
				CIL X 6678	
			subaediani	CIL X 6699	
		Casamari	fabri tignuarii	AE 1968, 119	

	Minturnae	fabri tignuarii	AE 1935, 25	
	Cales	centonarius	AE 1971, 81	
	Baiae	dendrophori	AE 1971, 90	
	Fiumicino	fabri	AE 1983, 106	218 n. Chr.
	Rom	fabri	CIL VI 9416	
			CIL VI 10330	
			CIL VI 36817 (fragmentiert)	
			AE 1941, 68	
		centonarii	CIL VI 7861	1. Jh. n. Chr.
			CIL VI 7863	1. Jh. n. Chr.
			CIL VI 7864	1. Jh. n. Chr.
			CIL VI 9254	nach 14 n. Chr.
			CIL VI 14655/6	
			CIL VI 33837	1. Jh. n. Chr.
			CIL VI 37784a	
		dendrophori	CIL VI 641	
			CIL VI 642 (fragmentiert)	
			CIL VI 1040	200-211 n. Chr.
			CIL VI 1925	
			CIL VI 29691	206 n. Chr.
			CIL VI 29725	
			CIL VI 30937	
			WALTZING, Étude III 1377	
		fabri tignuarii	CIL VI 148	124-128 n. Chr.
			CIL VI 321	109-113 n. Chr.
			CIL VI 996	104-108 n. Chr.
			CIL VI 1060	198-210 n. Chr.
			CIL VI 1673	um 300 n. Chr.

Anhang 1

				CIL VI 9034	79-83 n. Chr.
				CIL VI 9405	
				CIL VI 9406	124-128 n. Chr.
				CIL VI 9407	
				CIL VI 9408	
				CIL VI 9409	
				CIL VI 9410	
				CIL VI 9411	
				CIL VI 9412	
				CIL VI 9413	
				CIL VI 9414	
				CIL VI 9415	
				CIL VI 9415a	
				CIL VI 9415b	204-208 n. Chr.
				CIL VI 10299	124-133 n. Chr.
				CIL VI 10300	
				CIL VI 30982	2 v. Chr.-3 n. Chr.
				CIL VI 33856	154 n. Chr.
				CIL VI 33857	
				CIL VI 33858	198-217 n. Chr.
				CIL XIV 2630	64-103 n. Chr.
				ILS 7226	
				ILS 7227	
				AE 1900, 98	
				AE 1941, 69	161-169 n. Chr.
				AE 1941, 70	
				AE 1941, 71	7 v. Chr.-88 n. Chr.
				AE 1981, 25	194-233 n. Chr.
				PANCIERA, Fasti	199-218 n. Chr.
			Tignuaria Restituta	CIL VI 27414	

			fabri soliarii baxiarii	CIL VI 9404	
			subaediani	CIL VI 9558	
				CIL VI 9559	
				CIL VI 33875	
				CIL VI 33876	
			marmorarius subaedanus	CIL VI 7814	
			scalarii	CIL VI 34013	1. Jh. n. Chr.
			scabillarii	CIL VI 6660	
				CIL VI 32294	
				CIL VI 33191,4	
				CIL VI 33971	
				CIL VI 33972	
				CIL VI 10145	
				CIL VI 10146	
				CIL VI 10147	
				CIL VI 10148	
				CIL VI 10403	
				CIL VI 10405	
				CIL VI 37301	
			subrutores cultores Silvani	CIL VI 940	
		Ostia	fabri	CIL XIV 124	198-217 n. Chr.
				CIL XIV 230	
				CIL XIV 297	180-184 n. Chr.
				CIL XIV 359	

Anhang 1

				Inschrift	Datierung
				CIL XIV 424	
				CIL XIV 445	
				CIL XIV 446	
				CIL XIV 4611	
				AE 1955, 169	
			dendrophori	AE 1987, 198	256 n. Chr.
				CIL XIV 33	
				CIL XIV 45	
				CIL XIV 53	
				CIL XIV 67	142 n. Chr.
				CIL XIV 69	
				CIL XIV 71	196 n. Chr.
				CIL XIV 97	139 n. Chr.
				CIL XIV 107	161-169 n. Chr.
				CIL XIV 280	147 n. Chr.
				CIL XIV 282	
				CIL XIV 295	
				CIL XIV 309	
				CIL XIV 324	203 n. Chr.
				CIL XIV 364	
				CIL XIV 409	2. Jh. n. Chr.
				CIL XIV 4301	2. Hälfte des 2. Jh. n. Chr.
				AE 1920, 92	
				ORELLI 4412	107 n. Chr.
			fabri tignuarii	CIL XIV 5	190-194 n. Chr.
				CIL XIV 105	166 n. Chr.
				CIL XIV 160	220-224 n. Chr.
				CIL XIV 296	
				CIL XIV 298	nach 79 n. Chr.
				CIL XIV 299	65-69 n. Chr.
				CIL XIV 314	frühes 3. Jh. n. Chr.
				CIL XIV 330	
				CIL XIV 347	
				CIL XIV 370	165-169 n. Chr.
				CIL XIV 371	160-164 n. Chr.

				CIL XIV 374	200-204 n. Chr.
				CIL XIV 407	1. Jh. n. Chr.
				CIL XIV 418	235-239 n. Chr.
				CIL XIV 419	235-239 n. Chr.
				CIL XIV 430	
				CIL XIV 4136	
				CIL XIV 4300	
				CIL XIV 4349	nach 117 n. Chr.
				CIL XIV 4365 u. CIL XIV 4382	195-199 n. Chr.
				CIL XIV 4562 (3)	
				CIL XIV 4620	
				CIL XIV 4633 u. CIL XIV 4725	80-84 n. Chr.
				CIL XIV 4642	nach 138 n. Chr.
				CIL XIV 4654	
				CIL XIV 4656	140-144 n. Chr.
				CIL XIV 5344	205-209 n. Chr.
				CIL XIV 5345	180-184 n. Chr.
				CIL XIV 5351	
				CIL XIV 5352	nach 117 n. Chr.
				CIL XIV 5382	
				CIL XIV 5383 u. CIL XIV 5406	165-169 n. Chr.
				AE 1974, 123	

Anhang 1

				AE 1974, 123bis	
				AE 1987, 198	256 n. Chr.
				AE 1987, 199	254-256 n. Chr.
				AE 1988, 200	
				AE 1988, 204	185-189 n. Chr.
				AE 1989, 124	140-144 n. Chr.
				AE 1989, 126	
				ROYDEN, Magistrates, 81, Nr. 31	
				Royden, Magistrates, 82, Nr. 32	
			numerus (militum) caligatorum	CIL XIV 128	200-204 n. Chr.
				CIL XIV 160	220-224 n. Chr.
				CIL XIV 374	200-204 n. Chr.
				CIL XIV 4569	198 n. Chr.
				CIL XIV 4668 = CIL XIV 419	198 n. Chr.
	Tusculum		dendrofori (!)	CIL XIV 2634	
			fabri tignuarii	CIL XIV 2630	
	Gabii		dendrophori	CIL XIV 2809	220 n. Chr.
	Praeneste		fabri	CIL XIV 2981	
			fabres	CIL XIV 2876 (= CIL I² 1448)	republikanische Zeit
			fabri tignuarii	CIL XIV 3003	117-138 n. Chr.
				CIL XIV 3009	
			[cen]tonaries	CIL I² 1457	republikanische Zeit

	Tibur	fabri	CIL XIV 3643	172 n. Chr.
	Marino	dendrophori	AE 1927, 115	147 n. Chr.
Regio II	Volturara	dendrofori (!)	CIL IX 939	
	Ligures Baebiani	dendrofori (!), fabri	CIL IX 1459	161-169 n. Chr.
		dendrophori	CIL IX 1463	
	Benevent	comes fabricarum	CIL IX 1590	
	Herdonia	fabri tignuarii	AE 1967, 93	
	Tarentum	fabri	ORELLI 4002	
Regio III	Regium Lepidum	dendrophores (!)	CIL X 7	79 n. Chr.
	Vallis Silari superior	dendrophori	CIL X 445	
	Eburum	dendrophori et fabri	CIL X 451	
	Atina	dendrophori	CIL X 8100	
	Volcei	dendrophori	CIL X 8107	
		dendrofori (!)	CIL X 8108	
Regio IV	Telesia	fabri tignuarii	CIL IX 2213	Anfang des 3. Jh. n. Chr.
	Allifae	fabri tignuarii	CIL IX 2339	
	Aesernia	fabri	CIL IX 2683	
		centonarii	CIL IX 2686	
			CIL IX 2687	
	Anxanum	omnia collegia	CIL IX 2998	
	Corfinium	fabri	CIL IX 3148	
	Antinum	dendrophori	CIL IX 3836	2. Jh. n. Chr.
			CIL IX 3842	
		centonarii et dendrofori (!)	CIL IX 3837	
	Alba Fucens	dendroforus (!)	CIL IX 3938	
		fabri tignuarii	CIL IX 3923	
			CIL IX 3931	
	Carsioli	dendrophori	CIL IX 4067	
			CIL IX 4068	
		fabri tignuarii	CIL IX 4071	
	Cures	omnia collegia	CIL IX 4955	um 73 n. Chr.

Anhang 1

			collegia (frgmt.)	CIL IX 4973	
Regio V	Interamnia		centonarii	CIL IX 5077	
				CIL IX 5084	
	Asculum Picenum		centonarii et dendrophori	CIL IX 5189	
	Firmum Picenum		fabri et centonarii	CIL IX 5368	
	Falerio		fabri	CIL IX 5450	
			fabri, centonarii, dendrophori	CIL IX 5439	3. Jh. n. Chr.
	Tollentinum		fabri tignuarii	CIL IX 5568	
	Trea		fabri et centonarii	CIL IX 5653	
	Macerata		fabri	AE 1981, 307	
			fabri et centonarii	AE 1911, 173	
	Ricina		fabri	CIL IX 5754	
	Auximum		fabri	CIL IX 5835	1. Hälfte des 2. Jh. n. Chr.
				CIL IX 5847	
			centonarii	CIL IX 5836	1. Hälfte des 2. Jh. n. Chr.
				CIL IX 5839	
				CIL IX 5843	161-169 n. Chr.
Regio VI	Ocriculum		centonarii	CIL XI 7805	
			dendrofori (!)	CIL XI 4086	202 n. Chr.
	Ameria		centonarii	CIL XI 4391	
			centonarii, fabri tignuarii, scabillarii	CIL XI 4404	2. Jh. n. Chr.
	Carsulae		fabri	CIL XI 4580	
			collegiati	CIL XI 4589	270 n. Chr.
	Mevania		fabri	CIL XI 5023	
			centonarii	CIL XI 5047	
			omnia corpora; scabillarii	CIL XI 5054	
	Spoletium		scamillarii bzw. scabillarii	CIL XI 4813	
				CIL XI 7872	
	Mevaniola		centonarii	CIL XI 6605	

		dendrophori	CENERINI, Suppl It. N.S. 11, 1993, 102, Nr. 8	
	Asisium	collegia III	CIL XI 5416	
	Tuficum	fabri	CIL XI 5716	176-192 n. Chr.
	Sentinum	fabri	CIL XI 5748	260 n. Chr.
		centonarii, III collegia principalia	CIL XI 5749	261 n. Chr.
	Iuguvium	fabri	CIL XI 5816	
		centonarii	CIL XI 5818	
	Sestinum	fabri	CIL XI 6018	
		centonarii	CIL XI 6014	198-211 n. Chr.
		fabri et centonarii	AE 1946, 216	
	Urvinum Mataurense	centonarii	CIL XI 6070	
		fabri tignuarii	CIL XI 6075	
		omnia collegia	CIL XI 6053	176-192 n. Chr.
		collegiati (?)	CIL XI 6071	
	Forum Sempronii	fabri tignuarii	CIL XI 6135	
	Suasa	fabri, centonarii	CIL XI 6164	
		centonarii	CIL XI 6162	145 n. Chr.
	Ostra	fabri	CIL XI 6191	
		centonarii	CIL XI 5750	260 n. Chr.
	Fanum Fortunae	fabri, centonarii, dendrophori	CIL XI 6231	
			CIL XI 6235	
	Pisaurum	fabri	CIL XI 6335	256 n. Chr.
			CIL XI 6358	161-180 n. Chr.
			CIL XI 6370	
			CIL XI 6371	
			AE 1982, 264	
		centonarii	CIL XI 6379	
		fabri tignuarii	ORELLI 4084	
		fabri, centonarii	CIL XI 6369	2. Jh. n. Chr.

Anhang 1

		fabri, centonarii, dendrophori	CIL XI 6362	
			CIL XI 6378	
	Sassina	fabri	CIL XI 6512	
		centonarii	CIL XI 6515	1. Hälfte des 2. Jh. n. Chr.
			CIL XI 6523	
			CIL XI 6525	
			CIL XI 6526	
			CIL XI 6527	
			CIL XI 6529	
			CIL XI 6533	
			CIL XI 6534	
			CIL XI 6535	
			CIL XI 6536	
			CIL XI 6538	
			AE 1980, 422	
		fabri, centonarii, dendrophori	CIL XI 6520	nach 115 n. Chr.
Regio VII	Luna	centonarii	CIL XI 1354	255 n. Chr.
		dendrophori	CIL XI 1355B	
		fabri tignuarii	CIL XI 1355A	
			AE 1983, 390	
	Ferentum	fabri et centonarii	AE 1972, 179	nach 175 n. Chr.
	Pisa	fabri tignuarii	CIL XI 1436	
	Faesulae	fabri	CIL XI 1549	
		dendrophori	CIL XI 1551	
			CIL XI 1552	
	Perusia	centonarii	CIL XI 1926	205 n. Chr.
	Clusium	centonarii	CIL XI 2114	
	Volsinii	fabri	CIL XI 2702	224 n. Chr.
			CIL XI 2710a	
			CIL XI 2724	
		fabri et centonarii	AE 1985, 385	Mitte des 2. Jh. n. Chr.
		centonarii	CIL XI 7294	
	Ager Viterbiensis	fabri et centonarii	CIL XI 3009	

		Capena	fabri tignarii	CIL XI 3936	162 n. Chr.
Regio VIII		Ravenna	fabri	CIL XI 126	
				CIL XI 127	
				CIL XI 132	
				ORELLI 707	
				ORELLI 3624	
				AE 1977, 265A	Ende des 2./Anfang des 3. Jh. n. Chr.
			centonarii	CIL XI 125	161-169 n. Chr.
				CIL XI 133	
			fabri et centonarii	CIL XI 124	
		Ariminum	fabri	CIL XI 386	nach 98 n. Chr.
				CIL XI 405	169 n. Chr.
			centonarii	CIL XI 378	138-161 n. Chr.
				CIL XI 385	nach 98 n. Chr.
			fabri et centonarii	CIL XI 379	1. Hälfte des 2. Jh. n. Chr.
				CIL XI 406	Ende des 2. Jh. n. Chr.
				CIL XI 418	Ende des 2. Jh. n. Chr.
			fabri, centonarii, dendrophori	CIL XI 6378	
				CIL XI 377	
		Faventia	fabri	CIL XI 629	
			dendrofori (!) et centonarii	ROSSINI, Iscrizioni, 43-44, Nr. 15	
		Forum Cornelii	centonarii	CIL XI 668	
				CIL XI 671	
		Bagnacavallo	fabri et dendrophori	AE 1957, 138	
		Regium Lepidum	fabri et centonarii	CIL XI 970	190 n. Chr.
		Brixellum	centonarii	CIL XI 1027	
		Parma	fabri et centonarii et dendrophori	CIL XI 1059	nach 69 n. Chr.
Regio IX		Clastidium	omnia collegia	CIL V 7375	nach 117 n. Chr.
		Placentia	centonarii	CIL V 7357	

Anhang 1

	Dertona	fabri	CIL V 7375	nach 117 n. Chr.
	Vardagate	centonarii	CIL V 7452	
	Industria	fabri	CIL V 7469	
			CIL V 7487	
		centonarii	CIL V 7470	
			CIL V 7485	
	Hasta	fabri	CIL V 7555	
			AE 1990, 357	
		dendrophori	AE 1985, 413	
	Alba Pompeia	centonarii	CIL V 7595	
	Pollentia	dendrophori	CIL V 7617	nach 175 n. Chr.
		fabri, centonarii, dendrophori	CIL V 7618	
	Cemenelum	centonarii	CIL V 7906	
		dendrophori	CIL V 7904	
		fabri, dendrophori	LAGUERRE, 119, Nr. 72	
		fabri, utriclarii et centonarii	AE 1967, 281	2./3. Jh. n. Chr.
		collegia III	CIL V 7881	nach 167 n. Chr.
			CIL V 7905	
			AE 1965, 194	Anfang des 3. Jh. n. Chr.
			AE 1981, 607	Mitte des 3. Jh. n. Chr.
		collegia	CIL V 7920	
		collegia (?) fragmentiert	CIL V 7921	3. Jh. n. Chr.
		collegia (?) IIII	LAGUERRE, 121, Nr. 73	2. Hälfte des 3. Jh. n. Chr.
	Vada Sabata	centonarii	CIL V 7776	
	Concordia	fabri et centonarii	CIL V 8667	2. Jh. n. Chr.
Regio X	Pola	fabri	CIL V 60	nach 117 n. Chr.
			CIL V 8143	
		dendrophori	CIL V 56 ; 61	227 n. Chr.
			CIL V 82	
	Parentium	fabri	CIL V 335	
			CIL V 337	
	Tergeste	fabri	CIL V 545	nach 138 n. Chr.
	Aquileia	fabri	CIL V 731	

			CIL V 865	Mitte des 2. Jh. n. Chr.
			CIL V 866	Mitte des 2. Jh. n. Chr.
			CIL V 8251 u. 8289	
			PAIS, S.I. 181	
			PAIS, S.I. 194	
			BRUSIN I, 530	
			BRUSIN I, 539	
			BRUSIN I, 675	
			REINER, Collegi, 72-73	
		dolabrarius collegii fabrum	CIL V 908	Letztes Drittel des 1. Jh. n. Chr.
		centonarii	CIL V 1019	
			REINER, Collegi 77-78	
		fabri et centonarii	CIL V 749	
			CIL V 1020	
		fabri, centonarii, dendrophori	ORELLI 4082	
		centonarii et denrophori; fabri	CIL V 1012	2./3. Jh. n. Chr.
	Concordia	fabri et centonarii	CIL V 8667	2. Hälfte des 2. Jh. n. Chr.
	Acerrae	centonarii	AE 1987, 464	166 n. Chr.
	Bellunum	fabri	CIL V 2046	2. Hälfte des 3. Jh. n. Chr.
		dendrophori et fabri	AE 1976, 252 a)	3. Jh. n. Chr.
			AE 1976, 252 b)	3. Jh. n. Chr.
	Feltria	fabri et centonarii	ILS 9420	323 n. Chr.
		fabri, centonarii, dendrophori	CIL V 2071	

Anhang 1

	Berua	fabri, centonarii, dendrophori	CIL V 2071	
	Altinum	fabri	CIL V 2071	
		centonarii	CIL V 2176	
	Patavium	fabri	CIL V 2850	
			AE 1977, 267	97 n. Chr.
		centonarii	CIL V 2864	
		dendrophori	CIL V 2794	
	Vicetia	centonarii	CIL V 31110	136 - 162 n. Chr.
			CIL V 3137	
	Verona	fabri	CIL V 3387	
		centonarii	CIL V 3411	
			CIL V 3439	
			AE 1895, 40	
		dendrofori (!)	CIL V 3312	
	Mantua	fabri	CIL V 4048	
	Inter Cremonam et Brixiam	fabri	CIL V 4122	
		faber tignuarius	CIL V 4216	
	Iulium Carnicum	fabri et dendrophori	HENZEN 7198	
	Pagus Foroiuliensis	fabri et dendrophori	ORELLI 2177	
	Brixia	fabri	CIL V 4391	
			CIL V 4433	
			CIL V 4448	
			CIL V 4489	
			Inscr. It. X, 5,2,808	
		centonarii	CIL V 4324	nach 134 n. Chr.
			CIL V 4387	nach 122 n. Chr.
			CIL V 4415	
			CIL V 4426	
			CIL V 4452	
			CIL V 4491	
			CIL V 4498	
		dendrophori	CIL V 4341	2. H. des 2./ 1. H. des 3. Jh. n. Chr.

				CIL V 4418	
				Inscr. It. X, 5,1,16	
			dendrofori (!)	CIL V 4388	
			fabri et centonarii	CIL V 4333	
				CIL V 4368	117-138 n. Chr.
				CIL V 4386	nach 14 n. Chr.
				CIL V 4396	
				CIL V 4397	
				CIL V 4406	
				CIL V 4408	
				CIL V 4416	
				CIL V 4422	
				CIL V 4454	
				CIL V 4459	
				CIL V 4483	
				CIL V 4488	
				GARZETTI, Suppl. It. N.S. 8, 205-206, Nr. 3bis	nach 115 n. Chr.
			fabri et centonarii et dendrophori	CIL V 4477	
			omnia collegia	CIL V 4449	
				CIL V 4484	2. Jh. n. Chr.
			collegiati	CIL V 4395	
		Tridentum	centonarii	AE 1977, 284	
		Valcamonica	fabri et centonarii	AE 1959, 93	
Regio XI		Bergomum	dendrophori	CIL V 5135	
			fabri, centonarii, denrophori	CIL V 5128	
		Comum	fabri	CIL V 5287	
				CIL V 5304	
				CIL V 5310	
			centonarii	CIL V 5283	
				AE 1951, 94	
			dendrophori	CIL V 5275	
				CIL V 5296	

Anhang 1

			fabri, centonarii	CIL V 5272	
		Ager Comensis	centonarii	CIL V 5447	
			centuria centonariorum dolabrariorum scalariorum	CIL V 5446	
		Ager Mediolanensis	centonarii	CIL V 5658	
			dendrophori	CIL V 5465	2. Jh. n. Chr.
			fabri et centonarii	CIL V 5612	2. Jh. n. Chr.
				CIL V 5701	
				CIL V 5738	
				CIL V 5578 (?)	
				CIL V 5761 (?)	
		Mediolanum	centonarii	CIL V 5914	
				CIL V 5888 (?)	
			dendrofori (!)	CIL V 5840	
			dendrophorus	CIL V 5902	
			fabri et centonarii	CIL V 5854	
				CIL V 5869	nach 268 n. Chr.
				CIL XI 1230	nach 161 n. Chr.
				AE 1974, 343	184 n. Chr. oder 213 n. Chr.
			collegium aerarii (= fabri?)	CIL V 5847	
				CIL V 5892	
		Ticinum	fabri et centonarii	PAIS, S. I. 870	
		Laus Pompeia	fabri	CIL V 6363	
		Novaria	centonarii	CIL V 6515	
			fabri	AE 1903, 350	
		Bardonecchia	centonarii	CIL V 7171	
		Segusio	centonarii	CIL V 7263	
		Cossombrato	fabri	AE 1913, 148	
Britannia		Regni	fabri	CIL VII 11	69-96 n. Chr.

	Aquae Sextiae	fabricenses	CIL VII 49	nach 61 n. Chr.
Numidia	Lambaesis	fabri	CIL VIII 2690	
		collegius fabricius	CIL VIII 3545	
	Cirta	dendrophori	CIL VIII 6940	
			CIL VIII 6941	
	Rusicade	dendroforus (!)	CIL VIII 7956	
	Timghad	dendrophori	CIL VIII 17907	
			AE 1954, 154	
	Cuicul	dendrophori	AE 1911, 22	
Mauretania Sitifensis	Sitifis	dendrofori (!)	CIL VIII 8457	288 n. Chr.
Mauretania Caesariensis	Caesarea	dendroforus (!)	CIL VIII 9401	nach 54 n. Chr.
			WALTZING, Etude III 1485	
Africa Proconsularis	Villa Magna	centonarii et subaediani	CIL VIII 10523	
	Iulia Carthago	dendrofori (!)	CIL VIII 12570	
	Thugga	dendrophori	CIL VIII 15527	nach 211 n. Chr.
	Mactaris	dendrofori (!)	CIL VIII 23400	276-282 n. Chr.
	Utica	dendrofori	AE 1961, 201	
Alpes Maritimae	Salinae	fabri tignuarii	CIL XII 68	
Gallia Narbonensis	Antipolis	utriclarii	CIL XII 187	
			CIL XII 189 add.	
	Iulia Aug. Apoll. Reiorum	utricularii	CIL XII 372	

Anhang 1

	Massilia	centonarii	CIL XII 410	161-169 n. Chr.
		dendrophori	CIL XII 411	
	Aquae Sextiae	centonarii	CIL XII 523	
			CIL XII 526	
	Divajeu	centonarii	AE 1959, 132	
	Latara	fabri et utriclarii	AE 1966, 247	2. Jh. n.Chr.
	Baeterrae	fabri	AE 1897, 146	
	Alba Helviorum	centonarii	AE 1976, 412	2. Jh. n.Chr.
		fabri, centonarii, dendorphori, utriclarii	AE 1965, 144	
	Arelate	fabri tignuarii	CIL XII 719	
			CIL XII 722	
			CIL XII 726	Ende des 2. Jh. n. Chr.
			CIL XII 728	
			CIL XII 736	
			CIL XII 738	
		utriclarii	CIL XII 729	
			CIL XII 731	
			CIL XII 733	
			CIL XII 4107	
		utriclarii, centonarii, (fabri navales)	CIL XII 700	2. Jh. n.Chr.
	Cabellio	utriclarii	ORELLI 4119	
	Inter Arelate et Tarusconem	utriclarii	CIL XII 982	
	Colonia Iulia Apta	fabri	CIL XII 1189	
	Vasio	fabri	CIL XII 1386	
		centonarii	CIL XII 1282	1. Jh. n. Chr.
		Quinta Centonia	CIL XII 1385	
		utricularii	CIL XII 1387	
	Tricastinorum ager	utricularii	CIL XII 1742	
	Valentia	dendrophori	CIL XII 1744	

	Vienna	fabri	HERZOG 535	
			CIL XII 1911	
		dendrophori	CIL XII 1878	
			CIL XII 1917	
		fabri tignuarii	CIL XII 1877	
		utriclarii	CIL XII 1815	
		centonarii	CIL XII 1898	
	Ager Volcarum ad Rhodani ripam	centonarii	CIL XII 2754	
	Ugernum	centonarii	CIL XII 2824	
	Nemausus	fabri	HERZOG 221	
		utriclarii	CIL XII 3351	
		collegia	CIL XII 3335	
		fabri tignuarii	CIL XII 3165	3. Jh. n. Chr.
			AE 1910, 124	
		centonarii	CIL XII 3232	117-138 n. Chr.
	Inter Nemausus et Sextantiones	centonarii et dendrophori	CIL XII 5953 add.	
	St. Gilles	utriclarius	CIL XII 4107	
	Narbo	fabri sub aediani	CIL XII 4393	149 n. Chr.
	Tolosa	fabri (fragmentiert)	HERZOG 278	
Aquitania	Ager Vallavorum	fabri tignuarii	CIL XIII 1606	1. Jh. n. Chr.
Gallia Lugdunensis	Segusiavi	fabri tignuarii	CIL XIII 1640	
	Lugdunum	fabri	CIL XIII 1805	
			CIL XIII 1972	
			CIL XIII 1978	
			BOISSIEU, 195, Nr. 24	
			CIL XII 1898	2. Jh. n.Chr.

			dendrophori	CIL XIII 1723	
				CIL XIII 1751	160 n. Chr.
				CIL XIII 1752	190 n. Chr.
				CIL XIII 2026	
			utricularii	CIL XII 1742	
				CIL XIII 1960	
				CIL XIII 1979	
				CIL XIII 1985	
				CIL XIII 1998	3. Jh. n. Chr.
				CIL XIII 2009	
				CIL XIII 2023	
				CIL XIII 2039	
			fabri tignuarii	CIL XIII 1939	2. Jh. n. Chr.
				CIL XIII 1966	2. Jh. n. Chr.
				CIL XIII 1967	
				CIL XIII 1734	2. Jh. n. Chr.
				CIL XIII 2013	
				CIL XIII 2029	
				CIL XIII 2036	
			dendrophori, centonarii	CIL XIII 1961	

			utriclarii, fabri	CIL XIII 1954	2. Jh. n. Chr.
			omnia copora	CIL XIII 1900	
				CIL XIII 1921	
				CIL XIII 1974	
	Augustodunum		fabri	CIL XIII 2678	
	Ager Haeduorum Septentrionalis		utriclarii	CIL XIII 2839	
Germania superior	Civitas Taunensium		dendrophori	AE 1962, 232	
			fabri tignuarii	CIL XIII 7371	
	Amsoldingen		dendrophori	CIL XIII 5153	
			fabri tignuarii	CIL XIII 5154	
	Aquae		fabri tignuarii	CIL XIII 6303	
				CIL XIII 6308	
	Mogontiacum		fabri	CIL XIII 7065	
Germania inferior	Colonia Agrippinensium		fabri tignuarii	CIL XIII 8344	2./3. Jh. n. Chr.
Belgica	Augusta Treverorum		fabri dolabrarii	CIL XIII 11313	Ende des 2. Jh. n. Chr.

ANHANG 2
Verteilung der „Feuerwehrvereine" auf die Provinzen
(Anordnung der Vereine nach ihrer Bedeutung)

Verein	Provinz/Region/Stadt	Quellenzitat
Fabri	**Hispania Tarraconensis**	
	Tarraco	CIL II 4316
	Barciano	CIL II 4498
	Burgos	AE 1985, 585
	Dacia	
	Apulum	CIL III 975
		CIL III 984
		CIL III 1016
		CIL III 1043
		CIL III 1051
		CIL III 1082
		CIL III 1083
		CIL III 1210
		CIL III 1212
		CIL III 1215
		CIL III 7767
	Sarmizegetusa	CIL III 1398 (?)
		CIL III 1424
		CIL III 1431
		CIL III 1493
		CIL III 1494
		CIL III 1495
		CIL III 1497
		CIL III 1501
		CIL III 1504
		CIL III 1505
		CIL III 1507
		CIL III 7900
		CIL III 7905
		CIL III 7910
		CIL III 7960 (?)
		CIL III 12584

		CIL III 12589
		CIL III 12593
		CIL III 13779
		CIL III 13787
		AE 1911, 33
		AE 1912, 76
		AE 1914, 107
		AE 1933, 247
		AE 1977, 676
	Deva	AE 1903, 64
	Tibiscum	CIL III 1553
	Drobeta	CIL III 1583
	Dalmatia	
	Narona	CIL III 1829
	Salona	CIL III 2026
		CIL III 2087
		CIL III 8819
		CIL III 8824
		CIL III 8837
		AE 1925, 59
		AE 1989, 606
collegium fabrum Veneris		CIL III 1981
collegium Veneris		CIL III 2106
		CIL III 2108
	Doclea	AE 1905, 47
	Gromiljak	AE 1958, 67
	Epetium	CIL III 14231
	Pannonia superior	
	Carnuntum	CIL III 11255
		AE 1968, 422
	Vindobona	CIL III 4557
	Emona	CIL III 3893
	Pannonia inferior	
	Aquincum	CIL III 3438
		CIL III 3580
		CIL III 10475

Anhang 2

		AE 1933, 110
		AE 1937, 202
	Noricum	
	Cetium	CIL III 5659
	Moesia superior	
	Ratiaria	CIL III 8086
	Guberevci	CIL III 14543
	Moesia inferior	
	Oescus	CIL III 14211(2)
		CIL III 14416
		AE 1987, 893
	Italia	
	Regio I	
	Venafrum	CIL X 4855
	Casinum	CIL X 5198
	Antium	CIL X 6675
		CIL X 6676
	Fiumicino	AE 1983, 106
	Rom	CIL VI 9416
		CIL VI 10330
		CIL VI 36817
		AE 1941, 68
	Ostia	CIL XIV 124
		CIL XIV 230
		CIL XIV 297
		CIL XIV 359
		CIL XIV 424
		CIL XIV 445
		CIL XIV 446
		CIL XIV 4611
		AE 1955, 169
	Tusculum	CIL XIV 2630
	Praeneste	CIL XIV 2876
		CIL XIV 2981
	Tibur	CIL XIV 3643
	Regio II	

	Tarentum	ORELLI 4002
	Benevent	
comes fabricarum		CIL IX 1590
	Regio IV	
	Aesernia	CIL IX 2683
	Corfinium	CIL IX 3148
	Regio V	
	Falerio	CIL IX 5450
	Macerata	AE 1981, 307
	Ricina	CIL IX 5754
	Auximum	CIL IX 5835
		CIL IX 5847
	Regio VI	
	Carsulae	CIL XI 4580
	Mevania	CIL XI 5023
	Tuficum	CIL XI 5716
	Sentinum	CIL XI 5748
	Iguvium	CIL XI 5816
	Sestinum	CIL XI 6018
	Ostra	CIL XI 6191
	Pisaurum	CIL XI 6335
		CIL XI 6358
		CIL XI 6370
		CIL XI 6371
		AE 1982, 264
	Sassina	CIL XI 6512
	Regio VII	
	Faesulae	CIL XI 1549
	Volsinii	CIL XI 2702
		CIL XI 2710a
		CIL XI 2724
	Regio VIII	
	Ravenna	CIL XI 126
		CIL XI 127
		CIL XI 132
		ORELLI 707

			ORELLI 3624
			AE 1977, 265A
		Ariminum	CIL XI 386
			CIL XI 405
		Faventia	CIL XI 629
		Regio X	
		Pola	CIL V 60
			CIL V 8143
		Parentium	CIL V 335
			CIL V 337
		Tergeste	CIL V 545
		Aquileia	CIL V 731
			CIL V 865
			CIL V 866
			CIL V 8251 u. 8289
			PAIS, S.I. 181
			PAIS, S.I. 194
			BRUSIN I, 530
			BRUSIN I, 539
			BRUSIN I, 675
			REINER, Collegi 72-73
dolabrarius collegii fabrum			CIL V 908
		Bellunum	CIL V 2046
		Altinum	CIL V 2071
		Patavium	CIL V 2850
			AE 1977, 267
		Verona	CIL V 3387
		Mantua	CIL V 4048
		Inter Cremonam et Brixiam	CIL V 4122
		Brixia	CIL V 4391
			CIL V 4433
			CIL V 4448
			CIL V 4489
			Inscr. It. X 5,2,808
		Regio XI	
		Comum	CIL V 5287

		CIL V 5304
		CIL V 5310
	Mediolanum	
collegium aerarii (= fabri?)		CIL V 5847
		CIL V 5892
	Laus Pompeia	CIL V 6363
	Novaria	AE 1903, 350
	Cossombrato	AE 1913, 148
	Regio IX	
	Dertona	CIL V 7375
	Industria	CIL V 7469
		CIL V 7487
	Hasta	CIL V 7555
		AE 1990, 357
	Britannia	
	Regni	CIL VII 11
	Aquae Sextiae	
fabricenses		CIL VII 49
	Numidia	
	Lambaesis	CIL VIII 2690
		CIL VIII 3545
	Gallia Narbonensis	
	Baeterrae	AE 1897, 146
	Colonia Iulia Apta	CIL XII 1189
	Vasio	CIL XII 1386
	Vienna	HERZOG 535
		CIL XII 1911
	Nemausus	HERZOG 221
	Narbo	CIL XII 4393
	Tolosa	HERZOG 278
	Gallia Lugudunensis	
	Lugudunum	CIL XIII 1978
	Augustodunum	CIL XIII 2678
	Germania superior	
	Mogontiacum	CIL XIII 7065
Centonarii	**Hispania Baetica**	

Anhang 2

		Hispalis	CIL II 1167
			AE 1987, 496
		Hispania Tarraconensis	
		Tarraco	CIL II 4318
		Dacia	
		Apulum	CIL III 1174
			CIL III 1208
		Dalmatia	
		Salona	CIL III 8829
			CIL III 8842
			CIL III 8843
		Pannonia superior	
		Brigetio	AE 1944, 110
		Carnuntum	
veterani centonarii			CIL III 4496a
		Siscia	CIL III 10836
		Pannonia inferior	
		Aquincum	CIL III 3853
			AE 1934, 118
			AE 1937, 194
veterani centonarii (?)			AE 1967, 367
		Üröm	AE 1937, 140
		Stuhlweissenburg	CIL III 10335
		Noricum	
		Obervellach	STEINER I, 4049
		Flavia Solva	AE 1966, 277
		Moesia superior	
		Stojnik	IMS I, 121
		Moesia inferior	
		Carsum	CIL III 7493
		Italia	
		Regio I	
		Nola	CIL X 1282
		Capua	CIL X 3910
		Ager Falernus	CIL X 4724
		Cales	AE 1971, 81

	Rom	CIL VI 7861
		CIL VI 7863
		CIL VI 7864
		CIL VI 9254
		CIL VI 14655/6
		CIL VI 33837
		CIL VI 37784a
	Praeneste	CIL I² 1457
	Regio IV	
	Aesernia	CIL IX 2686
		CIL IX 2687
	Regio V	
	Interamnia Praet.	CIL IX 5077
		CIL IX 5084
	Auximum	CIL IX 5836
		CIL IX 5839
		CIL IX 5843
	Regio VI	
	Ocriculum	CIL XI 7805
	Ameria	CIL XI 4391
	Mevania	CIL XI 5047
	Mevaniola	CIL XI 6605
	Iguvium	CIL XI 5818
	Sestinum	CIL XI 6014
	Urvinum Mataurense	CIL XI 6070
	Suasa	CIL XI 6162
	Ostra	CIL XI 5750
	Pisaurum	CIL XI 6379
	Sassina	CIL XI 6515
		CIL XI 6523
		CIL XI 6525
		CIL XI 6526
		CIL XI 6527
		CIL XI 6529
		CIL XI 6533
		CIL XI 6534

Anhang 2 275

		CIL XI 6535
		CIL XI 6536
		CIL XI 6538
		AE 1980, 422
	Regio VII	
	Luna	CIL XI 1354
	Perusia	CIL XI 1926
	Clusium	CIL XI 2114
	Volsinii	CIL XI 7294
	Regio VIII	
	Ravenna	CIL XI 125
		CIL XI 133
	Ariminum	CIL XI 378
		CIL XI 385
	Forum Corneli	CIL XI 668
		CIL XI 671
	Brixellum	CIL XI 1027
	Regio IX	
	Placentia	CIL V 7357
	Vardagate	CIL V 7452
	Industria	CIL V 7470
		CIL V 7485
	Alba Pompeia	CIL V 7595
	Cemenelum	CIL V 7906
	Vada Sabata	CIL V 7776
	Regio X	
	Aquileia	CIL V 1019
		REINER, Collegi 77-78
	Acerrae	AE 1987, 464
	Altinum	CIL V 2176
	Patavium	CIL V 2864
	Vicetia	CIL V 3111
		CIL V 3137
	Verona	CIL V 3411
		CIL V 3439
		AE 1895, 40

		Brixia	CIL V 4324
			CIL V 4387
			CIL V 4415
			CIL V 4426
			CIL V 4452
			CIL V 4491
			CIL V 4498
		Tridentum	AE 1977, 284
		Regio XI	
		Comum	CIL V 5283
			AE 1951, 94
		Ager Comensis	CIL V 5447
			CIL V 5446
		Ager Mediolanensis	CIL V 5658
		Mediolanum	CIL V 5914
			CIL V 5888 (?)
		Novaria	CIL V 6515
		Bardonecchia	CIL V 7171
		Segusio	CIL V 7263
		Gallia Narbonensis	
		Massilia	CIL XII 410
		Aquae Sextiae	CIL XII 523
			CIL XII 526
		Divajeu	AE 1959, 132
		Alba Helviorum	AE 1976, 412
		Vasio	CIL XII 1282
			CIL XII 1385
		Ager Volcarum ad Rhodani ripam	CIL XII 2754
		Ugernum	CIL XII 2824
		Nemausus	CIL XII 3232
		Gallia Lugudunensis	
		Lugudunum	CIL XII 1898
			CIL XIII 1805
			CIL XIII 1972
			BOISSIEU 195, Nr. 24
Dendrophori		**Macedonia**	

	Tomi	CIL III 763
	Dalmatia	
	Salona	CIL III 8823
	Pannonia superior	
	Siscia	CIL III 10858
	Pannonia inferior	
	Aquincum	AE 1969/70, 483
	Moesia inferior	
	Gergina	CIL III 7516
	Novae	AE 1929, 120
	Troesmis	CIL III 7505
	Italia	
	Regio I	
	Puteoli	CIL X 1786
		CIL X 1790
	Cumae	CIL X 3699
		CIL X 3700
	Suessula	CIL X 3764
	Verulae	CIL X 5796
	Signia	CiL X 5968
	Baiae	AE 1971, 90
	Rom	CIL VI 641
		CIL VI 642
		CIL VI 1040
		CIL VI 1925
		CIL VI 29691
		CIL VI 29725
		CIL VI 30973
		WALTZING, Etude III 1377
	Ostia	AE 1987, 198
		CIL XIV 33
		CIL XIV 45
		CIL XIV 53
		CIL XIV 67
		CIL XIV 69
		CIL XIV 71

		CIL XIV 97
		CIL XIV 107
		CIL XIV 280
		CIL XIV 282
		CIL XIV 295
		CIL XIV 309
		CIL XIV 324
		CIL XIV 364
		CIL XIV 409
		CIL XIV 4301
		AE 1920, 92
		ORELLI 4412
	Tusculum	CIL XIV 2634
	Gabii	CIL XIV 2809
	Marino	AE 1927, 115
	Regio II	
	Volturara	CIL IX 939
	Ligures Baebiani	CIL IX 1463
	Regio III	
	Regium Lepidum	
dendrophorenses (!)		CIL X 7
	Vallis Silari Superior	CIL X 445
	Atina	CIL X 8100
	Volcei	CIL X 8107
		CIL X 8108
	Regiio IV	
	Antinum	CIL IX 3836
		CIL IX 3842
	Alba Fucens	CIL IX 3938
	Carsioli	CIL IX 4067
		CIL IX 4068
	Regio VI	
	Ocriculum	CIL XI 4086
	Mevaniola	CENERINI, Suppl. It. N.S. 11, 1993, 102, Nr. 8
	Regio VII	
	Luna	CIL XI 1355B

	Faesulae	CIL XI 1551
		CIL XI 1552
	Regio X	
	Pola	CIL V 56 u. 61
		CIL V 81
		CIL V 82
	Patavium	CIL V 2794
	Verona	CIL V 3312
	Brixia	CIL V 4341
		CIL V 4388
		CIL V 4418
		Inscr. It. X 5,1,16
	Regio XI	
	Bergomum	CIL V 5135
	Comum	CIL V 5275
		CIL V 5296
	Ager Mediolanensis	CIL V 5465
	Mediolanum	CIL V 5840
		CIL V 5902
	Hasta	AE 1985, 413
	Pollentia	CIL V 7617
	Cemenelum	CIL V 7904
	Numidia	
	Cirta	CIL VIII 6940
		CIL VIII 6941
	Rusicade	CIL VIII 7956
	Timghad	CIL VIII 17907
		AE 1954, 154
	Cuicul	AE 1911, 22
	Mauretania Sitifensis	
	Sitifis	CIL VIII 8457
	Mauretania Caesariensis	
	Caesarea	CIL VIII 9401
		WALTZING, Etude III 1485
	Africa Proconsularis	
	Iulia Carthago	CIL VIII 12570

	Thugga	CIL VIII 15527
	Mactaris	CIL VIII 23400
	Utica	AE 1961, 201
	Gallia Narbonensis	
	Massilia	CIL XII 411
	Valentia	CIL XII 1744
	Vienna	CIL XII 1878
		CIL XII 1917
	Gallia Lugudunensis	
	Lugudunum	CIL XIII 1723
		CIL XIII 1751
		CIL XIII 1752
		CIL XIII 2026
	Germania superior	
	Civitas Taunensium	AE 1962, 232
	Amsoldingen	CIL XIII 5153
Enge Verbindung zwischen fabri und centonarii	**Dacia**	
	Apulum	CIL III 1207
		CIL III 1209
	Dalmatia	
	Salona	CIL III 2107
		CIL III 12835
		AE 1922, 39
	Asseria	CIL III 9942
	Pannonia superior	
	Savaria	AE 1965, 294
		AE 1965, 296
		AE 1990, 803
	Pannonia inferior	
	Aquincum	CIL III 3554
		CIL III 3569
	Ulcisia castra	AE 1939, 8
		AE 1939, 9
	Cibalis	CIL III 10253
	Italia	

Anhang 2

	Regio V	
	Firmum Picenum	CIL IX 5368
	Trea	CIL IX 5653
	Macerata.	AE 1911, 173
	Regio VI	
	Sestinum	AE 1946, 216
	Suasa	CIL XI 6164
	Pisaurum	CIL XI 6369
	Regio VII	
	Ferentum	AE 1972, 179
	Volsinii	AE 1985, 385
	Ager Viterbiensis	CIL XI 3009
	Regio VIII	
	Ravenna	CIL XI 124
	Ariminum	CIL XI 379
		CIL XI 406
		CIL XI 418
	Regium Lepidum	CIL XI 970
	Regio IX	
	Concordia	CIL V 8667
	Regio X	
	Aquileia	CIL V 749
		CIL V 1020
	Concordia	CIL V 8667
	Feltria	ILS 9420
	Brixia	CIL V 4333
		CIL V 4368
		CIL V 4396
		CIL V 4397
		CIL V 4406
		CIL V 4408
		CIL V 4416
		CIL V 4422
		CIL V 4454
		CIL V 4459
		CIL V 4483

			CIL V 4488
			GARZETTI, Suppl. It. N.S. 8, 1993, 205-206, Nr. 3bis
		Valcamonica	AE 1959, 93
		Regio XI	
		Comum	CIL V 5272
		Ager Mediolanensis	CIL V 5578 (?)
			CIL V 5612
			CIL V 5701
			CIL V 5738
			CIL V 5761 (?)
		Mediolanum	CIL V 5854
			CIL V 5869
			CIL XI 1230
			AE 1974, 343
		Ticinum	PAIS, S.I. 870
Enge Verbindung zwischen fabri und dendrophori		Dacia	
		Apulum	CIL III 1217
		Italia	
		Regio II	
		Ligures Baebiani	CIL IX 1459
		Regio III	
		Eburum	CIL X 451
		Regio VIII	
		Bagnacavallo	AE 1957, 138
		Regio IX	
		Cemenelum	LAGUERRE, Nice-Cimiez, 119, Nr. 72
		Regio X	
		Bellunum	AE 1976, 252a
			AE 1976, 252b
		Iulium Carnicum	HENZEN 7198
		Pagus Foroiuliensis	ORELLI 2177
Enge Verbindung zwischen centonarii und dendrophori		**Pannonia superior**	

	Igg	CIL III 10738
	Italia	
	Regio IV	
	Antinum	CIL IX 3837
	Regio V	
	Asculum Picenum	CIL IX 5189
	Regio VIII	
	Faventia	ROSSINI, Iscrizioni, 43-44, Nr. 15
	Gallia Narbonensis	
	Inter Nemausus et Sextantiones	CIL XII 5953 add.
	Gallia Lugdunensis	
	Lugdunum	CIL XIII 1961
Enge Verbindung zwischen fabri, centonarii und dendrophori	**Italia**	
	Regio V	
	Falerio	CIL IX 5439
	Regio VI	
	Fanum Fortunae	CIL XI 6231
		CIL XI 6235
	Pisaurum	CIL XI 6362
		CIL XI 6378
	Sassina	CIL XI 6520
	Regio VIII	
	Ariminum	CIL XI 377
		CIL XI 6378
	Parma	CIL XI 1059
	Regio IX	
	Pollentia	CIL V 7618
	Regio X	
	Aquileia	CIL V 1012
		ORELLI 4082
	Feltria	CIL V 2071
	Berua	CIL V 2071
	Brixia	CIL V 4477

	Regio XI	
	Bergomum	CIL V 5128
Omnia collegia bzw. omnia corpora	Italia	
	Regio IV	
	Anxanum	CIL IX 2998
	Cures	CIL IX 4955
	Regio VI	
	Mevania	CIL XI 5054
	Urvinum Mataurense	CIL XI 6053
	Regio IX	
	Clastidium	CIL V 7375
	Regio X	
	Brixia	CIL V 4449
		CIL V 4484
	Gallia Lugdunensis	
	Lugdunum	CIL XIII 1900
		CIL XIII 1921
		CIL XIII 1974
Collegia	**Dacia**	
	Sarmizegetusa	AE 1957, 196
	Italia	
	Regio I	
	Velitrae	AE 1987, 230
	Regio IV	
	Cures	CIL IX 4973
	Regio IX	
	Cemenelum	CIL V 7920
		CIL V 7921 (?)
Collegia III	**Italia**	
	Regio VI	
	Asisium	CIL XI 5416
	Sentinum	CIL XI 5749
	Regio IX	
	Cemenelum	CIL V 7881
		CIL V 7905
		AE 1965, 194

Anhang 2

			AE 1981, 607
Collegia IIII		Italia	
		Regio IX	
		Cemenelum	LAGUERRE, Nice-Cimiez, 121, Nr. 73
Collegiati		Italia	
		Regio VI	
		Carsulae	CIL XI 4589
		Urvinum Mataurense	CIL XI 6071
		Regio X	
		Brixia	CIL V 4395
Fabri tignuarii		**Macedonia**	
		Dyrrachium	CIL III 611
		Dalmatia	
		Salona	CIL III 8841
		Pannonia superior	
		Poetovio	AIJ 367
		Italia	
		Regio I	
		Vellitrae	CIL X 6585
			SOLIN/VOLPE, Suppl. It. N.S. 2, 1983, 51-52, Nr. 14
		Casamari	AE 1968, 119
		Minturnae	AE 1935, 25
		Rom	CIL VI 148
			CIL VI 321
			CIL VI 996
			CIL VI 1060
			CIL VI 1673
			CIL VI 9034
			CIL VI 9405
			CIL VI 9406
			CIL VI 9407
			CIL VI 9408
			CIL VI 9409
			CIL VI 9410
			CIL VI 9411

		CIL VI 9412
		CIL VI 9413
		CIL VI 9414
		CIL VI 9415
		CIL VI 9415a
		CIL VI 9415b
		CIL VI 10299
		CIL VI 10300
		CIL VI 27414
		CIL VI 33856
		CIL VI 33857
		CIL VI 33858
		ILS 7226
		ILS 7227
		AE 1900, 89
		AE 1941, 69
		AE 1941, 70
		AE 1981, 25
	Ostia	CIL XIV 5
		CIL XIV 105
		CIL XIV 160
		CIL XIV 296
		CIL XIV 298
		CIL XIV 299
		CIL XIV 314
		CIL XIV 330
		CIL XIV 347
		CIL XIV 370
		CIL XIV 371
		CIL XIV 374
		CIL XIV 407
		CIL XIV 418
		CIL XIV 419
		CIL XIV 430
		CIL XIV 4136
		CIL XIV 4300

Anhang 2

		CIL XIV 4349
		CIL XIV 4365 u. CIL XIV 4382
		CIL XIV 4562 (3)
		CIL XIV 4620
		CIL XIV 4633
		CIL XIV 4642 u. CIL XIV 4725
		CIL XIV 4654
		CIL XIV 4656
		CIL XIV 5344
		CIL XIV 5345
		CIL XIV 5351
		CIL XIV 5352
		CIL XIV 5382
		CIL XIV 5383 u. CIL XIV 5406
		AE 1974, 123
		AE 1974, 123 bis
		AE 1987, 198
		AE 1987, 199
		AE 1988, 200
		AE 1988, 204
		AE 1989, 124
		AE 1989, 126
		ROYDEN, Magistrates, 81, Nr. 31
		ROYDEN, Magistrates, 82, Nr. 32
Numerus militum caligatorum (= fabri tignuarii)		CIL XIV 128
		CIL XIV 160 (vgl. fabri tignuarii)
		CIL XIV 374 (vgl. fabri tignuarii)
		CIL XIV 4569
		CIL XIV 4668 (vgl. fabri tignuarii)
	Tusculum	CIL XIV 2630
	Praeneste	CIL XIV 3003
		CIL XIV 3009

	Regio II	
	Herdonia	AE 1967, 93
	Regio IV	
	Telesia	CIL IX 2213
	Allifae	CIL IX 2339
	Alba Fucens	CIL IX 3923
		CIL IX 3931
	Carsioli	CIL IX 4071
	Regio V	
	Tollentinum	CIL IX 5568
	Regio VI	
	Urvinum Mataurense	CIL XI 6075
	Forum Sempronii	CIL XI 6135
	Pisaurum	ORELLI 4084
	Regio VII	
	Luna	CIL XI 1355A
		AE 1983, 390
	Pisa	CIL XI 1436
	Capena	CIL XI 3936
	Regio X	
	Inter Cremonam et Brixiam	CIL V 4216
	Alpes Maritimae	
	Salinae	CIL XII 68
	Gallia Narbonensis	
	Arelate	CIL XII 719
		CIL XII 722
		CIL XII 726
		CIL XII 728
		CIL XII 736
		CIL XII 738
	Vienna	CIL XII 1877
	Nemausus	CIL XII 3165
		AE 1910, 124
	Aquitania	
	Ager Vellavorum	CIL XIII 1606
	Gallia Lugdunensis	

	Segusiavi	CIL XIII 1640
	Lugdunum	CIL XIII 1734
		CIL XIII 1939
		CIL XIII 1966
		CIL XIII 1967
		CIL XIII 2013
		CIL XIII 2029
		CIL XIII 2036
	Germania superior	
	Civitas Taunensium	CIL XIII 7371
	Amsoldingen	CIL XIII 5154
	Aquae	CIL XIII 6303
		CIL XIII 6308
	Germania inferior	
	Colonia Agrippinensis	CIL XIII 8344
Subaediani	**Hispania Baetica**	
	Hispalis	CIL II 2211
	Corduba	AE 1983, 530
	Pannonia inferior	
	Osejek	AE 1913, 137
	Noricum	
	Virunum	PICCOTTINI, Handwerkerkollegium
	Italia	
	<u>Regio I</u>	
	Antium	CIL X 6699
	Rom	CIL VI 9558
		CIL VI 9559
		CIL VI 33875
		CIL VI 33876
		CIL VI 7814
	Gallia Narbonensis	
	Narbo	CIL XII 4393
Centonarii et subaediani	**Africa Proconsularis**	
	Villa Magna	CIL VIII 10523
Utric(u)larii	**Dacia**	
	Mikhaza	CIL III 944

	Pons Augusti	CIL III 1547
	Gallia Narbonensis	
	Antipolis	CIL XII 187
		CIL XII 189add.
	Colonia Iulia Augusta Apollinaris Reiorum	CIL XII 372
	Arelate	CIL XII 729
		CIL XII 731
		CIL XII 733
		CIL XII 4107
	Cabellio	ORELLI 4119
	Inter Arelate et Tarusconem	CIL XII 982
	Vasio	CIL XII 1387
	Tricastinorum ager	CIL XII 1742
	Vienna	CIL XII 1815
	Nemausus	CIL XII 3351
	St. Gilles	CIL XII 4107
	Gallia Lugdunensis	
	Lugdunum	CIL XII 1742
		CIL XIII 1960
		CIL XIII 1979
		CIL XIII 1985
		CIL XIII 1998
		CIL XIII 2009
		CIL XIII 2023
		CIL XIII 2039
	Ager Haeduorum Septentrionalis	CIL XII 2839
Fabri et urticularii	**Gallia Narbonensis**	
	Latara	AE 1966, 247
	Gallia Lugdunensis	
	Lugdunum	CIL XIII 1954
Fabri, utricularii et centonarii	**Italia**	
	Regio IX	
	Cemenelum	AE 1967, 281
Fabri, centonarii,	**Gallia Narbonensis**	

Anhang 2

dendrophori, utricularii		
	Alba Helviorum	AE 1965, 144
Utricularii, centonarii, fabri navales	Gallia Narbonensis	
	Arelate	CIL XII 700
Scabillarii	Italia	
	Regio I	
	Puteoli	CIL X 1642
		CIL X 1643
		CIL X 1647
		AE 1956, 137
	Rom	CIL VI 6660
		CIL VI 10145
		CIL VI 10146
		CIL VI 10147
		CIL VI 10148
		CIL VI 10403
		CIL VI 10405
		CIL VI 32294
		CIL VI 33191(4)
		CIL VI 33971
		CIL VI 33972
		CIL VI 37301
	Regio VI	
	Spoletium	CIL XI 4813
		CIL XI 7872
Dolabrarii	Italia	
	Regio X	
	Aquileia	CIL V 908
	Regio XI	
	Ager Comensis	CIL V 5446
	Belgica	
	Augusta Treverorum	CIL XIII 11313
Scalarii	Italia	
	Regio I	
	Rom	CIL VI 34013
	Regio XI	

	Ager Comensis	CIL V 5447
Subrutores cultores Silvani	**Italia**	
	Regio I	
	Rom	CIL VI 940
Fabri soliarii baxiarii	**Italia**	
	Regio I	
	Rom	CIL VI 9404
Centonarii, fabri tignuarii, scabillarii	**Italia**	
	Regio VI	
	Ameria	CIL XI 4404
Omnia corpora, scabillarii	**Italia**	
	Regio VI	
	Mevania	CIL XI 5054

ANHANG 3
Geographische und zeitliche Verbreitung der *vigiles*
(geordnet entsprechend der CIL-Nummern)

Provinz/Region Ort	Quellenzitat	genannte Funktionsträger	Datierung
ITALIA			
Concordia	CIL V 1877	[subpra]ef(ectus) vi[gil(um)]	kurz nach 166 n. Chr.
	CIL V 8660	subpraef(ectus) vigil(um)	kurz nach 166 n. Chr.
Aquileia	ALFÖLDY, Statuen, 97, Nr. 83	trib(unus) coh(ortis) I vig(ilum)	ca. 150 n. Chr.
Rom	CIL VI 222	tr(ibunus) coh(ortis) V vig(ilum)	111-156 n. Chr.
	CIL VI 233	praef(ectus) vigilibus (!)	
	CIL VI 266	praef(ecti) vigil(um)	226-244 n. Chr.
	CIL VI 324	coh(ors) IIII vig(ilum) (centuria) Turrani	
	CIL VI 414	pr(aefectus) vig(ilum); subpr(aefectus); trib(unus) coh(ortis) II vig(ilum)	191 n. Chr.
	CIL VI 485	coh(ors) II vig(ilum)	161-169 n. Chr.
	CIL VI 643	[praef(ectus) vig(ilum)]; tr(ibunus) coh(ortis) IIII vig(ilum)	193-211 n. Chr.
	CIL VI 798	praef(ectus) vigilum	98-117 n. Chr.
	CIL VI 1023	coh(ors) IIII vig(ilum)	177 n. Chr.
	CIL VI 1055	coh(ors) IIII vigil(um); praef(ectus) vig(ilum)	205 n. Chr.
	CIL VI 1056	coh(ors) I vig(ilum) Antoniniana; praef(ectus) vig(ilum), trib(unus), (centuriones), versch. Chargen	205 n. Chr.
	CIL VI 1057	laterculum	
	CIL VI 1058	laterculum; coh(ors) V vig(ilum); pr(aefectus), trib(unus)	210 n. Chr.
	CIL VI 1059	coh(ors) II vig(ilum); pr(aefectus) vig(ilum), tr(ibunus), medic(us) und andere Chargen	210 n. Chr.
	CIL VI 1063	laterculum	212 n. Chr.
	CIL VI 1064	laterculum	
	CIL VI 1144	praef(ectus) vigil(um)	312-314/315 n. Chr.
	CIL VI 1157	praefectus vigilum	333-337 n. Chr.

	CIL VI 1180	praef(ectus) vig(ilum)	364-375 n. Chr.
	CIL VI 1181	praefectus vigilum	367-383 n. Chr.
	CIL VI 1226	praef(ectus) vigilum; sub(praefectus) vig(ilum)	
	CIL VI 1599 und fragmentiert CIL VI 31828	trib(unus) coh(ortis) V vigul(um)	161-180 n. Chr.
	CIL VI 1621	subpraefectus vigilibus	
	CIL VI 1626	trib(unus) coh(ortis) III vig(ilum)	
	CIL VI 1628	subpraefectus vig(ilum)	
	CIL VI 1636	trib(unus) coh(ortis) IIII vig(ilum)	
	CIL VI 2406	fragmentiertes laterculum	
	CIL VI 2407 (vgl. auch CIL VI 32749)	fragmentiertes laterculum	
	CIL VI 2524	(centurio) coh(ortis) II vig(ilum)	
	CIL VI 2755	militavit (centuria) coh(ortis) II vig(ilum)	
	CIL VI 2780	mil(itavit) in coh(orte) IV vig(ilum)	
	CIL VI 2794	(centurio) co[h(ortis) --] vig(ilum)	
	CIL VI 2899	(centurio) cohort(is) prim(ae) vig(ilum)	
	CIL VI 2959	(centurio) coh(ortis) I vig(ilum)	
	CIL VI 2960	mil(es) coh(ortis) primae vic(ilum) (!)	
	CIL VI 2961	(centurio) coh(ortis) I vig(ilum)	
	CIL VI 2962	vexillarius coh(ortis) II vig(ilum)	
	CIL VI 2962a	mil(es) coh(ortis) II vig(ilum)	
	CIL VI 2963	(centurio) coh(ortis) II vig(ilum)	
	CIL VI 2964	mil(es) coh(ortis) II vig(ilum)	
	CIL VI 2965	mil(es) coh(ortis) II vig(ilum)	
	CIL VI 2966	praef(ectus) coh(ortis) II vig(ilum) (centuria) Veri	
	CIL VI 2967	miles co(ho)rtis II vicli(um) (!)	
	CIL VI 2968	trib(unus) coh(ortis) II vig(ilum)	
	CIL VI 2969	miles c(o)ho(rtis) III vig(ilum)	

Anhang 3

	CIL VI 2970	mil(es) c(o)ho(rtis) III vig(ilum)	
	CIL VI 2971	miles coh(ortis) III vigulum (!)	
	CIL VI 2972	miles coh(ortis) IIII vigil(um)	
	CIL VI 2973	mil(es) coh(ortis) IV vig(ilum) (centuria) Lucreti	
	CIL VI 2974	[mil(es)] c(o)hor(tis) IIII big(ilum) (!)	
	CIL VI 2975	miles c(o)ho(rtis) IIII vig(ilum)	
	CIL VI 2976	coh(ors) IIII vig(ilum)	
	CIL VI 2977	(centurio) coh(ortis) V vig(ilum)	
	CIL VI 2978	mil(es) coh(ortis) V vig(ilum)	
	CIL VI 2979	tesserarius ex coh(orte) V vig(ilum)	
	CIL VI 2980	mil(es) c(o)hor(tis) V vig(ilum)	
	CIL VI 2981	vexill(arius) coh(ortis) V vig(ilum); (centurio) coh(ortis) eiusdem	
	CIL VI 2982	mil(es) coh(ortis) V vig(ilum)	
	CIL VI 2983 (=CIL VI 7845)	c(o)hors V vigilum; miles Freigelassener mit Gentilnamen Vigellius	
	CIL VI 2984	mil(es) coh(ortis) VI vig(ilum); cornicularius trib(uni)	
	CIL VI 2985	mil(es) coh(ortis) VI vig(ilum)	
	CIL VI 2986	mil(es) coh(ortis) VI vig(ilum)	
	CIL VI 2987	mil(es) coh(ortis) VI vigil(um), (centuria) Lucani; secutor tribuni; beneficiarius eiusdem; vexillarius	
	CIL VI 2988	beneficiari(us) trib(uni) coh(ortis) VI vigil(um)	
	CIL VI 2989	veteranus ex coh(orte) VI vig(ilum)	
	CIL VI 2990	miles coh(ortis) VI vig(ilum)	
	CIL VI 2991	(centurio) coh(ortis) VI vig(ilum)	
	CIL VI 2992	mil(es) coh(ortis) VI vig(ilum)	
	CIL VI 2993	cen(turio) cohor(tis) VII vigil(um) Rom(anorum)	
	CIL VI 2994	mil(es) coh(ortis) VII vig(ilum); siponar(ius) (!) (centuria) Laetori	

	CIL VI 2995 und 32750	centurio coh(ortis) VII vig(ilum)	
	CIL VI 2996	mil(es) coh(ortis) VII vig(ilum) (centuria) Hostili	
	CIL VI 2997	cornicularius sup praef(ecti) (!) vigil(um)	1. Hälfte des 2. Jh. n. Chr.
	CIL VI 2998	coh(ors) VII vigilum Severiane (!) sebaciaria	229 n. Chr.
	CIL VI 2999	mil(es) coh(ortis) VII vig(ilum) Antoninianes (!)	221 n. Chr.
	CIL VI 3000	coh(ors) VII vig(ilum) Severi(ana); sebaciaria	
	CIL VI 3001	coh(ors) VII vig(ilum) Severiana; sebaciaria	225 n. Chr.
	CIL VI 3002	coh(ors) VII vi[gil(um)] Antoniniana; sebaciaria	215 n. Chr.
	CIL VI 3003	sebaciaria	
	CIL VI 3004	cohor(s) VII vig(ilum) Seve(riana); sebaciaria	
	CIL VI 3005	mil(es) coh(ortis) VII vigi(lum) Severianes (!); sebaciaria	227 n. Chr.
	CIL VI 3006	seba(ciarius)	
	CIL VI 3007	sebaciar(ius)	
	CIL VI 3008	c(o)hors VII bi[g]lum (!) Mami(ana) Seberi(ana) Alexa[n]dri(ana); sebaciaria	
	CIL VI 3009	sebaciaria	
	CIL VI 3010	sebaciaria	
	CIL VI 3011	sebaciaria	
	CIL VI 3012	sebaciaria	
	CIL VI 3013	sebaciarius	
	CIL VI 3014	sebac[iaria]	
	CIL VI 3015	sebaciaria	222 n. Chr.
	CIL VI 3016	fragmentiert	
	CIL VI 3017	fragmentiert	
	CIL VI 3018	fragmentiert	
	CIL VI 3019	fragmentiert	227 n. Chr.
	CIL VI 3020	coh(ors) VII vigilum; sebaciaria	239 n. Chr.
	CIL VI 3021	coh(ors) VII vig(ilum) Severiana; mil(es)	

Anhang 3

	CIL VI 3022	c(o)ho(rs) [---]	
	CIL VI 3023	sebaciaria	224 n. Chr.
	CIL VI 3024	fragmentiert	
	CIL VI 3025	fragmentiert	217-218 n. Chr.
	CIL VI 3026	fragmentiert	
	CIL VI 3027	fragmentiert	222 n. Chr.
	CIL VI 3028	coh(ors) VII vig(ilum) Phillippiana; sebaciari[a], mil(es)	245 n. Chr.
	CIL VI 3029	coh(ors) VII vig(ilum); sebaccharia	230 n. Chr.
	CIL VI 3030	fragmentiert	
	CIL VI 3031	c(o)hor(s) VII	
	CIL VI 3032	coh(ors) VII vig(ilum) Severiane; sebaciaria	
	CIL VI 3033	coh(ors) VII vigilum; suacia(!); tesserarius	
	CIL VI 3034	coh(ors) VII vig(ilum) Severi[ana]	
	CIL VI 3035	coh(ors) [VII vig(ilum)]	
	CIL VI 3036	coh(ors) VII v[ig(ilum)]	
	CIL VI 3037	fragmentiert	
	CIL VI 3038	coh(ors) VII vig(ilum) Gordiana; subaciaria (!)	
	CIL VI 3039	sebac[c(iaria)]	
	CIL VI 3040	fragmentiert	
	CIL VI 3041	sebaciarius	
	CIL VI 3042	fragmentiert	
	CIL VI 3043	coh(ors) VII [vig(ilum)]	
	CIL VI 3044	sebaciar[ia]	
	CIL VI 3045	sebaciarius	
	CIL VI 3046	sebarius (!)	
	CIL VI 3047	sebaciarius	
	CIL VI 3048	sebaciarius	
	CIL VI 3049	sebaciarius	
	CIL VI 3050	cebakiaria (!)	
	CIL VI 3051	fragmentiert	227 n. Chr.
	CIL VI 3052	[c]ohor(s) VII vi[gi]l(um) Neron(iana)	
	CIL VI 3053	sebaciarius	
	CIL VI 3054	sebaciaria	

	CIL VI 3055	sebaciaria	
	CIL VI 3056	sebaciaria	228 n. Chr.
	CIL VI 3057	coh(ors) VII vig(ilum) Antoniniana; sebaciaria	219 n. Chr.
	CIL VI 3058	sebaciaria	221 n. Chr.
	CIL VI 3059	fragmentiert	
	CIL VI 3060	coh(ors) VII vig(ilum) Antoniniana; sebaciari(a); miles	
	CIL VI 3061	zu fragmentiert	
	CIL VI 3062	coh(ors) VII vig(ilum); sebaciaria	
	CIL VI 3063	coh(ors) VII vig(ilum); sebacia(ria)	
	CIL VI 3064	coh(ors) VII vig(ilum); sebaciaria	
	CIL VI 3065	coh(ors) VII vig(ilum) Ant(oniniana); sebaciaria	221 n. Chr.
	CIL VI 3066	sebaciaria	219 n. Chr.
	CIL VI 3067	coh(ors) VII vigulum (!); sebaciaria	
	CIL VI 3068	mil(es) coh(ortis) VII v[ig(ilum)]; sebaciaria	220 n. Chr.
	CIL VI 3069	sebaciaria	221 n. Chr.
	CIL VI 3070	nur Datierung genannt	224 n. Chr.
	CIL VI 3071	fragmentiert	
	CIL VI 3072	keine Funktion genannt	
	CIL VI 3073	keine Funktion genannt	
	CIL VI 3074	Auflistung des Alphabets	
	CIL VI 3075	sebacciaria (!)	229 n. Chr.
	CIL VI 3076	c(o)ho(rs) VII vig(ilum); sebaciaria	226 oder 229 n. Chr.
	CIL VI 3077	sibaciarius (!)	
	CIL VI 3078	sebaciaria	221 n. Chr.
	CIL VI 3079	coh(ors) VII vig(ilum) Antoniniana; sevacia(ria) (!)	3. Jh. n. Chr.
	CIL VI 3080	sebaciaria	
	CIL VI 3081	coh(ors) VII vig(ilum) Gordian(a); seb(a)ciaria	238 n. Chr.
	CIL VI 3082	fragmentiert	
	CIL VI 3083	[sebaci]arius	
	CIL VI 3084	sebaciarius	

Anhang 3

	CIL VI 3085	fragmentiert	
	CIL VI 3086	fragmentiert	235-238 n. Chr.
	CIL VI 3087	[coh(ors) VII vig]ulu(m) (!) Gordiani[ana]; sebaciaria	n. 238 n. Chr.
	CIL VI 3088	sebaciaria	
	CIL VI 3089	fragmentiert	
	CIL VI 3090	nur ein Name genannt	
	CIL VI 3091	fragmentiert	
	CIL VI 3610	coh(ors) IV vigil(um)	
	CIL VI 3908 (= CIL VI 32759)	[coh(ors) ---] vig(ilum) Gordia[na]	n. 238 n. Chr.
	CIL VI 3909 (= CIL VI 32760)	s(ub)pr(aefectus)	
	CIL VI 6151	mil(es) coh(ortis) II vig(ilum)	
	CIL VI 8073	miles coh(ortis) III vigulum (centuria) Maximini	
	CIL VI 29718	praefect(us) vigulum (!) et armorum	
	CIL VI 30945	[praef(ectus) vig(ilum)]	
	CIL VI 30960	praef(ectus) vigil(um)	223 n. Chr.
	CIL VI 31320	praef(ectus) vi[g(ilum)]	198-201 n. Chr.
	CIL VI 31857	praef(ectus) vig(ilum) XIII	
	CIL VI 31871	[--- vigilum]	
	CIL VI 32748	sup(ernumerarius)?	
	CIL VI 32752	mil(es) coh(ortis) II vig(ilum)	
	CIL VI 32753	[---co]h(ors) III vi[g(ilum)]	
	CIL VI 32754	veteranus ex coh(orte) III vig(ilum)	
	CIL VI 32755	vex(i)llarius coh(ortis) III vig(ilum)	
	CIL VI 32756	mil(es) coh(ortis) III vig(ilum)	
	CIL VI 32757	mil(es) coh(ortis) VI vig(ilum)	
	CIL VI 32758	miles [coh(ortis) ---] vig(ilum)	
	CIL VI 34408	[mil(es) coh(ortis) ---] vig(ilum)	
	CIL VI 37248	mil(es) coh(ortis) III vig(ilum)	
	CIL VI 37249	veteranus ex coh(orte) VI vi[g(ilum)]	

	CIL VI 37741a	exceptor prae[f(ecti)] vig(ilum)	
	CIL VI 37983a	trib(unus) coh(ortis) I vig(ilum)	
Falerio	CIL IX 5440	praef(ectus) vig(ilum)	
Faventia	CIL XI 629	[p]raef(ectus) vigil(um)	
	Rossini, Iscrizioni di Faenza,1938, Nr. 167	coh(ors) V [vig(ilum)]	
Arretium	CIL XI 1836	praef(ectus) vigul(um), trib(unus) coh(ortis) III vig(ilum)	261 n. Chr.
Clusium	CIL XI 2114	---] coh(ors) I vig(ilum)	
Tuder	CIL XI 4655	praef(ectus) vigil(um)	
Fulginiae	CIL XI 5213	praef(ectus) vigilum	
Tuficum	CIL XI 5694	ex cornicularius praef(ecti) vigulum	141 n. Chr.
Pisaurum	CIL XI 6337	subpraef(ectus) vigil[i]b(us)	
Ostia	CIL XIV 6	(centurio) coh(ortis) II vigil(um); cent(urio) co(ho)r(tis) IIII vigili(bus)	193 n. Chr.
	CIL XIV 13	trib(unus) coh(ortis) IIII vigil(um); [c(enturio) co]h(ortis) II vigil(um)	
	CIL XIV 14	[(centurio) coh(ortis) II vigil(um)]	
	CIL XIV 214	mil(es) coh(ortis) II vig(ilum)	
	CIL XIV 221	vet(eranus) Aug(usti) ex c(o)ho(rte) IIII vig(ilum)	
	CIL XIV 226	benef(iciarius) praef(ecti) der cohors V vig(ilum)	
	CIL XIV 231	cent(urio) coh(ortis) VII	386 n. Chr.
	CIL XIV 4281	b(eneficiarius) pr(aefecti) coh(ortis) IIII vig(ilum)	
	CIL XIV 4368	cohortes VII vig(ilum)	162 n. Chr.
	CIL XIV 4376	cohortes VII vig(ilum)	162 n. Chr.
	CIL XIV 4378	trib(unus) coh(ortis) VI vigc(ilum) (!), ---] coh(ors) IIII vig(ilum)	190 n. Chr.
	CIL XIV 4380	cohortes VII vig(ilum); praef(ectus) vig(ilum), tribunus, praepositus vexillationis	194 oder 195 n. Chr.

Anhang 3

	CIL XIV 4381	pr(aefectus) vig(ilum); sub pr(aefectus); trib(unus) coh(ortis) II vig(ilum)	207 n. Chr.
	CIL XIV 4385	[---pr(aefectus) v]ig(ilum)	193-217 n. Chr.
	CIL XIV 4386	pr(aefectus) vig(ilum); trib(unus) coh(ortis) II vig(ilum); sub pr(aefectus); praepositus vexillationis	193-217 n. Chr.
	CIL XIV 4387	pr(aefectus) vig(ilum); sub pr(aefectus); trib(unus) coh(ortis) II vig(ilum), praepositus vexillationis	207 n. Chr.
	CIL XIV 4388	pr(aefectus) vig(ilum); s(ub)pr(aefectus); trib(unus) coh(ortis) VI vig(ilum), praepositus vexillationis	211 n. Chr.
	CIL XIV 4389	[---] vig(ilum)	
	CIL XIV 4393	praef(ectus) vig(ilum)	217 n. Chr.
	CIL XIV 4397	praef(ectus) vig(ilum); tribunus coh(ortis) VI vig(ilum), praep(ositus) vexillat(ionis)	239 n. Chr.
	CIL XIV 4398	praef(ectus) vigil(um); subpraef(ecuts) vigil(um)	241-244 n. Chr.
	CIL XIV 4490	[---coh]or(s) V vig(ilum)	
	CIL XIV 4499	coh(ors) III vig(ilum)	166 n. Chr.
	CIL XIV 4500	tr(ibunus) coh(ortis) VII	168 n. Chr.
	CIL XIV 4501	tr(ibunus) coh(ortis) VI	169 n. Chr.
	CIL XIV 4502	[---] coh(ors) [---]	175 n. Chr.
	CIL XIV 4503	coh(ors) V; s(ub)pr(aefectus); tr(ibunus) coh(ortis) III	181 n. Chr.
	CIL XIV 4504	tr(ibunus) coh(ortis) VI	182 n. Chr.
	CIL XIV 4505	coh(ors) III	182-183 n. Chr.
	CIL XIV 4506	cohor[s] VI	
	CIL XIV 4507	[--- coh(ortis) ---] vig(ilum)	
	CIL XIV 4508	[---] c(o)ho[r(tis) ---]	
	CIL XIV 4509	coh(ors) III v(igilum)	
	CIL XIV 4510	fragmentiert	
	CIL XIV 4511	fragmentiert	
	CIL XIV 4512	unleserlich	
	CIL XIV 4513	fragmentiert	

	CIL XIV 4514	fragmentiert	
	CIL XIV 4515	[--- c]oh(ors) II v[ig(ilum)]	
	CIL XIV 4516	fragmentiert	
	CIL XIV 4517	[--- coh(ors)] V vig(ilum)	
	CIL XIV 4518	fragmentiert	
	CIL XIV 4519	fragmentiert	
	CIL XIV 4520	[---] coh(ors) [---]	
	CIL XIV 4521	coh(ors) VII vig(ilum)	
	CIL XIV 4522	fragmentiert	
	CIL XIV 4523	nur ein Name genannt	
	CIL XIV 4524	nur ein Name genannt	
	CIL XIV 4525	fragmentiert	
	CIL XIV 4526a	bucinator coh(ortis) VII vig(ilum)	
	CIL XIV 4526b	fragmentiert	
	CIL XIV 4526c	mil(ites) coh(ortis) I vig(ilum) Severiane (!)	222-235 n. Chr.
	CIL XIV 4526d	unleserlich	
	CIL XIV 4526e	[---] vig(ilum) [---]	
	CIL XIV 4526f	fragmentiert	
	CIL XIV 4527a	c(o)ho(rs) (?)	
	CIL XIV 4528	(centuria) V	
	CIL XIV 4529	(centuria) Rufi	
	CIL XIV 4530	[---] coh(ors) VI; sebarius (!)	215 n. Chr.
	AE 1974, 123	pr[aef(ecuts) vig(ilum)]	zwischen 164/65 - 168/69 n. Chr.
Porcigliano	CIL XIV 2057	trib(unus) coh(ortis) II vig(ilum)	
Tibur	CIL XIV 3626	trib(unus) c(o)hor(tis) III vigul(um); cent(urio) c(o)hortis V vig(ilum)	138-161 n. Chr.
Nomentum	CIL XIV 3947	---] vigilum	
Ficulea	CIL XIV 4007	(centurio) coh(ortis) II vig(ilum)	
GALLIA NARBO-NENSIS			
Nemausus	CIL XII 3002	[pr]aef(ectus) vig(ilum) et arm(orum)	
	CIL XII 3166	praefectus vigi[lum]	
	CIL XII 3210	praef(ectus) vig(ilum) et arm(orum)	

Anhang 3

	CIL XII 3223	praef(ectus) vigil(um) et armor(um)	
	CIL XII 3232	praef(ectus) vigil(um) et armor(um)	
	CIL XII 3247	praef(ectus) vigil(um) et armor(um)	
	CIL XII 3259	[p]ra[ef(ectus)] vigi[l(um) et] armor(um)	
	CIL XII 3274	praefect[us] vigilum et armoru[m]	
	CIL XII 3296	praef(ectus) vigil(um) et armorum	
	CIL XII 3303	praef(ectus) vigilum	
	ESPERAN-DIEU, Nimes Nr. 251	[pr]aef(ectus) vig(ilum) et arm(orum)	
	ESPERAN-DIEU, Nimes Nr. 324	[praef(ectus) vigil(um) et] arm(orum)	
	ESPERAN-DIEU, Nimes Nr. 325	pra[e]f(ectus) vigil(um)	
GALLIA LUGDUNENSIS			
Lugdunum	CIL XIII 1745	praefectus vigilum	

LITERATURVERZEICHNIS

ALFÖLDY, Collegium centonariorum: G. Alföldy, Zur Inschrift des collegium centonariorum von Solva, in: Historia 15, 1966, 433-444.

ALFÖLDY, Statuen: G. Alföldy, Römische Statuen in Venetia et Histria. Epigraphische Quellen (= Abh. der Heidelberger Akademie der Wissenschaften. Philosophisch-historische Klasse, 1984, 3. Abh.), Heidelberg 1984.

ALFÖLDY, Tarraco: G. Alföldy, Die römischen Inschriften von Tarraco. (=Madrider Forschungen 10; Deutsches Archäologisches Institut, Abteilung Madrid), 2 Bde, Berlin 1975.

ALLEN, Eccentricities: W. Allen, Nero's Eccentricities before the Fire (Tac. ann. 15,37), in: Numen 9, 1962, 99-109.

ANTIKE HELME: Antike Helme. Sammlung Lipperleide und andere Bestände des Antikenmuseums Berlin. Mit Beiträgen von Angelo Bottini u.a. (Römisch-germanisches Zentralmuseum. Forschungsinstitut für Vor- und Frühgeschichte. Monographien Bd. 14), Mainz 1988.

ASHBY, Aqueducts: Th. Ashby, The Aqueducts of Ancient Rome (ed. I. Richmond), Oxford 1935.

AUSBÜTTEL, Vereine: F. M. Ausbüttel, Untersuchungen zu den Vereinen im Westen des Römischen Reiches (= Frankfurter Althistorische Studien 11), Kallmüntz über Regensburg 1982.

AUSSTELLUNGSKATALOG FEUERWEHREN: Die Feuerwehren in West-Pannonien. Gemeinsame Sonderausstellung des Landes Burgenland und des Komitats Györ-Sopron (=Katalog Neue Folge 32), Eisenstadt 1998.

BAGNALL, Currency: R. S. Bagnall, Currency and Inflation in fourth Century Egypt (= Bulletin of the American Society of Papyrologists. Supplements, ed. A. E. Hanson u.a., 5), o. J. 1985.

BANDINI, Corporazioni: V. Bandini, Appunti sulle Corporazioni romane, Milano 1937.

BAUDY, Brände Roms: G. J. Baudy, Die Brände Roms. Ein apokalyptisches Motiv in der antiken Historiographie (= Spudasmata. Studien zur Klassischen Philologie und ihren Grenzgebieten Bd. 50), Hildesheim - Zürich - New York 1991.

BEAUJEU, L'incendie: J. Beaujeu, L'incendie de Rome en 64 et les Chrétiens, in: Latomus 19, 1960, 65-80 u. 291-311.

BILLERBECK, Tacitus: M. Billerbeck, Die dramatische Kunst des Tacitus, in: ANRW II, 33,4, 1991, 2752-2771.

BOLLMANN, Vereinshäuser: B. Bollmann, Römische Vereinshäuser. Untersuchungen zu den scholae der römischen Berufs-, Kult- und Augustalen-Kollegien in Italien, Mainz 1998.

BRADLEY, Nero: K.R. Bradley, Suetonius' Life of Nero. An historical Commentary (= Latomus 157), Bruxelles 1978.

BRUSIN, Aquileia: G. Brusin, Aquileia. Scoperte occasionali di monumenti per lo più funerari, in: Nsc 1930, 434-447.

BRUUN, curatores: Chr. Bruun, What happened to Rome's curatores aquarum, Roman eastern policy and other studies in Roman history, in: Proceedings of a colloquium at Tvärminne, 2-3 October 1987, hg. H. Solin - M. Kajava (= Commentationes humanarum litterarum 91), Helsinki 1990, 133-141.

BRUUN, Water Supply: Chr. Bruun, The Water Supply of Ancient Rome. A Study of Roman Imperial Administration (= Commentationes Humanarum Litterarum 93), Helsinki 1991.

BUONOCORE, Iscrizioni latine: M. Buonocore, Le iscrizioni latine e greche. (= Musei della Bibliotheca Apostolica Vaticana, Inventari e Studi 2), Città del Vaticano 1987.

CANTARELLI, emitularius: L. Cantarelli, Emitularius, in: BCAR 15, 1887, 77-89.

CAPANNARI, Vigili sebaciari: A. Capannari, Dei vigili sebaciari e delle sebaciaria da essi compiute in: BCAR 14, 1886, 251-269.

CANTER, Conflagrations: H. V. Canter, Conflagrations in ancient Rome, in: CJ 27, 1931-32, 270-288.

CAPPONI/MENGOZZI, Vigiles: St. Capponi/B. Mengozzi, I Vigiles dei Cesari. L'Organizzazione antincendio nell'antica Roma, Roma 1993.

CARCOPINO, Rom: J. Carcopino, Rom. Leben und Kultur in der Kaiserzeit. 4. bibliographisch erneuerte Auflage, Stuttgart 1992.

CHRISTEN/VÖGTLE, H. R. Christen/Fr. Vögtle, Grundlagen der organischen Chemie, Frankfurt 1989.

CLEMENTE, Patronato: G. Clemente, Il patronato nei collegia dell'Impero romano, in: SCO 21, 1972, 142-229.

COARELLII, Pompeji: F. Coarelli (Hg.), Pompeji. Archäologischer Führer, Bergisch Gladbach 1990.

COARELLI, Rom: F. Coarelli, Rom. Ein archäologischer Führer, Freiburg 1975.

COARELII, Roma: F. Coarelli, Roma. Con la collaborazione di Luisanna Usai per la parte cristiana, Milano 1994.

CRAWFORD, Finance: M. Crawford, Finance, Coinage and Money from the Severans to Constantine, in: ANRW II,2, 1975, 560-593.

CUNTZ, Reskript: O. Cuntz, Ein Reskript des Septimius Severus und Caracalla über die centonarii aus Solva, in: JÖAI 18, 1915, 98-114 u. 23, 1926 Bbl. 359- 362.

DE MAGISTRIS, Militia: E. de Magistris, La militia vigilum della Roma imperiale, Roma 1898.

DE ROSSI, Stazioni: G. B. de Rossi, Le Stazioni delle Sette Coorti dei Vigili nella Città di Roma, in: Annali dell'Istituto di Correspondenze Archeologica, 1858, 265 - 297.

DOMASZEWSKI, Rangordnung: A. v. Domaszewski, Die Rangordnung des römischen Heeres (= Beihefte der Bonner Jahrbücher 14), Köln - Graz ²1967.

ECK, Frontin: W. Eck, Die Gestalt Frontins in ihrer politischen und sozialen Umwelt, in: Frontinus-Gesellschaft e.V. (Hg.), Sextus Iulius Frontinus. Curator aquarum. Wasserversorgung im antiken Rom, München - Wien ³1986, 47- 62.

ECK, Organisation: W. Eck, Organisation und Administration der Wasserversorgung Roms, in: Frontinus-Gesellschaft e.V. (Hg.), Sextus Iulius Frontinus. Curator aquarum. Wasserversorgung im antiken Rom. München - Wien ³1986, 63 - 77.

ERNOUT/MEILLET, Dictionnaire Etymologique: A. Ernout/A. Meillet, Dictionnaire Etymologique de la langue latine. Histoire des mots, Paris ⁴1959.

ESPERANDIEU, Nîmes: E. Espérandieu, Musée lapidaire de Nîmes, Nîmes 1924.

FAHLBUSCH, Abflußmessung: H. Fahlbusch, Über Abflußmessung und Standardisierung bei den Wasseranlagen Roms, in: Frontinus-Gesellschaft e.V. (Hg.), Sextus Iulius Frontinus. Curator aquarum. Wasserversorgung im antiken Rom. München - Wien ³1986, 129-144.

FESSLER/KELLER, Österreichisches Vereinsrecht: P. Fessler - Chr. Keller, Österreichisches Vereinsrecht, 7. erweiterte und ergänzte Aufl. Wien 1990.

FRIEDLÄNDER, Sittengeschichte: L. Friedländer, Darstellungen aus der Sittengeschichte Roms in der Zeit von August bis zum Ausgang der Antonine. 9. neu bearbeitete und vermehrte Aufl. besorgt von G. Wissowa. 4 Bde Leipzig 1919-1921.

FRONTINUS-GESELLSCHAFT (Hg.), Frontinus: Frontinus-Gesellschaft e.V. (Hg.), Sextus Iulius Frontinus. Curator aquarum. Wasserversorgung im antiken Rom, München-Wien ³1986.

FRONTINUS-GESELLSCHAFT (Hg.), Pergamon: Frontinus-Gesellschaft e.V. (Hg.), Die Wasserversorgung antiker Städte. Pergamon. Recht/Verwaltung, Brunnen/Nymphäen, Bauelemente. Geschichte der Wasserversorgung Bd. 2, Mainz a. Rhein 1987.

FRONTINUS-GESELLSCHAFT (Hg.), Mitteleuropa: Frontinus-Gesellschaft e.V. (Hg.), Die Wasserversorgung antiker Städte. Mensch und Wasser. Mitteleuropa, Thermen, Bau/Materialien, Hygiene. Geschichte der Wasserversorgung Bd. 3, Mainz a. Rhein 1988.

FURGER, Augusta Raurica: A.R. Furger, Zur Wasserversorgung von Augusta Raurica, in: Mille Fiori. Festschrift für L. Berger (= Forschungen in Augst 25), Augst 1998, 43-50.

GARBRECHT, Wasserversorgungstechnik: G. Garbrecht, Wasserversorgungstechnik, in: Frontinus-Gesellschaft e.V. Sextus Iulius Frontinus. Curator aquarum. Wasserversorgung im antiken Rom, München/Wien ³1986, 9-43.

GIEBEL, Augustus: M. Giebel, Augustus. Mit Selbstzeugnissen und Bilddokumenten (= Rowohlts Monographien 327), Reinbeck b. Hamburg 1984.

GOCKEL, Bilddokumente: B. Gockel, Bilddokumente, in: Frontinus-Gesellschaft e.V. (Hg.), Sextus Iulius Frontinus. Curator aquarum. Wasserversorgung im antiken Rom. München/Wien ³1986, 145-216.

GRIFFIN, Nero: M. T. Griffin, Nero. The End of a Dynasty, London 1987.

HAINZMANN, Frontinus: M. Hainzmann, Sextus Iulius Frontinus. Wasser für Rom. Die Wasserversorgung durch Aquädukte, Zürich - München 1979.

HAINZMANN, Stadtrömische Wasserleitungen: M. Hainzmann, Untersuchungen zur Geschichte und Verwaltung der stadtrömischen Wasserleitungen (= Dissertationen der Universität Graz 32), Wien 1975.

HARL, Coinage: K. W. Harl, Coinage in the Roman Economy. 300 B.C. to A.D. 700, London 1996.

HAUCK, Aqueduct: G. Hauck, The Aqueduct of Nemausus, London 1988.

HAUCK, castellum: G. F. W. Hauck - R. A. Novak, Water Flow in the castellum at Nimes, in: AJA 92, 1988, 393-407.

HEINZ, Bild Kaiser Neros: K. Heinz, Das Bild Kaiser Neros bei Seneca, Tacitus, Sueton und Cassius Dio, Diss. Bern 1948.

HELBIG: W. Helbig, Führer durch die öffentlichen Sammlungen klassischer Altertümer in Rom. II: Die städtischen Sammlungen. Kapitolinische Museen und Museo Barracco, 4. neu bearb. Aufl. 1966.

HENZEN, Iscrizioni graffite: G. Henzen, Le iscrizioni graffite nell'excubitorio della settima coorte dei vigili. Annali dell'Istituto di Correspondenza Archeologica, 1874, 111-163.

HENZEN, Settima coorte: G. Henzen/A.Pellegrini, La settima coorte dei vigili, scavi di Roma. Bullettino dell'Istituto di Correspondenza Archeologica 1867, 8 -30.

HERMANSEN, Neros Porticus: G. Hermansen, „Neros Porticus", in: Grazer Beiträge 3, 1975, 159-176.

HERMANSEN, Ostia: G. Hermansen, Aspects of Roman City Life, Edmonton 1981.

HERMANSEN, Regionaries: G. Hermansen, The Population of Imperial Rome: The Regionaries, in: Historia 27, 1978, 129-168.

HIRSCHFELD, Praefectus vigilum: O. Hirschfeld,. Der Praefectus vigilum in Nemausus und die Feuerwehr in den römischen Landstädten. Gallische Studien III. Kleine Schriften, Berlin 1913.

HODGE, Aqueducts: A. Trevor Hodge, Roman Aqueducts and Water Supply, London 1992.

HODGE, *In Vitruvium Pompeianum*: A. Trevor HODGE, *In Vitruvium Pompeianum*: Urban Water Distribution reappraised, in: AJA 100 (2), 1996, 216-276.

HOMO, Rome imperial: L. Homo, Rome Imperiale et l'urbanisme dans l'antiquité, Paris 1951.

HÜLSEN, Burning of Rome: Chr. Hülsen, The Burning of Rome under Nero, in: AJA 13, 1909, 45-48.

JONES, Follis: A.H.M. Jones, The Origin and early History of the Follis, in: JRS 49, 1959, 34-38.

JUNKELMANN, Helme: M. Junkelmann, Römische Helme, Bd. VIII Sammlung Axel Guttmann, Hg. H. Born, Berlin 2000.

JUNKELMANN, Panis militaris: M. Junkelmann, Panis militaris. Die Ernährung des römischen Soldaten oder der Grundstoff der Macht (= Kulturgeschichte der Antiken Welt Bd 75), Mainz a. Rhein ²1997.

JUNKELMANN, Reiter Roms: M. Junkelmann, Die Reiter Roms. Teil III: Zubehör, Reitweise, Bewaffnung (= Kulturgeschichte der antiken Welt Bd. 53), Mainz a. Rhein 1992.

KATALOG TRIER: W. Binsfeld - K. Goethert-Polaschek - L. Schwinden, Katalog der römischen Steindenkmäler des Rheinischen Landesmuseums Trier. 1. Götter- und Weihedenkmäler (= Rheinisches Landesmuseum Trier, Trierer Grabungen und Forschungen Bd. XII,1: Corpus Signorum Imperii Romani. Corpus der Skulpturen der römischen Welt. Deutschland, Bd. IV,3: Gallia Belgica, Trier und Trierer Land), Mainz am Rhein 1988.

KELLERMANN, Latercula: O. Kellermann, Vigilum Romanorum Latercula duo Coelimontana, Roma 1835.

KIERDORF, Sueton: W. Kierdorf, Sueton: Leben des Claudius und Nero, Wien u.a. 1992.

KNEISSL, Utriclarii: P. Kneissl, Die utriclarii. Ihre Rolle im gallo-römischen Transportwesen und Weinhandel, in: BJ 181, 1981, 169-204.

KNEISSL, Fabri, fabri tignuarii: P. Kneissl, Die fabri, fabri tignuarii, fabri subaediani, centonarii und dolabrarii als Feuerwehren in den Städten Italiens und der westlichen Provinzen, in: E fontibus haurire. Beiträge zur römischen Geschichte und zu ihren Hilfswissenschaften. Hg. R. Günther u. St. Rebenich (= Studien zur Geschichte und Kultur des Altertums. NF., 1. Reihe, Bd. 8.), Zürich - München - Wien - Paderborn 1994, 133-146.

KOESTERMANN, Tacitus: E. Koestermann, Cornelius Tacitus, Annalen, Bd. IV, Buch 14-16. Wissenschaftliche Kommentare zu griechischen und lateinischen Schriftstellern, Heidelberg 1968.

KOLB, Rom: Fr. Kolb, Rom. Die Geschichte der Stadt in der Antike, München 1995.

KOLB, Stadt im Altertum: Fr. Kolb, Die Stadt im Altertum, München 1984.

KOPPEL, Collegium fabrum: E. M. Koppel, La schola del collegium fabrum de Tarraco y su decoracion escultoria (= Faventia Monografies 7), Bellaterra 1988.

KÜHNEL, Bildwörterbuch: H. Kühnel, Bildwörterbuch der Kleidung und Rüstung. Vom Alten Orient bis zum ausgehenden Mittelalter (= Kröners Taschenausgabe 453), Stuttgart 1992.

LAGUERRE, Nice-Cimiez: G. Laguerre, Inscriptions antiques de Nice-Cimiez. Fouilles de Cemenelum II, Paris 1975.

LANCIANI, Destruction: R. Lanciani, The Destruction of Ancient Rome. A Sketch of the History of the Monuments, New York 1899.

LANCIANI, Ricerche Topografiche: R. Lanciani, Ricerche topographiche sulla città di Porto, in: Annali dell'Istituto di correspondenza archeologica 40, 1868, 144-195.

LANDELS, Technik: J.G. Landels, Die Technik in der antiken Welt, London 1978.

LIBERATI/SILVERIO, Organizzazione militare: A. Liberati - F. Silverio, Organizzazione militare: Esercito (=Vita e Costumi dei Romani antichi 5. Collana promossa dal Museo della Civiltà Romana), Roma 1988.

LIEBENAM, Vereinswesen: W. Liebenam, Zur Geschichte und Organisation des römischen Vereinswesens, Leipzig 1890 (Nachdr. Aalen 1964).

LIEDTKE, Rom: Cl. Liedtke, Rom und Ostia. Eine Hauptstadt und ihr Hafen, in: Geschichte des Wohnens, Bd. 1. 5000 v. Chr. - 500 n. Chr., Hg. W. Hoepfner, Stuttgart 1999, 611-678.

MAIER, Bevölkerungsgeschichte: J.G. Maier, Römische Bevölkerungsgeschichte und Inschriftenstatistik, in: Historia 2, 1953-1954, 318-351.

MALITZ, Nero: J. Malitz, Nero, München 1999.

MANCINI, Vigili: G. Mancini, I Vigili dell'antica Roma, in: Roma 9, 1931, 533-548.

MAUÉ, Fabri, centonarii, dendrophori: H.C. Maué, Die Vereine der fabri, centonarii und dendrophori im römischen Reich. I. Die Natur ihres Handwerks und ihre sacralen Beziehungen. Mit einem Anhang, enthaltend die Inschriften, Frankfurt a. Main 1886.

MC WHIRR, Roman Crafts: A. Mc Whirr, Roman Crafts and Industries (= Shire Archeology 24), Aylesbury ²1988.

MEIGGS, Ostia: R. Meiggs, Roman Ostia, Oxford 1960.
MENCH, Cohortes urbanae: Fr. Ch. Mench, The cohortes urbanae of imperial Rome: An epigraphic Study, Ph. Diss., Ann Arbor 1968.
MENNELLA, Medagogus: G. Mennella, Medagogus collegii fabrum. Nota ad AE 1913, 48, in: ZPE 90, 1992, 122-126.
MODRIJAN/WEBER, Römersteinsammlung: W. Modrijan/E. Weber, Die Römersteinsammlung im Eggenberger Schloßpark. 1. Teil, Verwaltungsbezirk von Flavia Solva, in: SchSt. 12, Graz 1964/65, 1-118.
MOMMSEN, Monnaie: Th. Mommsen, Histoire de la Monnaie Romaine, III, Paris 1865-75 (ND Bologna 1968).
MORFORD, Neronian Books: M. Morford, Tacitus'Historical Methods in the Neronian Books of the „Annals", in: ANRW II,33,2, 1990, 1582-1627.
MROZEK, Lohnarbeit: St. Mrozek, Lohnarbeit im Klassischen Altertum. Ein Beitrag zur Sozial- und Wirtschaftsgeschichte, Bonn 1989.
MROZEK, Munificentia privata: St. Mrozek, Munificentia privata in den Städten Italiens der spätrömischen Zeit, in: Historia 27, 1978, 355-386.
MROZEK, Répartition chronologique: St. Mrozek, À propos de la Répartition chronologique des Inscriptions Latines dans le Haut-Empire, in: Epigraphica 35, 1973, 113-118.
MUCCI, Acquedotti: A. Mucci, Il sistema degli antichi acquedotti romani (= Centro di Roma. Assessorato alla cultura. Centro di Coordinamento didattico 79), Roma 1995.
MÜLLER (Hg.), Welt der Römer: A. Müller (Hg.), Die Welt der Römer, Münster 1999.
NASCH, Bildlexikon: E. Nash, Bildlexikon zur Topographie des antiken Rom. 2 Bde, Tübingen 1961-1962.
NERAUDAU, Néron: J.-P. Néraudau, Néron et le nouveau chant de Troie, in: ANRW II,32,3, 1985, 2032-2045.
NEWBOLD, Fire: R. F. Newbold, Some Social and Economic Consequences of the A.D. 64 Fire at Rome, in: Latomus 33, 1974, 858-869.

NORDH, Libellus: A. Nordh, Libellus de regionibus urbis Romae. Acta Instituti Romani Regni Sueciae, series in 8°, III. Lund 1949.

OGILVIE, Livy: R.M. Ogilvie, A Commentary on Livy Books 1-5, Oxford 1965 (ND 1978).

OOTEGHEM, Les incendies: J. van Ooteghem, Les incendies a Rome, in: LEC 28, 1960, 305-312.

ORIGO, Origine: G. Origo, Origine della Guardia permanente contro gl'incendi, in: Atti dell' Accademia Romana d'Archeologica. Dissertazioni dell'Accademia Romana di Archeologia, Bd. I, Teil II, 1823, 3-21.

PACKER, Housing and Population: J. E. Packer, Housing and Population in imperial Ostia and Rome, in: JRS 57, 1967, 80-95.

PACKER, Insulae: J. E. Packer, The insulae of imperial Ostia (= Memoirs of the American Academy in Rome 31), Rome 1971.

PAGNANI, Sentinum: A. Pagnani, Sentinum. Storia e Monumenti, Sassoferrato 1957.

PANCIERA, Fasti: S. Panciera, Fasti fabrum tignariorum urbis Romae, in: ZPE 43, 1981, 271-280.

PARKER, Catalogue: J. H. Parker, British and American Archaeological Society Catalogue of Photographs [of exhibition held in Rome in 1870], Rom 1870.

PAVOLINI, Ostia: C. Pavolini, Ostia. Guide archeologiche Laterza, direttore Filippo Coarelli, Roma 1989.

PHILLIPS, New City: E. J. Phillips, Nero's New City, in: RFIC 106, 1978, 300-307.

PICCOTTINI, Handwerkerkollegium: G. Piccottini, Ein römisches Handwerkerkollegium aus Virunum, in: Tyche 8, 1993, 111-124.

PICCOTTINI, Collegieninschriften: G. Piccottini, Zwei neue Collegieninschriften aus Virunum, in: PAR 19, 1969, H. 9/10, 27-28.

PROFUMO, Incendio Neroniano: A. Profumo, Le fonti ed i tempi dell'incendio Neroniano, Roma 1905.

RAINBIRD, Fire Stations: J.S. Rainbird, Fire Stations of Imperial Rome, PBSR 54, 1986, 147-169.

RAINBIRD, Vigiles: J. S. Rainbird, The Vigiles of Rome. Phil. Thesis, Durham 1976.

RAINER, Baubestimmungen: J. M. Rainer, Bau- und nachbarrechtliche Bestimmungen im klassischen römischen Recht (= Grazer Rechts- und staatswissenschaftliche Studien 44. Hg. H. Baltl), Graz 1987.

RAMIERI, Vigili: A. M. Ramieri, I Vigili del Fuoco nella Roma antica (= Comune di Roma. Assessorato alle Cultura. Centro di Coordinamento didattico 18), Roma 1990.

REINER, Collegi: G. Reiner, Le Testimonianze epigrafiche sui Collegi di Aquileia Romana. Tesi di Laurea. Facolta di Lettere e Filosofia. Relatore: Cl. Zaccaria, Trieste 1990-1991.

REYNOLDS, Vigiles: P.K. Baillie Rynolds, The Vigiles of imperial Rome, London 1926.

ROBINSON, Rome: O. F. Robinson, Ancient Rome. City planning and administration, London - New York 1992.

ROSSINI, Iscrizioni: G. Rossini, Le antiche iscrizioni Romane di Faenza e dei „Faventini", Faenza 1938.

ROYDEN, Magistrates: H. L. Royden, The Magistrates of the Roman professional Collegia in Italy from the first to the third Century A.D. Phil. Diss., Chapel Hill 1986.

RÜPKE (Rez.), Brände: J. Rüpke (Rez.), G. Baudy, Die Brände Roms. Ein apokalyptisches Motiv in der antiken Historiographie, in: Gnomon 66, 1994, 40-43.

SABLAYROLLES, Libertinus miles: R. Sablayrolles, Libertinus miles. Les cohortes de vigiles, Rome 1996.

SAGE, Tacitus: M. M. Sage, Tacitus'Historical Works: A Survey and Appraisal, in: ANRW II, 33,2, 1990, 851-1030.

SALAMITO, Dendrophores: J.M. Salamito, Les dendrophores dans l'empire chretien. A propos de „Code Theodosien" XIV,8,1 et XVI,10,20,2, in: MEFRA 99, 1987, 991-1018.

SANDER, Kleidung: E. Sander, Die Kleidung des römischen Soldaten, in: Historia 12, 1963, 144-166.

SCHEDA, Nero: G. Scheda, Nero und der Brand Roms, in: Historia 16, 1967, 111- 115.

SCHIOLER, Piston Pumps: Th. Schioler, Bronze Roman Piston Pumps. History of Technology V, 1980, 16-38.

SCHUBERT, Nerobild: Chr. Schubert, Studien zum Nerobild in der lateinischen Dichtung der Antike (= Beiträge zur Altertumskunde. Hg. M. Erler u.a., Bd. 116), Stuttgart - Leipzig 1998.

SHERWIN-WHITE, Letters of Pliny: A.N. Sherwin-White, The Letters of Pliny. An historical and social Commentary, Oxford 1966.

SOLIN, Graffiti parietali: H. Solin, I graffiti parietali di Roma e di Ostia, in: Acta of the Fifth International Congress of Greek and Latin Epigraphy (Cambridge 1967), Oxford 1971, 201-208.

STRASBURGER, Studien: H. Strasburger, Studien zur Alten Geschichte, Hg. W. Schmitthenner - R. Zoepffel, Bd. 2, Hildesheim - New York 1982.

TALAMO/USAI, Pompa: E. Talamo/C. Usai, Pompa in bronzo dell'Antiquarium Comunale: Note relative al restauro e al sistema di funzionamento, in: Bollettino dei Musei Comunali di Roma. N.S. I, 1987, 117-122.

TÖLLE-KASTENBEIN, Wasserkultur: R. Tölle-Kastenbein, Antike Wasserkultur. (= Beck's Archäologische Bibliothek, Hg. H. v. Steuben), München 1990.

VENZKE, Aquädukt: A. Venzke, Vom Aquädukt in die Villa. Wie Wasser zu den Römern kam, in: Damals. Das Geschichtsmagazin 22(1), 1990, 80-86.

VETTERS, Bauvorschriften: H. Vetters, Zu römerzeitlichen Bauvorschriften. Forschungen und Funde, in: Festschrift Bernhard Neutsch. Hg. Fr. Krinzinger u.a. (= Innsbrucker Beiträge zur Kulturwissenschaft 21), Innsbruck 1980, 477-485.

VISCONTI, Coorte VII: P. E. Visconti, La Stazione della Coorte VII dei Vigili e i ricordi istorici segnati a graffito nelle pareti di essa, Roma 1967.

WALDE/HOFMANN, A. Walde-J.B. Hofmann, Lateinisches etymologisches Wörterbuch II. 3. neubearbeitete Auflage, Heidelberg 1954.

WALSH, Livius: P. G. Walsh, Die literarischen Methoden des Livius, in: Wege zu Livius (= Wege der Forschung CXXXII, Hg. E. Burck), Darmstadt 1967, 352- 375.

WALTZING, Etude: J. P. Waltzing, Étude historique sur les corporations professionelles chez les romains depuis les origines jusqu'à la chute de l'Empire de l'Occident. 4 Bde, Brüssel 1895/96 und Louvain 1899/1900 (Nachdr. Hildesheim, New York 1970).

WARMINGTON, Nero: B. H. Warmington, Nero. Reality and Legend, London 1969.

WEEBER, Alltag: K-W. Weeber, Alltag im Alten Rom. Ein Lexikon. Düsseldorf - Zürich ^{5}2000.

WEBER, Centonarierinschrift: E. Weber, Zur Centonarierinschrift von Solva, in: Historia 17, 1968, 106-114.

WEBER, RISt: E. WEBER, Die römerzeitlichen Inschriften der Steiermark (= Veröffentlichungen der Historischen Landeskommission für Steiermark, Arbeiten zur Quellenkunde XXXV), Graz 1969.

WEBER, Handwerk: V. Weber, Zu den Verhältnissen in Handwerk und Handel, in: Gesellschaft und Wirtschaft des Römischen Reiches im 3. Jahrhundert. Studien zu ausgewählten Problemen von G. v. Bülow, H. Fischer, Kl-P. Johne, D. Rößler und V. Weber, Hg. Kl.-P. Johne, Berlin 1993, 101-134.

WERNER, De incendiis: P. Werner, De incendiis urbis Romae aetate imperatorum. Dissertatio inauguralis, Leipzig 1906.

WERNER, Wasser: D. Werner, Wasser für das antike Rom, Berlin 1986.

WERNER, Rom: D. Werner, Rom, die wasserreichste Stadt des Altertums. Bemerkungen aus bautechnischer Sicht, in: Das Altertum 32, 1986, 36-42.

WHITE, Agricultural implements: K. D. White, Agricultural Implements of the Roman World. Cambridge 1967.

WHITE, Technology: Greek and Roman technology. Aspects of Greek and Roman Life, London 1984.

WIRTH, Römische Wandmalerei: F. Wirth, Römische Wandmalerei vom Untergang Pompejis bis ans Ende des 3. Jhs, Berlin 1934.

ZIMMER, Berufsdarstellungen: G. Zimmer, Römische Berufsdarstellungen. (= DAI, Archäologische Forschungen 12), Berlin 1982.

ABKÜRZUNGSVERZEICHNIS

AE	Année Épigraphique. Paris (Presses Universitaires de France, 1ff., 1888ff.
AIJ	V. Hoffiller/ B. Saria, Antike Inschriften aus Jugoslavien. Heft 1, Noricum und Pannonia superior, Zagreb 1938.
AJA	American Journal of Archeology. Princeton (Archaeological Institut of America). 1, 1885 - 11, 1896 u. d. T. : AJA and the History of the Fine Arts; S. II 1ff., 1897ff.
BCAR	Bullettino della Commissione Archeologica Comunale di Roma, Roma.
BJ	Bonner Jahrbücher des Rheinischen Landesmuseums in Bonn und des Vereins von Altertumsfreunden im Rheinlande.
BOISSIEU	A. de Boissieu, Inscriptions antiques de Lyon. Lyon 1846-54.
BRUSIN	G. Brusin, Inscriptiones Aquileiae. Publicazioni della Deputazione di Storia patria per il Friuli 20. 3 Bde. Udine 1991-1993.
CIL	Corpus Inscriptionum Latinarum, consilio et auctoritate Academia Litterarum (Regiae) Borussicae editum. 16 vols. Leipzig/Berlin 1862-1943. Ed. altera, ebd. 1893ff.; Suppl. Bde.
CJ	The Classical Journal. Ohio (Ohio University), 1ff., 1905ff.
DE	Dizionario epigrafico di Antichità Romana di Ettore de Ruggiero. Roma 1, 1895ff.
DNP	Der Neue Pauly. Enzyklopädie der Antike (Hg. H. Cancik - M. Landfester), 1ff, 1996ff; derz. bis POI.
DS	Ch. Daremberg - M.E. Saglio, Dictionnaire des Antiquités Grecques et Romaines. 5 Bde in 10 Teilen, Paris 1877 - 1919.
DU CANGE	D. du Cange/ C. du Fresne, Glossarium mediae et infimae Latinitatis, 1, 1883-10,1887; Nachdr. Graz 1954.
FORCELLINI	A. Forcellini, Totius Latinitatis Lexicon, 1, 1858 - 6,1875.
GB:	Grazer Beiträge: Zeitschrift für die klassische Altertumswissenschaft. Inst. f. Klassische Philologie der Univ. Graz und Salzburg.

GEORGES K.E. Georges, Ausführliches latein. - deutsches Handwörterbuch. 10. Aufl. 1959.

HERZOG E. Herzog, Galliae Narbonensis provinciae Romanae historia descriptio institutorum exposito. Accedit appendix epigraphica. Leipzig 1864.

ILLPRON Inscriptionum lapidariarum Latinarum provinciae Norici usque ad annum MCMLXXXIV repertarum. 3 Bde. Ed. M. Hainzmann u. P. Schubert, Berlin 1986-1987.

ILS Inscriptiones Latinae selectae, ed. H. Dessau. 3 Bde in 5 Teilen. Berlin 1892-1916 (Nachdr. u. 2. Aufl. Berlin 1954/55)

IMS M. Mirkovic/ Sl. Dusanic, Inscriptions de la Mésie supérieure. Bd. 1: Singidinum et le Nord-ovest de la Province, Beograd 1976. Bd. 2: Viminacium et Margum, Beograd 1986.

Inscr. It. Inscriptiones Italiae. Academiae Italiae consociatae ediderunt, Roma Bd. 1, 1916 - Bd. 13, 1947.

JÖAI Jahreshefte des Österreichischen Archäologischen Instituts. Wien 1,1877 - 20, 1897 u.d.T.: Archäoolgisch-epigraphische Mitteilungen aus Österreich-Ungarn; 1, 1898 - 31,1939 u.d. T.: Jahreshefte des Österreichischen Archäologischen Instituts in Wien; 32, 1940 - 35, 1943 u.d. T.: Wiener Jahreshefte 36ff., 1946ff.

JRS Journal of Roman Studies, London, 1ff., 1911ff.

KlP Der Kleine Pauly. Lexikon der Antike. Ed. K. Ziegler und W. Sontheimer. Stuttgart 1ff., 1964ff.

KLOTZ Handwörterbuch der lateinischen Sprache. Ed. R. Klotz. 2 Bde Braunschweig 1879.

LdAW Lexikon der Alten Welt. 2 Bde. Stuttgart 1965.

LEBER P.S. Leber, Die in Kärnten seit 1902 gefundenen römischen Steininschriften. Aus Kärntens römischer Vergangenheit. H. 3, Klagenfurt 1972.

LEC Les Études classiques. Facultés N.-D.-de-la-Paix, Namur.

LTUR Lexicon topographicum urbis Romae. A cura di E.M. Steinby. Dzt. 3 Bde (bis O) Roma 1993-1996.

Abkürzungsverzeichnis

MEFRA Mélanges d'Archeologie et d'Histoire de l'École Francaise de Rome, Antiquité. Paris, 1ff., 1881ff.

MEYERS ENZYKLOPÄDISCHES LEXIKON Meyers enzyklopädisches Lexikon. 25 Bde Lexikon; weitere Bde Nachträge, Personenregister, Bildwörterbuch, Deutsches Wörterbuch; insgesamt: 32 Bde; 1, 1971 - 32, 1981, Mannheim/Wien/Zürich.

NSc Atti della Accademia nazionale dei Lincei. Notizie degli Scavi di Antichità, Roma 1876ff.

OLD Oxford Latin Dictionary. Ed. R.G.W. Glare. Combined edition first published 1982. Nachdr. Oxford 1985.

ORELLI/HENZEN Orelli, Inscriptionum Latinarum selectarum amplissima collectio ad illustrandam Romanae antiquitatis disciplinam accomodata I-III. Turici 1828-1856.

PAIS, S.I. Corpus Inscriptionum Latinarum Supplementa Italica. Fasc. I Add. ad vol. V Galliae Cisalpinae. Ed. H. Pais. Roma 1884.

PAR Pro Austria Romana. Nachrichtenblatt für die Forschungsarbeit über die Römerzeit in Österreich. Ed. von der urgeschichtlichen Arbeitsgemeinschaft in der anthropologischen Gesellschaft in Wien. Schriftleiter: R. Noll. 1ff., 1951ff.

PBSR Papers of the British School at Rome. London.

RE Paulys Realencyclopädie der classischen Altertumswissenschaft. Ed. G. Wissowa, W. Kroll et al., Stuttgart 1893ff.

RFIC Rivista di Filologia e di Istruzione Classica, Torino 1ff., 1873ff.

SCO Studi classici et orientali. Pisa.

SchSt Schild von Steier, Beiträge zur steirischen Vor- und Frühgeschichte und Münzkunde, Graz 1945ff.

STEINER Steiner, Codex inscriptionum romanorum Danubii et Rheni I-IV. Seligenstadt 1851-1862.

Suppl. It. N.S. Supplementa Italica. Nuova Serie I - XII. Roma 1981-1994.

TLL Thesaurus Linguae Latinae. Editus auctoritate et consilio academiarum quinque Germanicarum. Lipsiae 1, 1900 - 9, 1981 (Buchstabe O)

ZPE Zeitschrift für Papyrologie und Epigraphik. Bonn 1ff, 1967ff.

ABBILDUNGSVERZEICHNIS

Abb. 1	Nordwestseite des Altars gegen die Via del Quirinale	
	Aus: NASH, Bildlexikon I, 61, Abb. 58	31
Abb. 2	Plan von Rom in augusteischer Zeit.	
	Aus: CARCOPINO, Rom, Anhang (o. S.)	36
Abb. 3	Häufigkeit der Brände in Rom.	
	Aus: SABLAYROLLES, Libertinus miles, 411	39
Abb. 4	Centonarierinschrift von Flavia Solva	
	(Umzeichnung LAFER)	55
Abb. 5	Zeitliche Verteilung der lateinischen Inschriften in der Kaiserzeit.	
	Aus: MROZEK, Répartition chronologique, 114	83
Abb. 6	Inschrift aus Sentinum (CIL XI 5750).	
	Aus: BUONCORE, Iscrizioni latine, 45 und Tafel 14	98
Abb. 7	Verteilung der einzelnen *stationes* auf die Regionen.	
	Aus: SABLAYROLLES, Libertinus miles, 246	129
Abb. 8	Plan des *excubitorium* der *cohors VII* in Trastevere (Rom).	
	Aus: NASH, Bildlexikon I, 266, Abb. 313	132
Abb. 9	Aedicula aus dem *excubitorium*.	
	Aus: RAMIERI, Vigili, 24, fig. 9	133
Abb. 10	Bronzefackel aus dem *excubitorium*.	
	Aus: RAMIERI, Vigili, 13 fig. 3	139
Abb. 11	Plan der Kaserne von Ostia.	
	Aus: SABLAYROLLES, Libertinus miles, 294	143
Abb. 12	Kaserne von Portus.	
	Aus: RAINBIRD, Fire Stations, 152, fig. 1	146
Abb. 13	*Calceus* (2. Viertel des 1. Jh. n. Chr.),	
	Aus: KÜHNEL, Bildwörterbuch, 41	166
Abb. 14	*Caliga* (4. Viertel des 2. Jh. n. Chr.),	
	Aus: KÜHNEL, Bildwörterbuch, 41	167

Abbildungsverzeichnis

Abb. 15 Altar der *fabri tignuarii* von Rom (CIL VI 30982).
Aufbewahrungsort: Rom, Kapitolinische Museen.
Aus: Zimmer, Berufsdarstellungen, 163 168

Abb. 16 *Dolabrarius* auf einem Grabstein aus Aquileia
(CIL V 908). Aufbewahrungsort: Wien, Kunsthistorisches
Museum. (Photo: LAFER 1995) 175

Abb. 17 1 Einreißhaken (uncus), 2 Spitzäxte und 1 Brechaxt (dolabra);
Aus: AUSSTELLUNGSKATALOG FEUERWEHREN 19,
Kat. Nr. 4, 19, 7, 5 179

Abb. 18 Kolbenpumpe des Heron von Alexandria.
Aus: SABLAYROLLES, Libertinus miles, 362 189

Abb. 19 Bronzepumpe mit ihrer Rekonstruktion aus dem *excubitorium*
in Trastevere.
Aus: RAMIERI, Vigili, 15, fig. 4a und 4b 191

Abb. 20 Sarkophag mit Relief vom Kindheitsmythos des Dionysos.
Im *uter* zu Füßen des Satyrn war wahrscheinlich
Wein abgefüllt. Aufbewahrungsort: Kapitolinische Museen.
(Foto: LAFER 1994) 192

Abb. 21 Brandschutzmauer beim Augustusforum.
(Photo: LAFER 1994) 208

Abb. 22 Wasserverteiler.
Aus: W. KRENKEL, LdAW II, 1965, 3259, Abb. 253
s.v. Wasserversorgung 217

Abb. 23 Ursprung und Verlauf der Fernwasserleitungen Roms.
Aus: GARBRECHT, Wasserversorgung, 34 mit Abb. 17 218

Abb. 24 Wasserleitungen in Rom 220

Abb. 25 Übersicht über die Fernwasserleitungen in Rom 227

TABELLENVERZEICHNIS

Tab. 1 Übersicht über die Anzahl der „Feuerwehrvereine" in den Provinzen
Tab. 2 Inschriftlich genannte Geldstiftungen einzelner „Feuerwehrvereine"

Grazer altertumskundliche Studien

Herausgegeben von Heribert Aigner

Band 1   Heribert Aigner: Der Selbstmord im Mythos.

Band 2   Heinrich Kusch: Zur kulturgeschichtlichen Bedeutung der Höhlenfundplätze entlang des mittleren Murtales (Steiermark). 1996.

Band 3   Karin Vincke: Tod und Jenseits in der Vorstellungswelt der präkolumbischen Maya. 1997.

Band 4   Christian Wallner: Soldatenkaiser und Sport. 1997.

Band 5   Klaus Tausend (Hrsg.): Pheneos und Lousoi. Untersuchungen zu Geschichte und Topographie Nordostarkadiens. 1999.

Band 6   Andrea C. Schalley: Das mathematische Weltbild der Maya. 2000.

Band 7   Renate Lafer: Omnes collegiati, <concurrite>! Brandbekämpfung im Imperium Romanum. 2001.

Richard Gamauf

Ad statuam licet confugere

Untersuchungen zum Asylrecht im römischen Prinzipat

Frankfurt/M., Berlin, Bern, Bruxelles, New York, Wien, 1999. XVIII, 257 S.
Wiener Studien zu Geschichte, Recht und Gesellschaft. Bd. 1
Herausgegeben von Nikolaus Benke
ISBN 3-631-34824-X geb. DM 89.–*

Im Zentrum dieser Arbeit stehen Entstehung und Funktionsweise der römischen Form des Asyls, des Schutzes bei der Zuflucht zu einer kaiserlichen Statue (*confugere ad statuam principis*). Untersucht werden die rechtlichen Mechanismen, die den Schutz bewirkten, die sozial- und mentalitätsgeschichtlichen Hintergründe, die Rechtsfolgen einer Inanspruchnahme des Asyls und die Effizienz der daran anknüpfenden Bestimmungen zum Schutz von Sklaven. Eigene Abschnitte behandeln den römischen Umgang mit Tempelasylen in den griechischen Provinzen und die Überlieferung vom *asylum Romuli*. Dabei erweist sich die in der Literatur oft vertretene Ansicht, daß die Römer das Asyl ablehnten, als mit den historischen Quellen nicht in Einklang stehend.

Aus dem Inhalt: Entstehung und Wirkungsweise des Asylrechts bei kaiserlichen Statuen · Rechtsfolgen der Zuflucht bei einer Statue für Sklaven und Freie · Tempelasyle in den Provinzen · *asylum Romuli*

Frankfurt/M · Berlin · Bern · Bruxelles · New York · Oxford · Wien
Auslieferung: Verlag Peter Lang AG
Jupiterstr. 15, CH-3000 Bern 15
Telefax (004131) 9402131

*inklusive Mehrwertsteuer
Preisänderungen vorbehalten

Homepage http://www.peterlang.de